ZWCAD

캐드의 정석

인생 실전이야! 캐드도 실전처럼!

최종복·김현기 지음

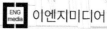

이엔지미디어

머리말

CAD 시장은 꾸준히 성장하고 있으며 기계, 건축, 조경, 제품 디자인, 인테리어, 자동화 설계 등 전체 산업 전반에 걸쳐 사용되고 있습니다. CAD에 대한 개발사의 지속적인 투자와 연구진의 기능 강화에 대한 노력에 의해 사용자들은 기존보다 편리한 설계 경험을 누릴 수 있습니다.

여러 사용자들이 그들의 빛나는 아이디어를 제품으로 구현하거나, 지속 가능한 건축 및 건설 환경을 만들기 위해 CAD를 이용합니다. 단순히 아이디어를 도식화시켜 도면을 제도하는 것이 아닌 '제품을 제조하는 과정이나 건물의 구성요소들을 나타내는 과정'에서 필요한 정보를 담는 중요한 작업입니다.

고객이 그들의 고객과 CAD로 소통하고, 제품의 정보를 보다 쉽고 정확하게 파악하여 업무의 효율성을 추구할 수 있도록, 또 제품에 대한 아이디어를 정확하게 판단할 수 있도록 실무에 필요한 기본적인 사용법과 중요한 명령, 인터페이스 설명에 집중하였습니다.

쉬운 메뉴 환경 및 각 단원별 기능 설명, 따라하기 예제가 포함되어 있는 이 책을 잘 따라 한다면, 설계 작업 전에 도면을 이리저리 파악하여 완성된 건물이나 주택의 공간을 미리 살펴볼 수 있고, 제품 제작과정에서 어떤 단계에 더 집중하고 오차를 신경 써야 하는 지 세부 요소까지 파악할 수 있습니다.

혼자서도 충분히 학습이 가능한 교재를 통해 필요한 기능을 바로 습득하고, 제공하는 예제 도면을 통해 실무에 활용 가능하도록 손에 익혀보세요.

ZWCAD, ZW3D를 사용하시면서 CAD 실행 및 기본 기능에 대해 궁금한 사항이 있으시다면 실시간 질의응답이 가능한 ZWCAD/ZW3D 사용자 카페(https://cafe.naver.com/lovezwcad)와 다양한 기능 정보를 담고 있는 공식 블로그(https://blog.naver.com/zwcadtech)를 통해 찾아주시길 바랍니다.

앞으로도 고객과 소통하며 설계 실무자의 업무환경에 대해 꾸준히 고민하고 새로운 방향을 제시하는 리더가 되겠습니다.

- 저자 최종복

CONTENTS

CONTENTS

CONTENTS

01

ZWCAD 개요

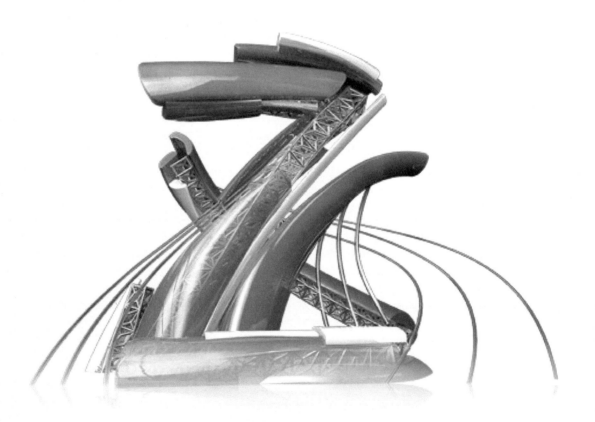

CHAPTER 01

ZWCAD 소개

01 ZWCAD란?

ZWSOFT는 세계적으로 유명한 CAD/CAM 솔루션을 개발, 제공하는 회사로서 건설/건축(AEC), 기계/제조 (MFG), Mobile CAD 산업을 위한 솔루션 개발을 하고 있습니다.

1993년부터 2023년 현재 31년간의 기술 축적을 통해 90개국 90만 이상의 고객들이 사용하고 있으며, 260여 개 파트너사와 더불어 30개 언어로 번역 되어 고객들에게 제공되고 있습니다.

1. ZWCAD의 장점

● ZWCAD란?	··········	한번 구매 시, 평생 사용할 수 있는 영구버전 CAD 설계 소프트웨어
● 호환성	··········	기존 CAD와 같은 .dwg, .dxf 포맷 형식을 사용하며 꾸준히 업데이트 진행
● UI, 명령어	··········	UI, 명령어 등 기존과 거의 동일하며, 필요 시 사용자에게 맞게 변경 가능
● 다양한 3rd-party	··········	건축 l 제조 l 토목 등 다양하게 연동 가능. ZDream, Tron-Archi 무상 제공
● Lisp(리습) 사용	··········	사용하던 Lisp 적용 및 사용 가능

실시간 기술 서비스

원격 및 방문 지원
09:00 ~ 18:00

자체 엔진으로 지속적인 개발

소비자 Needs 반영

2. ZWCAD KOREA 대외 활동

모두가 함께하는, 세상을 위한 좋은 변화!

지더블유캐드코리아(ZWCAD KOREA), 굿네이버스, 유니세프, 대한적십자 서울지부 등 정기적으로 후원하다!

수익의 일부분을 가난하고 소외된 이웃들의 삶에 큰 희망을 드리기 위해 매달 정기적으로 후원을 하고 있으며, 앞으로도 지속적으로 귀한 나눔에 동참할 것 입니다.

"세상 가장 아프고 약한 곳에 있는 소외된 이웃들이 행복한 미래를 꿈꿀 수 있도록 정기 후원을 하고 있습니다. 빈곤과 재난, 억압으로부터 고통 받는 이웃의 인권 존중은 물론, 그들이 희망을 갖도록 복돋우어 자립적 삶을 살아갈 수 있게 도움과 아동의 보호, 아동들의 잠재력이 충분히 발휘될 수 있기를 진심으로 응원하는 마음으로 힘쓰겠습니다"

- 지더블유캐드코리아

대외 활동

2022.   서울대 건축학과에 ZWCAD 후원

2022.   KLPGA 임희정 프로 골퍼 후원

2022.   협업툴 플로우 개발사 마드라스체크㈜와 MOU 체결

2022.   2022 한국품질만족도 IT 부문 1위 수상

2021.   보안 강화를 위한 소프트캠프 MOU 체결

2021.   중소기업 청년 일자리 매칭 활성화를 위한 MOU 체결

2021.   경남교육청과 고졸 취업 활성화 MOU 체결

2020.   카이스트 배상민 교수 랩, ZW3D-전동킥보드 공동개발 착수

2020.   고용노동부 2020 강소기업 선정
        한국알테어 ZW3D -SimSolid 상호 협력 및 교류 MOU 체결

2019.   한양공업고등학교 상호 협력 및 교류 MOU 체결

2019.   동명대학교 해양플랜트 O&M 시뮬레이션센터 MOU 체결

2019.   국토교통부 주관 '스마트시티 혁신인재육성사업' 협력기관 서울대학교 MOU 체결

2019.   ZW3D Exclusive Distributor, ZW3D 한국 독점 총판 선정

2019.   전 세계 900,000 유저, 국내 대기업 300개사 이상, 50,000여개 이상 기업 사용

2018.   서울특별시북부교육지원청 MOU 체결

2018.   4차산업혁명대상 수상 'ex-CAD'

2018.   인하대학교 공과대학 MOU 체결

2018.   서울 핀테크 랩 개관식 'ZW3D CAM' 활용가공 시연

2017.   한국도로공사 광주전남본부, 도로시설물 점검 모바일 'ex-CAD' 개발 운용

2017.   대한민국 산업대상 CAD부문_품질대상 수상

2016.   서울특별시건축사협회 정식 협력 업체

2016.   대구 · 경북지방중소기업청장 표창장 수여

2016.   대전 · 충남지방중소기업청 MOU 체결

2016.   대한건축사협회 공동구매 CAD로 선정

2015. 서울특별시건축사회 감사장 수상

2015. 한국기계산업진흥회 회원사

2015. (주)아이빌트세종 MOU 체결

2015. 한국소프트웨어저작권협회 소프트웨어 정식 등록

2015. 한국전기공사협회 MOU 체결

2015. 국토교통부장관 표창장 수상

주요 연혁

2021. ZWSOFT 상하이 증권거래소 STAR Market 상장
상장코드: 688083

2020. ZWCAD 2021, ZW3D 2021, CADbro 2021 출시

2019. ZWSim-EM 출시 및 CADbro 2020 본격적 한국시장 공략

2018. 본격적인 한국 시상 신출 및 ZWCAD 2018 판매 돌입
ZWSOFT 상장 | 상장코드: 871544

2017. 3rd-PARTY ZDream 개발

2014. 모바일캐드 'ZWCAD Touch' → 'CAD Pockets'로 재탄생

2012. ZWCAD Mechanical, Architecture 제품군 추가

2010. 미국 CAD 전문 VX사를 인수, ZW3D 비지니스 라인업 추가

2008. 광저우에서 제 1회 글로벌 파트너 행사(GPC)를 시작으로 매년 개최

2007. ZWCAD Software Co.. Ltd(ZWSOFT)로 상호 변경

2006. ZWCAD 2006 출시! 판매수량 20,000 copy 돌파

2004. 해외 시장 진출, 대만, 인도네시아, 싱가포르에서 인지도 확산

2002. CAD 플랫폼 ZWCAD 1.0 출시, CAD/CAM 시장 진출

1998. Guangzhou Zhongwang Lougteng Technology Co.,Ltd 설립

1997. 중국시장에서 베스트 셀링으로 선정 베이징, 상하이 지점 설립

1993. 오토캐드 RD1.0으로 캐드 응용프로그램 개발사 설립

1. 복잡한 작업을 간편하게 할 수 있습니다.

다중 CPU 기술과 그래픽 기술, 메모리 기술 등으로 100MB의 대용량 도면도 빠르게 사용할 수 있습니다.

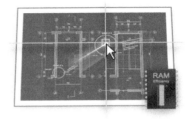

2. 다른 종류의 CAD소프트웨어와 100% 호환성

설계 데이터(DWG, DXF, DXT 등)를 호환하여 생성, 편집할 수 있으며 현재 설계시장에서 사용되는 타 설계 소프트웨어의 대안 제품으로써 익숙하고 친숙한 UI와 동일한 CAD 명령어, 환경 설정으로 별도의 학습 없이 바로 사용할 수 있습니다.

3. 다양한 API 호환, 쉽고 간단하게 솔루션을 만들 수 있습니다.

리습(Lisp)은 ZWCAD에서도 사용이 가능 하며, ZRX 언어 사용으로 API개발자들은 간단하게 새로운 응용프로그램을 만들거나 수정할 수 있습니다.

4. 모바일 'ZWCAD Mobile' (SmartPhone, SmartPad ETC..), PC 연동

ZWCAD는 모바일(ZWCAD Mobile)을 통해 Google 드라이브나 각종 클라우드 서버에 도면을 저장하여 간단한 수정 및 주석 기입이 가능하고, 언제 어디서든지 도면을 열어보고 수정할 수 있습니다.

5. 효율적인 비용 절감

ZWCAD는 영구 라이선스 제공으로 비용절감 효과를 누릴 수 있으며, 필요에 따라 자유로운 업그레이드가 가능하므로 매년 고정 비용으로 인한 비용부담을 최소화할 수 있습니다.

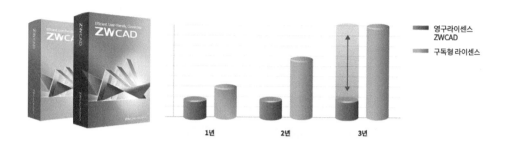

---

03 주요 기능

1. 제도

연관 치수

연관 치수란, 치수와 연관된 객체들의 수정에 따라 치수를 자동으로 조정하는 기능으로, 지능형 주석 기능을 활용해 보다 더 효율적으로 작업할 수 있습니다.

이미지

ZWCAD에서는 BMP, TIF, GIF, JPG, PCX 등의 다양한 이미지 형식을 지원하여 원활하게 래스터 이미지를 삽입하거나 편집할 수 있습니다.

다중 지시선

객체의 좁은 공간에 치수나 문자를 기입할 때 지시선을 뽑아 주석을 기입할 수 있는 기능으로, 인출선이라고도 합니다. 치수 주석과는 다른 기능이지만 유사한 형태로 표시됩니다.

해치

해치 단색 채우기, 그라데이션 채우기 또는 미리 정의된 해치 패턴으로 닫힌 영역 또는 객체를 채우며, 다른 종류의 CAD 소프트웨어에도 사용되는 .pat 파일 형식을 지원합니다.

구름형 수정 기호

도면 검토 중 특정 위치를 체크할 경우 구름형 수정 기호를 사용합니다. 연속된 호로 구성된 구름 모양의 폴리선입니다. 자유선, 직사각형 등의 스타일을 선택하여 작성할 수 있습니다.

외부 참조

외부 DWG 파일을 부착 또는 삽입하는 기능입니다. 외부 참조를 사용하게 되면 도면에 직접 삽입하는 것이 아닌 단순히 참조하는 것으로, 링크 형식과 유사합니다. 따라서 큰 형식의 프로젝트도 공동 작업이 가능하며, 가장 큰 장점은 원 도면 파일의 크기가 증가하지 않습니다.

2. 관리

도구 팔레트

ZWCAD의 도구 팔레트는 동적 블록과 블록을 추가하여 라이브러리로 사용할 수 있습니다.
또한 가져오기 / 내보내기를 통해 사용자 설정을 변경할 수 있습니다.

디자인 센터

디자인 센터는 다른 네트워크에 저장되어 있는 CAD 리소스를 검색하고 액세스 할 수 있습니다. 사용자는 다른 도면에서 치수 스타일, 블록, 문자 스타일, 선 유형, 도면층 등을 추가할 수 있습니다.

빠른 계산기

CAD 작업 중에 계산을 할 수 있게 제공되는 계산기로 기하학적 함수, 단위 변환, 변수 등의 다양한 영역의 계산을 편리하게 사용할 수 있습니다.

도면층 특성 관리자

도면층 특성 관리자는 모든 도면층의 속성을 나열합니다. 동결, 잠금, 플롯 설정 등 변경 사항을 설정할 수 있으며 도면층을 간단하게 편집할 수 있습니다.

3. 출력

플롯 (PLOT)

프린터 인쇄와 파일(PDF, EPS, JPG 등)로 도면을 출력할 수 있습니다. 여러 옵션을 설정할 수 있으며, 플롯 축척과 스타일을 선택하고 용지의 크기를 지정할 수 있습니다.

플롯 스타일 (CTB/STB)

ZWCAD에서는 CTB, STB 두 가지 유형을 제공하며 선 두께, 색상, 선 종류 등을 설정하여 출력할 수 있습니다.

게시 (PUBLISH)

DWF, PDF를 게시할 수 있으며, 신속하게 다량의 DWG 도면을 PDF로 게시할 수 있습니다.

전자 전송 (ETRANSMIT)

전자 전송은 협력업체와의 협업 능률을 향상시킵니다. 간단한 클릭으로 관련 도면 및 지원 파일을 모두 저장할 수 있습니다. 도면, 이미지, 외부 참조, 글꼴 및 기타 파일 등을 첨부할 수 있습니다.

스마트 플롯 (SMARTPLOT)

ZWCAD만의 스마트기능 중 하나로 한 도면에 여러 도곽으로 이루어진 DWG 파일을 개별적으로 출력하지 않고 일괄적으로 출력할 수 있는 기능입니다.

4. 시간절약

뷰포트 (VPORTS)

뷰포트 기능을 사용하여 자유롭게 오브젝트의 규모와 범위를 변경하지 않고 뷰포트의 도면을 편집할 수 있습니다.

중복객체 삭제

ZWCAD에서는 overkill, purge, audit 등을 활용하여 중복되어 있는 객체를 자동으로 삭제할 수 있으며, 도면의 오류 검출 및 수정 기능으로 도면의 용량을 줄일 수 있습니다.

스마트 선택 (SMART SELECT)

ZWCAD만의 스마트기능 중 하나로 원하는 객체의 속성을 선택하여 유사한 요소를 쉽게 찾을 수 있습니다. 기존의 신속 선택보다 더 간단하고 쉽게 찾을 수 있습니다.

객체 분리

선택한 객체만 표시하고 다른 객체는 숨김, 분리할 수 있는 기능이 있으며, 가시성을 제어할 수도 있습니다. 이러한 기능으로 훨씬 쉽고 빠르게 복잡한 도면을 작업할 수 있습니다.

명령어 자동 완성

다양한 명령어 및 시스템 변수를 자동 완성 기능으로 더욱 편하고 쉽게 제공합니다.

04 권장 시스템 요구사항 & 최소 시스템 요구사항

권장 시스템 요구사항

운영 체제	Microsoft® Windows 7 sp1 이상 Microsoft® Windows Server 2008 R2 sp1 이상 Microsoft® Windows Server 2012 Microsoft® Windows Server 2016 Microsoft® Windows 8.1 Microsoft® Windows 10 Microsoft® Windows 11
프로세서	Intel Core2 Duo 또는 AMD Athlon X2 CPU 이상
RAM	2 GB 이상
Display card	1 GB 이상
하드디스크	4GB OS 디스크의 여유 공간, 2GB 설치 디스크의 여유 공간
해상도	1920 × 1080 NVIDIA 8 시리즈 또는 Radeon HD 시리즈 이상
위치 지정 도구	마우스, 트랙볼 또는 그 외 다른 장치
DVD-ROM	모든 속도 (설치에만 해당)

최소 시스템 요구사항

운영 체제	Microsoft® Windows 7 sp1 이상 Microsoft® Windows Server 2008 R2 sp1 이상 Microsoft® Windows Server 2012 Microsoft® Windows Server 2016 Microsoft® Windows 8.1 Microsoft® Windows 10 Microsoft® Windows 11
프로세서	Intel Pentium 4 1.5 GHz 또는 AMD 프로세서
RAM	1 GB
Display card	128 MB
하드디스크	2GB OS 디스크의 여유 공간, 1GB 설치 디스크의 여유 공간
해상도	1024 × 768 VGA (트루 컬러)
위치 지정 도구	마우스, 트랙볼 또는 그 외 다른 장치
DVD-ROM	모든 속도 (설치에만 해당)

05 제품 비교

기능	ZWCAD 2023		A사 2023	
	LT	FULL	LT	FULL
지원파일 (File)				
DWG R14/2000/2004/2007/2010/2013/2018	O	O	O	O
DXF R12/2000/2004/2007/2010/2013/2018	O	O	O	O
DWT 지원	O	O	O	O
DGN 지원	O	O	O	O
사용자 환경 (User interaction)				
적응형 그리드	O	O	O	O
클래식 메뉴 및 도구 바	O	O	O	O
명령 자동 완성	O	O	O	O
사용자화 인터페이스 (CUI)	O	O	O	O
디자인 센터	O	O	O	O
도면 탭 전환	O	O	O	O
동적 입력	O	O	O	O
동적 UCS	O	O	O	O
다중 CPU 속도 향상	O	O	X	X
특성 팔레트	O	O	O	O
리본 인터페이스	O	O	O	O
도구 팔레트	O	O	O	O
투명 명령	O	O	O	O
2D 도면 및 주석				
주석 축척	O	O	O	O
연관 치수	O	O	O	O
그립 편집 메뉴	O	O	O	O
필드	O	O	O	O
해치 및 해치 그라데이션	O	O	O	O
지시선 및 다중 지시선	O	O	O	O
폴리선 및 해치 경계 그립	O	O	O	O
구름 수정 기호	O	O	O	O
슈퍼 해치	O	O	O	O
테이블 및 테이블 스타일	O	O	O	O
문자 및 여러 줄 문자	O	O	O	O
문자 편집모드	O	O	O	O
도면층				
도면층 특성 관리 (클래식)	O	O	O	O
도면층 특성 관리 (패널화)	O	O	O	O

도면층 상태 관리자	O	O	O	O
도면층 필터	O	O	O	O
도면층 워크 (선택 도면층 보기)	O	O	O	O
도면층 병합	O	O	O	O
도면층 불러오기	O	O	X	X
외부 참조, 블록 및 속성				
속성 블록	O	O	O	O
블록 정렬	O	O	X	X
블록 편집기	(1)	(1)	O	O
블록 교체	O	O	O	O
DGN 언더레이	X	X	O	O
DWF 언더레이	O	O	O	O
DWFx 언더레이	O	O	O	O
다중 블록 삽입	O	O	X	O
OLE 객체 삽입	O	O	O	O
PDF 삽입	O	O	O	O
PDF 언더레이	O	O	O	O
래스터 이미지	O	O	O	O
참조 관리자	O	O	O	O
외부 참조	O	O	O	O
프린트				
CTB 및 STB 플롯 스타일	O	O	O	O
내보내기	O	O	O	O
Mvsetup	O	O	O	O
SVG 플롯	O	O	X	X
출력	O	O	O	O
DWF/DWFx 게시	O	O	O	O
PDF 게시	O	O	O	O
3D 모델링 및 화면표시 기능				
3D 궤도	O	O	X	O
IFC 가져오기	O	O	X	(2)
Flatshot	X	O	X	O
ACIS 미리보기	O	O	O	O
전체 ACIS 모델링 및 편집	X	O	X	O
렌더링	X	O	X	O
Solprof (3D 파일 2D 변환)	X	O	X	O
뷰 스타일 (숨기기 & 음영)	O	O	X	O
Z축 추적	O	O	X	O
STL 내보내기	X	O	O	O

도구	O	O	O	O
시트 세트 관리자	O	O	O	O
3D 마우스 지원	O	O	O	O
CAD 표준	O	O	O	O
데이터 추출	O	O	X	O
데이터 링크	O	O	O	O
DGN Purge	X	O	O	O
디지털 서명	O	O	O	O
파일 비교	O	O	O	O
전자 전송	O	O	O	O
Express 도구	O	O	X	O
그룹	O	O	O	O
리습 디버그	O	O	X	X
다중 실행 취소/다시 실행	O	O	X	X
잠금 및 잠금 해제	O	O	O	O
특성 일치	O	O	O	O
PDF 삽입	O	O	O	O
빠른 계산기	O	O	O	O
빠른 선택	O	O	O	O
영역 (REGION)	O	O	O	O
마이그레이션(설정 내보내기, 가져오기)	O	O	O	O
스마트 마우스	O	O	X	X
스마트 선택	O	O	X	X
스마트 음성	O	O	X	X
실행 취소/다시 실행 미리보기	O	O	X	X
배치 내보내기	O	O	O	O
응용 프로그램 프로그래밍 인터페이스				
.NET	X	O	X	O
ActiveX, including in-place editing	O	O	X	O
COM API	O	O	X	O
DCL engine	O	O	X	O
Full LISP with vl-, vlr-, vla- and vlax- support	O	O	X	O
LISP compile	O	O	X	O
Runtime extension (ARX)	X	X	X	O
Runtime extension (ZRX)	X	O	X	X
Solution Development System (SDS/ADS)	X	O	X	O
Visual Basic for Applications (VBA 32/64-bit)	X	O	X	O

(1) ZWCAD의 블록 편집기는 현재 동적 블록을 수정할 수 없습니다. (ZWCAD 2024 버전 부터 편집 가능)

(2) ACAD Architecture 제품에서만 가져오기 할 수 있습니다.

CHAPTER

02

설치 가이드

01 평가판 다운로드 받기

1. 홈페이지 접속하기

ZWCAD 평가판은 개인이 30일 동안 FULL 버전과 동일하게 사용할 수 있으며, 상업적인 용도로 사용할 수 없습니다.

❶ http://www.zwsoft.co.kr에 접속하여 〈다운로드〉 메뉴를 클릭합니다.

왜 ZWCAD/ZW3D 인가요?

100%

.dwg, .dxf 는 모든 파일 포맷 형식을
완벽호현하며, 꾸준히 업데이트 진행

900,000

900여개국, 90만 유저가 사용하고 있으며,
260여개 파트너사 및 15개의 언어 제공

80%

국내 대기업(건설사) 상위 80% 이상
도입한 검증된 CAD

2 다운로드의 〈ZWCAD〉 메뉴를 클릭합니다.

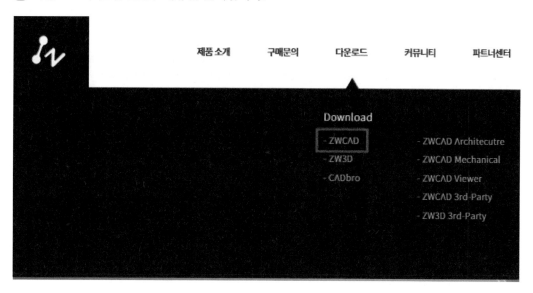

3 사용하는 윈도우 버전 (32bit, 64bit)에 맞게 〈Download〉 버튼을 클릭합니다.

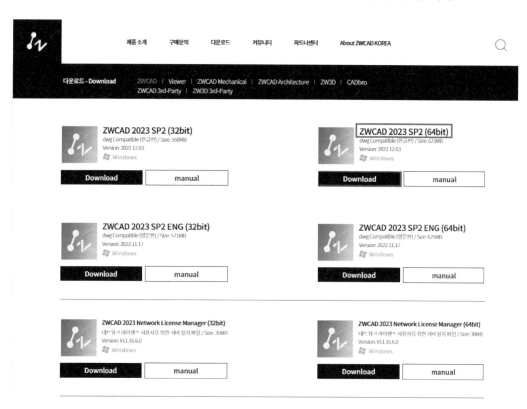

2. 등록하기

사용자의 이름과 이메일, 전화번호, 회사명을 입력한 후 〈**다운로드**〉 버튼을 클릭합니다.

02 설치 가이드

❶ ZWCAD 설치 파일을 마우스의 오른쪽 버튼을 클릭하여 '**관리자 권한으로 실행(A)**' 합니다.

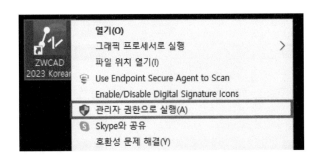

❷ ZWCAD 설치 마법사가 실행되면 〈지금 설치〉 버튼을 클릭합니다.

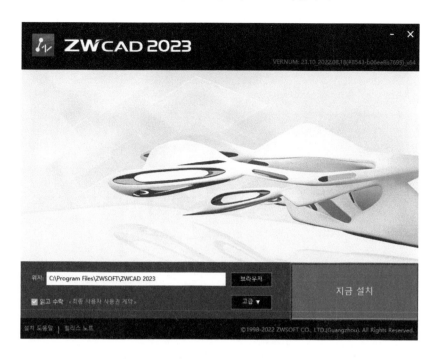

❸ 설치가 모두 완료되면 UI (리본/클래식) 스타일을 선택한 후 〈완료〉 버튼을 클릭하여 설치를 종료합니다.

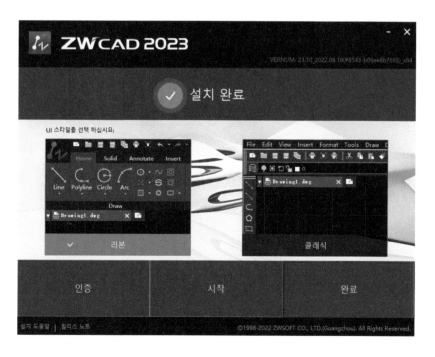

④ ZWCAD가 자동 실행되며, 라이선스 활성창이 나타납니다.

〈**평가판**〉 버튼을 클릭하면 30일 동안 사용할 수 있는 ZWCAD 평가판이 실행됩니다.

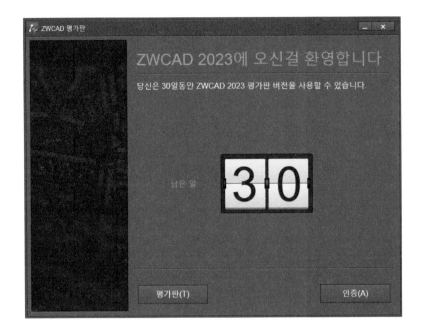

03 사용자 맞춤 설정

ZWCAD 2023을 실행했을 때 현재 설치된 PC에 ZWCAD 이전 버전(2019 이하)이 설치되어 있으면 사용자 맞춤 설정 마이그레이션 창이 활성화됩니다. 이전 버전에서 설정한 환경을 신규 설치한 ZWCAD 2023에 적용할 것인지를 설정합니다. 마이그레이션할 항목을 선택하고 확인 버튼을 클릭하면 설정이 적용됩니다.

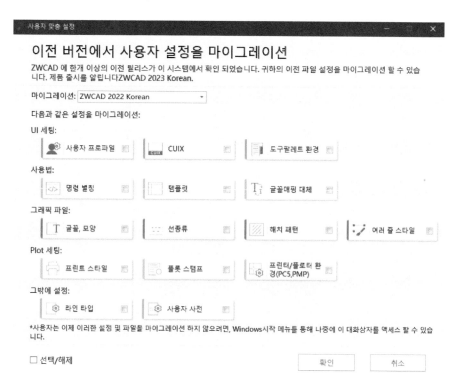

이미지의 사용자 맞춤 설정 마이그레이션 창은 프로그램 설치 후 최초 실행 시에만 나타나며, 마이그레이션 설정 가져오기/내보내기는 윈도우의 시작→ZWCAD 2023→ZWCAD 2023 설정 가져오기/내보내기로 사용할 수 있습니다.

TIP 마이그레이션은 ZWCAD 2018 버전부터 가져올 수 있습니다.

PART

02

ZWCAD 시작하기

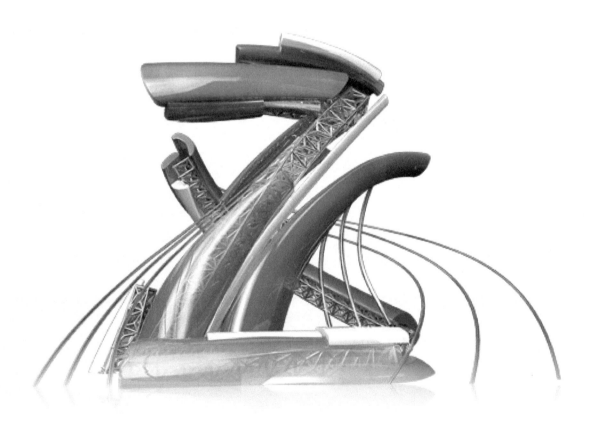

인터페이스

01 인터페이스

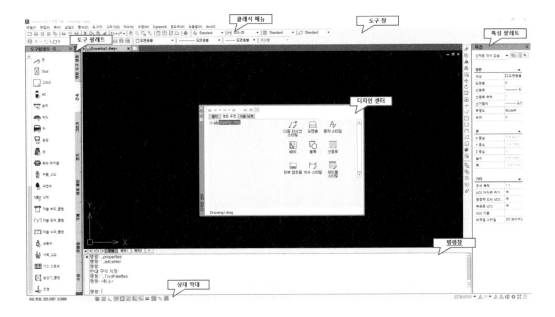

위 화면은 ZWCAD의 클래식 모드의 작업 화면입니다. 기본적으로 메뉴, 도구 막대, 도구 팔레트, 특성 팔레트, 명령창, 상태 막대, 디자인 센터 등으로 이루어져 있습니다. 인터페이스는 사용자가 원하는 대로 도구 모음들을 켜고 끌 수 있으며, 원하는 위치로 배치할 수 있습니다.

> **TIP** ZWCAD는 클래식 모드와 2D 제도 & 주석 2가지 모드를 지원합니다. 두 인터페이스의 변경은 화면 하단 상태 막대의 공간 스위치 버튼으로 변경할 수 있고, 두 가지 인터페이스를 통합하여 사용할 수도 있습니다.

1. 메뉴

ZWCAD 작업에 사용되는 모든 영역의 명령들이 Drop Down 형식으로 배치되어 있습니다.

2. 도구막대

작업에 사용하는 명령 도구들을 카테고리 별로 막대형 인터페이스에 배치하여 놓은 것을 도구막대라고 합니다. 총 42개의 도구막대가 있으며, 일부의 도구막대가 화면에 기본적으로 배치되어 있습니다. 필요한 도구막대를 작업 영역에 추가하여 배치하거나 숨길 수 있습니다.

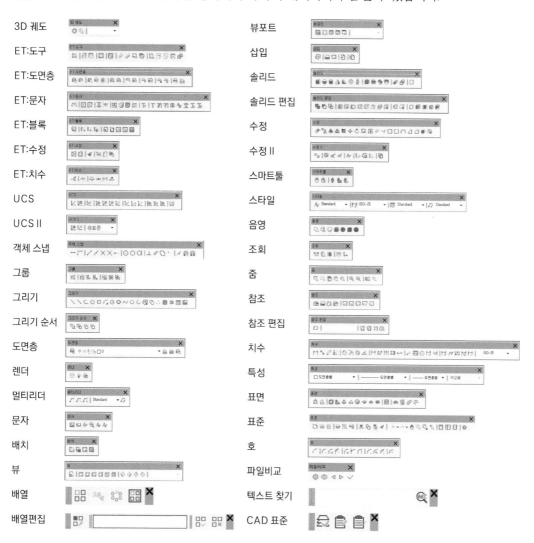

3D 궤도		뷰포트	
ET:도구		삽입	
ET:도면층		솔리드	
ET:문자		솔리드 편집	
ET:블록		수정	
ET:수정		수정 II	
ET:치수		스마트툴	
UCS		스타일	
UCS II		음영	
객체 스냅		조회	
그룹		줌	
그리기		참조	
그리기 순서		참조 편집	
도면층		치수	
렌더		특성	
멀티리더		표면	
문자		표준	
배치		호	
뷰		파일비교	
배열		텍스트 찾기	
배열편집		CAD 표준	

사용자화 인터페이스 〈CUI〉

작업 공간, 리본 패널, 도구막대, 메뉴, 바로가기 메뉴, 마우스 버튼 설정 등의 사용자 인터페이스 요소를 관리할 수 있습니다.

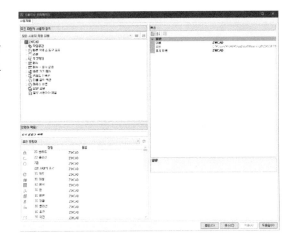

3. 도구 팔레트 〈Ctrl+3〉

자주 사용하는 명령이나 블록, 해치 등을 등록하여 간편하게 사용할 수 있는 팔레트입니다.

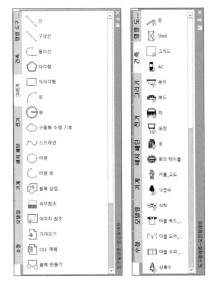

4. 특성 팔레트 〈Ctrl+1〉

선택한 객체의 속성을 표시하고 수정할 수 있는 팔레트입니다. 새 값을 지정하여 모든 속성 값을 수정할 수 있습니다.

5. 명령창 〈Ctrl+9〉

명령어나 단축키를 입력하는 창입니다. 전체 명령어 또는 명령 단축키를 입력하고 Enter 또는 Space Bar를 눌러 명령을 실행합니다. 동적 입력을 사용할 경우 메시지를 입력하면 커서 근처의 툴 팁에 표시됩니다.

명령창에는 입력된 명령어에 따른 옵션 또는 결과를 표시합니다. 명령창의 크기를 조정하거나 위치를 변경할 수 있으며, 오른쪽의 스크롤 바를 이용해 사용 이력을 볼 수 있습니다.

6. 상태 막대

현재 ZWCAD의 인터페이스 상태를 표시하는 곳으로 커서의 좌표 값과 그리기 도구, 주석 축척 도구, 공간 스위치로 구성되어 있습니다. 그리기 도구 버튼의 제어로 스냅, 극좌표, 객체 스냅 등의 설정을 손쉽게 변경할 수 있습니다.

상태 표시줄 목록 기능을 통해 사용자의 선호도에 따라 인터페이스를 지정할 수 있습니다.

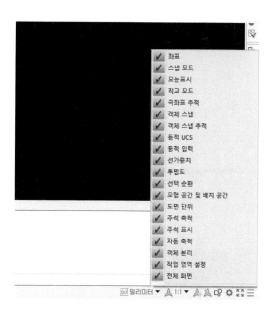

상태 표시줄에 표시할 기능만 선택하여 사용이 가능합니다.

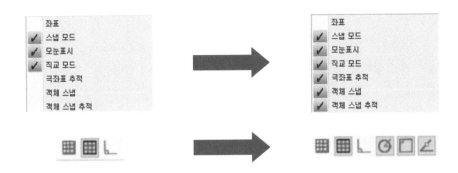

7. 디자인 센터 〈Ctrl+2〉

디자인 센터를 사용하면 도면, 블록, 해치 및 기타 도면 요소를 체계적으로 관리할 수 있습니다.

도면 요소들은 팔레트에서 도면 영역으로 드래그하여 삽입할 수 있으며, 새로운 요소를 디자인 센터 팔레트에 등록하여 사용할 수 있습니다.

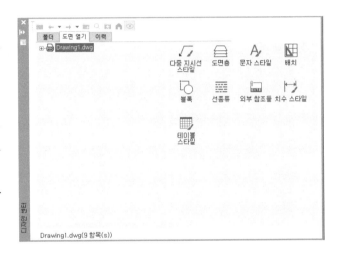

8. 작업영역

작업이 이루어지는 영역으로 모형 공간과 배치 공간으로 구분되어 있습니다.

모형 공간은 실제 도면 작업을 하는 공간으로 공간의 제약이 없는 무한 공간의 영역입니다.

배치 공간은 출력을 위한 공간으로 먼저 장치, 용지 사이즈 등 출력에 대한 세팅을 먼저 한 후 모형 공간에 작업된 내용을 뷰포트를 통해 불러들여 자유롭게 배치하여 출력하는 공간입니다. 모형 공간에서도 출력할 수는 있지만 배치 공간에서 훨씬 효율적으로 출력할 수 있습니다.

모형 공간

배치 공간

CHAPTER

02 기본 사용법

---

01 열기

도면을 여는 방법은 여러 가지가 있습니다. 그리고 도면에 문제가 있을 경우 오류 검사를 통해 파일을 검토하여 복구 후 열어주는 복구(RECOVER) 명령을 통해 열 수 있습니다.

1. 기존 도면 열기

프로그램 실행 후 열기 명령을 사용하여 열고자 하는 파일을 선택합니다.

파일 → 열기 (OPEN)

윈도우 탐색기에서 파일을 더블 클릭하면 ZWCAD가 자동 실행되면서 도면 파일이 열립니다.
(파일의 연결 프로그램이 ZWCAD로 선택되어 있는 경우)

> **TIP**
> 사용자 컴퓨터에 CAD 관련 프로그램 중 ZWCAD만 설치되어 있는 경우, 자동으로 CAD 관련 파일들은 ZWCAD가 연결 프로그램으로 선택됩니다. 그러나 다른 CAD 프로그램이 함께 설치되어 있는 경우, 별도의 파일 연결 작업이 필요할 수 있습니다.

윈도우 탐색기에서 파일을 ZWCAD로 드래그합니다. 기존 도면이 열린 상태에서 작업 공간에 파일을 드래그하면 블록으로 삽입이 되고, 명령창 위에 드래그하면 새 창에서 도면이 열립니다.

2. 복구, 감사, 소거

도면 파일에서 불필요한 객체와 정보들을 삭제하여 용량을 줄이고, 오류를 제거하여 파일을 최적화할 수 있습니다.

복구(RECOVER)

'복구'는 도면을 열기 전, 오류 검사를 실시한 후 열어주는 명령입니다.

파일 → 도면 유틸리티 → 복구 버튼을 누른 후 복구할 파일을 선택합니다. 복구가 완료되면 해당 파일이 열립니다.

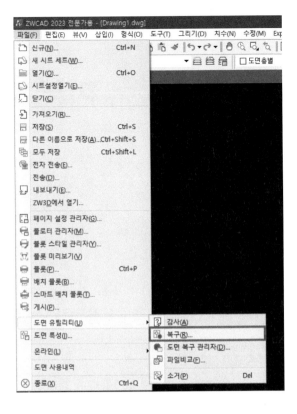

감사(AUDIT)

'감사'는 현재 작업중인 도면에 대한 오류 검사를 실시하고 일부 오류를 정정합니다.

파일 → 도면 유틸리티 → 감사 버튼을 눌러 실행합니다.

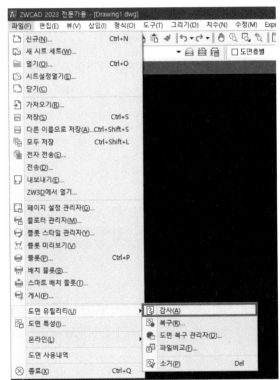

소거(PURGE)

'소거'는 도면에서 사용되지 않는 요소를 제거합니다.

파일 → 도면 유틸리티 → 소거 버튼을 눌러 실행합니다.

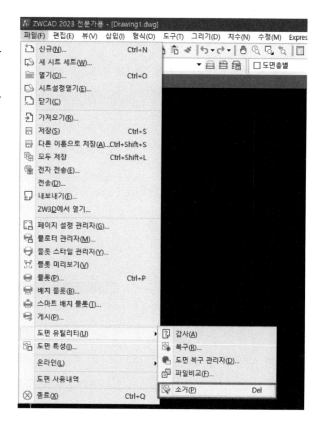

소거할 수 있는 항목에 나타나는 내용들은 오류 검사에 의해 제거할 내용이 보이기도 하지만, 도면층, 문자 스타일, 치수 스타일 등 사용하려고 만들어 놓았으나 아직 사용하지 않은 내용들도 보이므로 제거하기 전에 항목들을 자세히 확인한 후 소거를 실행해야 합니다.

대부분은 오류 항목이거나 현재 도면에서 사용하지 않는 항목들이므로 〈모두 소거〉 버튼을 눌러 불필요한 데이터들을 삭제합니다.

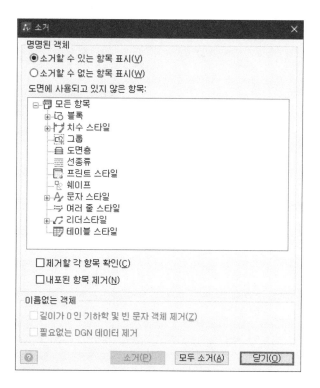

저장 방법에는 기존 도면에 덮어쓰기, 다른 이름으로 저장, 다른 형식으로 저장 등 여러 방법이 있습니다. 파일의 기본 확장자는 *.dwg이며, 윈도우 기반의 다른 응용프로그램들과 호환하기 위해 그 밖의 여러 확장자 형식(Format)을 지원합니다.

1. 자동 저장

자동 저장은 설정된 시간 단위로 계속 다른 이름으로 저장이 되며, 정상적으로 종료할 경우 자동 저장 파일은 일괄 삭제됩니다. 그러나 비정상적으로 종료된 경우에는 자동 저장 파일이 남아있습니다.

자동 저장하기 설정은 옵션 → 열기 및 저장에서 설정할 수 있습니다. 자동 저장 켜기/끄기, 저장 간격 시간 등을 설정할 수 있습니다.

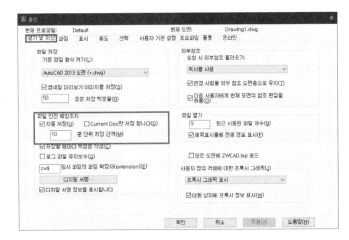

자동 저장 파일의 위치는 옵션 → 파일 → 자동 저장 파일 위치에서 확인할 수 있습니다. 자동 저장 파일은 *.zw$의 형식으로 저장되어 있으며, 확장자를 *.dwg로 바꾸어 사용할 수 있습니다.

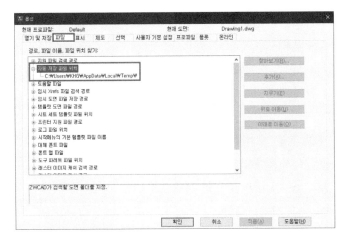

> TIP 사용자가 직접 저장하는 경우에는 자동으로 백업 파일이 생성됩니다. 백업 파일은 현재 사용하는 파일과 같은 폴더에 자동 생성됩니다. 백업 파일은 *.bak의 형식으로 생성되며, 확장자를 *.dwg로 바꾸어 사용할 수 있습니다.

2. 다른 이름으로 저장(SAVE AS)

새 도면을 저장하거나, 현재 열려 있는 파일의 이름을 변경하여 다른 이름으로 저장합니다.

파일 → 다른 이름으로 저장 버튼을 누릅니다. 필요한 파일 이름으로 저장합니다.

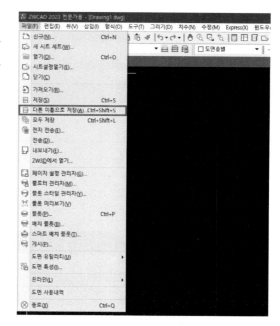

3. 하위 버전 파일 형식으로 저장

ZWCAD는 매년 새로운 버전을 출시하고 있습니다. 각 버전에서 지원되는 포맷이 다르므로 상위 버전의 파일을 하위 버전에서 열기 위해서는 해당 버전을 열 수 있는 파일 형식으로 저장해야 합니다.

다른 이름으로 저장 시에는 파일 형식에서 원하는 하위 버전의 형식을 선택하여 저장할 수 있습니다. 특별히 파일의 별도 버전이 필요한 경우에 사용할 것을 권장합니다.

매번 저장할 때마다 파일 형식을 변경하지 않고 도구 → 옵션 → 열기 및 저장 탭에서 기본 저장 파일 형식을 설정할 수 있습니다.

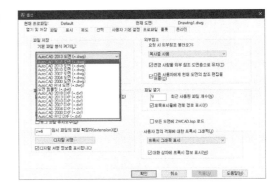

다음 표는 버전별 저장 형식입니다.

버전	파일 형식
R14	R14/LT97/LT98 도면 (*.dwg)
2000, 2000i, 2002	2000/LT2000 도면 (*.dwg)
2004, 2005, 2006	2004/LT2004 도면 (*.dwg)
2007, 2008, 2009	2007/LT2007 도면 (*.dwg)
2010, 2011, 2012	2010/LT2010 도면 (*.dwg)
2013, 2014, 2015, 2016, 2017	2013 도면 (*.dwg)
2018, 2019, 2020, 2021, 2022, 2023	2018 도면 (*.dwg)

TIP 분류된 버전별 파일 형식에 따라 하위 버전에서는 상위 버전 파일 형식이 열리지 않습니다. 도면을 하위버전 파일 형식으로 저장할 경우, 파일 크기가 커지고 일부 객체의 특성이 변경되거나 화면에 표시되지 않는 등의 제한이 발생할 수 있습니다.

4. 도면 파일 일부 저장

블록 쓰기(WBLOCK / 단축키 W) 명령으로 도면의 일부를 새로운 도면으로 저장할 수 있습니다. 선택한 객체만을 별개의 도면으로 작성할 수 있으며 선택한 객체만을 블록으로 묶어 하나의 객체처럼 사용할 수도 있습니다.

명령창에 WBLOCK 또는 W를 입력합니다.

객체 선택 버튼을 눌러 필요한 객체를 선택합니다. 블록의 기준점을 만들고 싶다면 기준점-점 선택 버튼을 눌러 블록의 기준점을 화면에서 선택하거나 절대좌표를 입력할 수 있습니다.

파일 이름과 경로, 그리고 단위를 설정합니다.

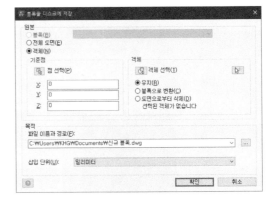

03 도면 다루기

1. 마우스를 이용한 도면 작업

도면은 기본적으로 마우스를 이용하여 작업합니다.

선택
- 좌측 버튼=선택
- Shift + 좌측 버튼=선택 제거

휠
- 휠 버튼 클릭 유지 + 마우스 이동 =화면 초점 이동 (PAN)
- Shift+휠 버튼=궤도 이동 (ORBIT)
- 휠 버튼 위로 이동=화면 확대
- 휠 버튼 아래로 이동=화면 축소

옵션과 팝업 메뉴
- 우측 버튼=팝업 메뉴
- 팝업 메뉴는 진행 상황에 따라 달라집니다.
- Shift + 우측 버튼=오스냅 메뉴
- Ctrl + 우측 버튼=오스냅 메뉴

ZWCAD에서 '줌(ZOOM)'과 '초점이동(PAN)'은 도면을 다루는데 반드시 필요한 명령입니다. 이 두 가지 명령은 다른 명령들처럼 단축키, 도구 막대 등으로 실행이 가능하지만 마우스를 사용하는 것이 가장 간단합니다.

2. ZOOM 명령을 이용한 화면 조정

화면을 확대, 축소시키는 방법은 마우스 휠 조정이 쉽지만 상황에 따라 명령어 사용이 더 편할 수도 있습니다. 아래의 옵션들을 이용하여 상황에 맞게 사용할 수 있습니다.

All(전체)	도면 한계 전체를 화면에 표시합니다. (한계가 설정되어 있지 않은 경우, 작업된 객체들의 최대 외곽을 표시합니다.)
Center(중심점)	중심점과 높이에 의해 정의된 화면을 표시합니다.
Dynamic(동적)	직사각형 상자를 이용하여 확대하거나 축소할 영역을 지정합니다.
Extents(범위)	모든 객체가 화면에 꽉 차도록 표시합니다.
Previous(이전)	화면 크기를 조절하기 이전 화면으로 복원합니다.
Scale(스케일)	현재 화면 대비 크기를 조절할 배율을 입력합니다.
Window(윈도우)	확대할 영역을 사각형으로 지정합니다.
Object(오브젝트)	선택한 객체를 화면에 꽉 차도록 표시합니다.

ZWCAD에서는 도면을 열 때 프로그램에서 제공하는 기본 템플릿을 사용할 수 있으며, 또는 나만의 템플릿을 만들어 저장한 후 사용할 수도 있습니다.

1. 템플릿 파일을 사용하여 도면 시작하기

ZWCAD에서는 여러가지 템플릿 파일을 제공합니다. 템플릿이란 사용자가 자유롭게 쓸 수 있는 표준 스타일과 설정이 정의되어 있는 기본 도면입니다. ZWCAD에서 제공하는 템플릿은 'ANSI 규격', 'ISO 규격', 'DIN 규격'이 제공됩니다.

'ANSI 규격'은 미국 국립 표준협회에서 제정한 규격이며, 'ISO 규격'은 국제 표준화 기구에서 제공하는 규격으로 미터법 측정 단위 시스템을 기반으로 하여 밀리미터 단위로 설정되어 있습니다.

'DIN 규격'은 독일에서의 공업 제품의 표준규격이며, 국제적으로 상당한 영향력을 가지고 있는 규격입니다.

우리나라의 경우 미터법 기반의 'ISO 규격'으로 작업이 되므로, 빈 도면을 열 때 'zwcadiso. dwt' 파일을 선택하여 작업을 시작합니다.

2. 나만의 템플릿 파일을 만들어 빠른 새 도면으로 시작하기

'zwcadiso.dwt' 파일을 사용하면 기본적인 설정 값들이 정해져 있으므로 개별적인 시스템 변수 값을 변경하더라도 새 도면을 열거나 프로그램을 다시 실행시켰을 때 설정 값들이 원상태로 돌아가게 됩니다. 따라서 필요에 따라 시스템 변수 값을 재설정 한 후 새로운 템플릿으로 저장하여 사용하는 방법이 있습니다.

새로운 템플릿 파일을 엽니다.

파일 → 신규 →
zwcadiso.dwt

플롯 스타일, 옵션 설정 등 개별적인 시스템 변수 값을 변경합니다.

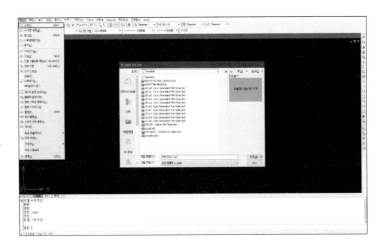

다른 이름으로 저장 명령을 실행하여 파일 형식을 도면 템플릿(*.dwt)으로 선택하고 새로운 파일 이름을 지정합니다.

저장 버튼을 누르고 템플릿 옵션 창이 뜨면 내용을 확인 후 확인 버튼을 누릅니다.

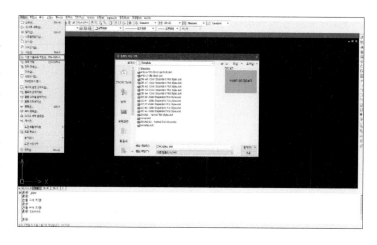

메뉴 → 도구 → 옵션 → 파일 → 시작 메뉴의 기본 템플릿 파일 이름 → **비어 있음**을 클릭한 후 다른 이름으로 저장된 템플릿 파일을 지정합니다.

다음과 같이 기본 템플릿 파일이 지정한 신규 템플릿으로 설정된 것을 확인할 수 있습니다.

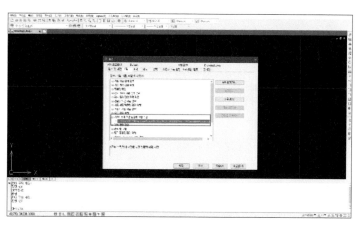

상단 도구 막대의 '빠른 새도면' 명령 실행 시 지정한 신규 템플릿으로 중간 단계 없이 바로 실행됩니다.

3. CAD 표준 도면 작성하기

    프로젝트가 여러 팀 또는 타 업체와 이루어지는 경우, 각각 기준이 다르기 때문에 다양한 형태로 도면이 작성됩니다. CAD 표준 도면 기능을 통해 도면 설계 규격(도면층, 문자 스타일, 주석 스타일, 다중 지시선 스타일)을 미리 작성하고 데이터를 도면 표준 파일(*.dws)에 저장하여

    모든 도면을 동일한 표준 조건에 맞춰 사용할 수 있습니다.

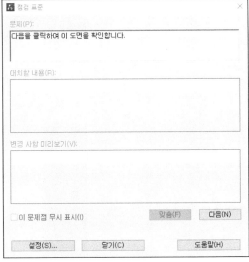

    도면에 대해 동일한 표준 조건을 만들기 위해 *.dws 파일(표준 도면)을 도면에 연결해야 하며,
사용자는 표준 도면과의 차이점을 확인한 후 수동 또는 자동으로 도면의 특성을 수정해야 합니다.

    또한, 도면을 연결한 후, 사용자가 표준 도면에 맞지 않는 조건으로 작업을 하게 되면 알림 대화상자가 나타납니다.

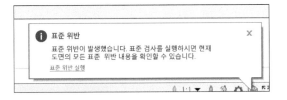

    도면층과 관련된 알람이 발생될 시 "도면층 변환" 기능을 이용하여 도면층을 통일화할 수 있습니다.

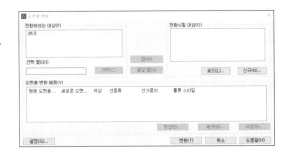

05 옵션 설정하기

ZWCAD에서는 작업 환경을 설정하기 위한 옵션 대화상자를 제공하고 있습니다. 한번 설정된 내용은 다시 변경하기 전까지는 계속 지속됩니다.

1. 옵션 대화상자 표시하기

메뉴 사용하기

메뉴 → 도구 → 옵션 버튼을 클릭하면 옵션 대화상자가 표시됩니다.

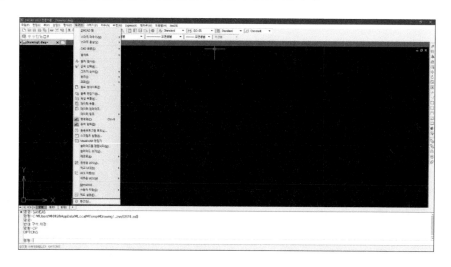

바로 가기 메뉴 사용하기

도면 영역에서 〈마우스 오른쪽 버튼〉을 클릭합니다. 바로 가기 메뉴가 활성화되면 아래의 〈옵션〉 버튼을 클릭합니다. 옵션 대화상자가 표시되는 것을 확인할 수 있습니다.

2. 옵션 설정하기

옵션 대화상자는 9개의 탭이 제공되며, 각 탭 화면에서는 해당 카테고리와 관련된 상세한 작업 환경을 설정할 수 있습니다.

열기 및 저장

도면 파일을 열거나 저장할 때의 환경을 설정합니다. 기본적으로 저장되는 파일의 형식과 자동 저장 간격, 외부 참조 규칙 등을 설정할 수 있습니다.

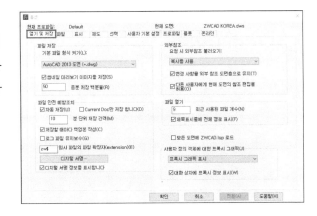

파일

ZWCAD에 사용되는 파일들의 저장 경로를 확인하고 변경합니다. 확인 또는 변경하고자 하는 경로를 선택 후 추가, 변경, 삭제를 설정할 수 있습니다.

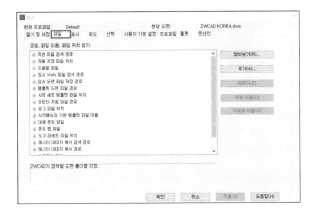

표시

화면 표시 방법을 설정합니다. 작업 영역의 색상, 십자선의 크기, 해상도 등을 설정할 수 있습니다.

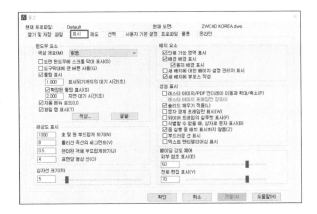

제도

도면 작성을 지원하는 여러 가지 기능을 설정할 수 있습니다. 자동 스냅, 자동 추적의 설정 및 크기, 색상 등을 설정할 수 있습니다.

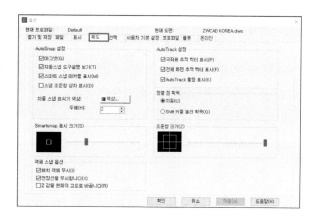

선택

객체 선택을 위한 다양한 기능을 설정할 수 있습니다. 선택박스의 크기, 선택 모드, 그립의 색상 등을 설정할 수 있습니다.

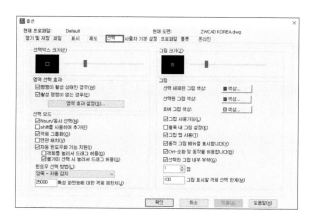

사용자 기본 설정

사용자의 기본적인 작업환경을 설정할 수 있습니다. 작업 동작, 도면작업 단위, 좌표 우선순위, 인터페이스 등을 설정할 수 있습니다.

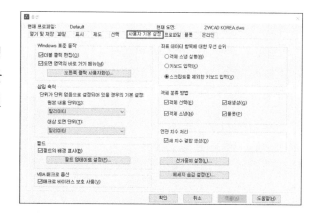

프로파일

작업에 필요한 다양한 환경을 저장하고 재사용할 수 있습니다. 건축, 구조, 공업 등 다양한 목적에 맞게 환경을 설정하여 저장하고 필요에 따라 다시 재사용할 수 있습니다.

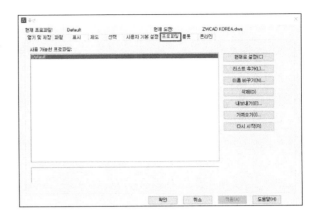

플롯

플롯에 관련된 환경을 설정할 수 있습니다. 기본적인 출력 장치, 파일 출력 시 저장 위치, 플롯 스타일 등을 설정할 수 있습니다.

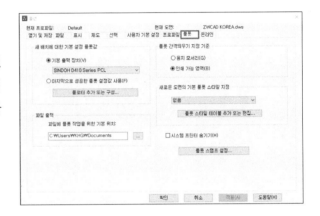

온라인

인터넷이 가능한 전세계 어디서나 CAD 데이터를 클라우드 공간에 자동으로 동기화 할 수 있습니다. 자동 또는 수동 설정이 가능하고 알람 기능을 통해 동기화 진행 여부를 확인할 수 있습니다.

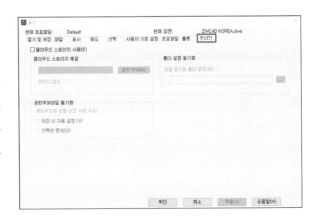

06 단축키(PGP 파일) 수정하기

ZWCAD의 단축 명령어는 'zwcad.pgp' 파일에 설정되어 있습니다. 메모장을 통해 단축 명령어를 확인하거나 수정, 삭제할 수 있습니다.

1. PGP 파일 열기

메뉴 → 도구 → 사용자 지정 → 편집과 프로그램 매개변수 (zwcad.pgp) 버튼을 클릭하면 PGP 파일이 메모장으로 열립니다.

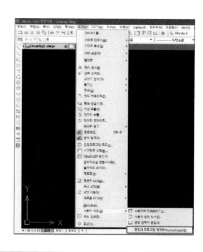

2. PGP 파일 설정하기

메모장으로 열린 PGP 파일은 문자 형식으로 이루어져 있습니다.

예) 3A(단축키), *3DARRAY(명령어)

단축키를 사용할 수 있는 모든 명령어들을 확인할 수 있습니다.

단축키를 변경할 수 있으며, 사용하지 않는 단축키나 명령어는 삭제할 수 있습니다.

PGP 파일을 저장하고 ZWCAD를 다시 실행하면 변경된 설정으로 단축키가 지정되어 있습니다.

```
ZWCAD.pgp - 메모장                          —   □   ×
파일(F)  편집(E)  서식(O)  보기(V)  도움말(H)

CATALOG,  DIR /W,        8,File specification: ,
DEL,       DEL,          8,File to delete: ,
DIR,       DIR,          8,File specification: ,
EDIT,      START EDIT,   9,File to edit: ,
SH,        ,             1,*OS Command: ,
SHELL,     ,             1,*OS Command: ,
START,     START,        1,*Application to start: ,
TYPE,      TYPE,         8,File to list: ,

EXPLORER,  START EXPLORER, 1,,
NOTEPAD,   START NOTEPAD, 1,*File to edit: ,
PBRUSH,    START PBRUSH,  1,,

3A,       *3DARRAY
3DO,      *3DORBIT
3F,       *3DFACE
3P,       *3DPOLY
A,        *ARC
AA,       *AREA
AL,       *ALIGN
AP,       *APPLOAD
AR,       *ARRAY
-AR,      *-ARRAY
ATT,      *ATTDEF
-ATT,     *-ATTDEF
ATE,      *ATTEDIT
-ATE,     *-ATTEDIT
```

3. 앨리어스 편집 방법

ZWCAD에서는 PGP 파일을 열지 않고 명령어 편집기 창인 앨리어스 편집기를 열어 단축키를 수정할 수 있습니다.

메뉴 → 도구 → 사용자 지정 → 앨리어스를 클릭하면 앨리어스 창이 활성화됩니다. PGP 파일을 더욱 간단하게 수정할 수 있도록 프로그램화 되어있는 창으로 PGP 파일을 내보내거나 가져올 수도 있습니다.

- **추가** : 단축키 – 명령어를 추가합니다.
- **제거** : 단축키 – 명령어를 제거합니다.
- **편집** : 기존에 설정되어 있는 단축키 – 명령어를 편집합니다.
- **재설정** : pgp 파일을 초기 상태로 초기화합니다.

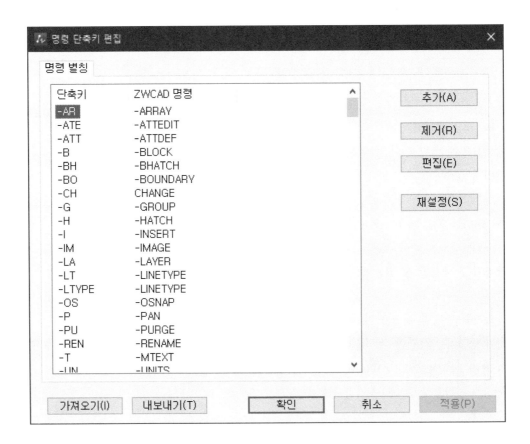

07 도면 한계

도면의 최종 결과물은 파일 자체일 수도 있지만 대부분은 용지에 출력하여 사용하게 되므로 출력할 용지를 염두하고 도면 한계를 정할 수 있습니다. 도면 한계는 출력할 수 있는 영역을 의미하며 모눈이 표시되는 한계이기도 합니다.

1. 도면 크기의 이해

과거 종이에 직접 도면을 설계할 때는 종이 크기에 맞추어 미리 축척을 계산하여 그려야만 했습니다. 하지만 캐드 프로그램에서는 실제 치수로 도면 작업을 한 후 출력할 때 축척을 정하면 되므로 미리 축척을 계산할 필요가 없어졌습니다. 그러나 도면의 한계가 설정되어 있지 않다면 캐드 프로그램 상의 작업 영역에 제한이 없어지므로 무한대의 공간이 설정되는 문제가 발생할 수 있습니다. 또한 도면 한계라는 것은 작업 영역의 한계이기도 하므로 확대나 모눈 설정, 출력 등의 제한에도 영향을 끼칩니다.

실무에서 사용하는 용지의 크기는 KS A 5201과 KS B 0001 규정에 의해 정의되어 있습니다. A0 사이즈가 가장 큰 크기이며, 그 반을 자른 크기가 A1 사이즈가 됩니다. A4 사이즈가 가장 작은 사이즈이며 총 5가지 용지 크기를 사용합니다.

도면 용지 (전체 용지 A0, 1189x841mm)

2. 도면 한계 설정하기

도면 한계는 'LIMITS'라는 명령어를 사용합니다. 도면 한계 설정을 켜고 *끄거나*, 원점을 입력하고 제한할 좌표 또는 화면의 한계점을 마우스로 클릭하거나, 명령어를 입력하면 됩니다.

LIMITS 입력

아래 좌측 모퉁이 설정 또는 제한치 *끄기* [켜기(ON)/*끄기*(OFF)] 〈0,0〉 : 원점을 입력
우측 상단 모퉁이 설정 〈420,297〉: 도면 한계점을 입력

도면 한계 확인하기

STATUS 명령을 입력하면 도면 정보 및 한계가 표시되는 문자 윈도우 대화상자가 나타납니다.

```
ZWCAD 문자 윈도우 - Drawing1.dwg                                    —   □   ×
명령: STATUS
상태 :
        현재 도면 이름: Drawing1.dwg
        도면 표시 범위:   X= 0.000000  Y= 0.000000  Z= 0.000000
                        X= 420.000000  Y= 297.000000  Z= 0.000000
    모형 공간 도면 범위:  X= 0.000000  Y= 0.000000  Z= 0.000000
                        X= 420.000000  Y= 297.000000  Z= 0.000000
        배치 폭(필셀): 1689
        배치 높이(필셀): 696
        삽입 기준점:  X= 0.000000  Y= 0.000000  Z= 0.000000
        스냅 간격:  X= 0.000000  Y= 0.000000  Z= 0.000000
        모눈 간격:  X= 10.000000  Y= 10.000000  Z= 0.000000
        현재 공간: 모형 공간
        현재 배치: Model
        현재 도면층: 0
        현재 색상: BYLAYER
        현재 선종류: BYLAYER
        현재 고도: 0.000000
        현재 두께: 0.000000
        현재 선가중치: 도면층별
        해치: 켜기
        모눈: 켜기
        직교 모드: 끄기
        스냅: 끄기
        잔상: 끄기
        드래그: 켜기
명령:
```

08 도면 작성 지원 도구

　도면 작성 지원 도구는 '보조 도구' 또는 '기능키' 라고 할 수 있습니다. 이 도구들은 설계 작업 및 편집 시 정확한 작업을 할 수 있게 해 주는 자, 각도기 등의 역할을 합니다.

　이 도구들은 다른 명령 실행 중에도 직접 클릭하거나 단축키를 사용하여 수시로 켜기/끄기를 반복할 수 있습니다.

번호	도구 이름	단축키
1	도움말 HELP	F1
2	명령창 TEXT WINDOW	F2
3	객체 스냅 OBJECT SNAP	F3
4	등각투영 평면 ISOPLANE SWITCHING	F5 / Ctrl+E
5	좌표 COORDINATE DISPLAY	F6
6	모눈 GRID MODE	F7 / Ctrl+G
7	직교 ORTHO MODE	F8
8	스냅 SNAP MODE	F9 / Ctrl+B
9	극좌표 POLAR DISPLAY	F10
10	객체 스냅 추적 OBJECT SNAP TRACKING	F11
11	동적입력 DYNAMIC INPUT	F12

1. 도움말 HELP 〈F1〉

　도움말이 실행됩니다. ZWCAD에서 제공하는 다양한 도움말들이 정리되어 있습니다. 내용이나 색인, 검색을 통해 필요한 도움말을 찾아볼 수 있습니다.

2. 명령창 TEXT WINDOW 〈F2〉

명령창이 별도의 대화상자로 나타나며 화면 아래에 배치되어 있는 명령창과 동일한 기능을 합니다. 별도의 대화상자로 실행되어 이전에 작업한 내용이나 치수 등을 확인할 때 편리하게 사용할 수 있습니다.

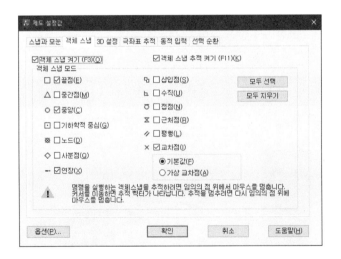

3. 객체 스냅 OBJECT SNAP 〈F3〉

객체 스냅을 켜거나 끌 수 있습니다. 화면 하부 상태 막대에서 아이콘을 클릭하여 켜거나 끌 수도 있습니다. 객체 스냅을 설정하기 위해서는 다음과 같은 두 가지 방법이 있습니다.

도구 → 제도 설정 → 객체 스냅

상태 막대 객체 스냅 아이콘에서 마우스 오른쪽 버튼 클릭 → 설정

끝점 Endpoint	객체의 끝점을 선택합니다. 직선은 물론 곡선에서도 사용할 수 있지만 원과 같이 끝점이 없는 객체는 사용이 불가합니다. 타원인 경우에는 정점 선택이 가능합니다.
중간점 Midpoint	객체의 중간점을 찾아 선택합니다. 직선과 호에서 사용할 수 있습니다.
중앙 Center	원이나 호의 중심점을 찾아 선택합니다.
기하학적 중심 Geometric Center	닫힌 폴리선 및 스플라인의 무게 중심을 선택합니다.
노드 Node	점 객체나 치수 지정점을 찾아 선택합니다.
사분점 Quadrant	원이나 호의 사분 지점을 찾아 선택합니다.
연장 Extension	2개의 객체가 연장되었을 때의 가상 교차 지점을 찾아 선택합니다. 다른 객체 스냅과 달리 2개의 객체를 선택해야 적용됩니다.
삽입점 Insertion	블록이나 문자 등의 삽입점을 선택합니다. 삽입점이란 블록이나 문자의 기준점을 의미하는 것으로 객체의 방향이나 높이의 기준이 되는 지점입니다.
수직 Perpendicular	선택한 객체의 수직 지점을 찾아 선택합니다. 대부분 직선을 다른 직선에 수직으로 연결하고자 할 때 자주 사용됩니다.
접점 Tangent	원이나 호 등의 곡선 객체에서 접점을 형성하는 지점을 찾아 선택합니다. 곡선과 곡선, 곡선과 직선을 연결할 때 접점을 찾아 줍니다.
근처점 Nearest	마우스 커서가 위치하고 있는 곳에서 객체의 가장 가까운 지점을 찾아 선택합니다. 선택하는 지점이 객체의 임의의 지점이 될 수도 있으므로 자주 사용하지는 않습니다.
평행 Parallel	객체(주로 직선)와 평행한 지점을 찾아 선택합니다. 즉 시작 지점을 지정하고 다른 객체를 지정하면 선택한 객체와 평행한 객체를 만들 수 있습니다.
교차점 Intersection	두 객체의 교차 지점을 찾아 선택합니다.

4. 등각투영 평면 ISOPLANE SWITCHING 〈F5〉 〈Ctrl+E〉

등각투영 평면의 작업면을 변경할 수 있습니다. 이 기능은 등각투영 스냅모드에서 작동이 가능합니다.

도구 → 제도 설정 → 스냅과 모눈 탭 → 스냅 유형 → 모눈 스냅 → 등각투영 스냅

5. 좌표 COORDINATE DISPLAY 〈F6〉

좌표 기능을 켜거나 끌 수 있습니다.

6. 모눈 GRID MODE 〈F7〉 〈Ctrl+G〉

모눈 기능을 켜거나 끌 수 있습니다. 모눈 점의 간격은 설정을 통해 조절할 수 있습니다.

도구 → 제도 설정 → 스냅과 모눈 탭 → 모눈 간격두기 → 모눈 X축, Y축 간격두기 설정

7. 직교 ORTHO MODE 〈F8〉

직교 모드를 켜거나 끌 수 있습니다. 직교 모드는 마우스가 X축, Y축으로만 이동하는 기능입니다.

8. 스냅 SNAP MODE 〈F9〉 〈Ctrl+B〉

스냅 모드를 켜거나 끌 수 있습니다. 스냅 모드는 지정된 간격으로 마우스 커서가 움직입니다.
간격은 설정을 통해 조절할 수 있습니다.

도구 → 제도설정 → 스냅과 모눈 탭 → 스냅 → 스냅 X축, Y축 간격두기 설정

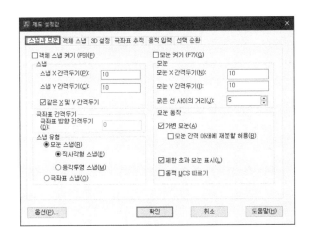

9. 극좌표 POLAR DISPLAY 〈F10〉

극좌표 기능을 켜거나 끌 수 있습니다. ZWCAD에서 극좌표는 기준점에서 오른쪽이 0도, 시계
반대방향으로 각도가 + 됩니다. 각도, 설정 값, 측정 단위 등은 설정을 통해 조절할 수 있습니다.

도구 → 제도설정 → 극좌표 추적 탭

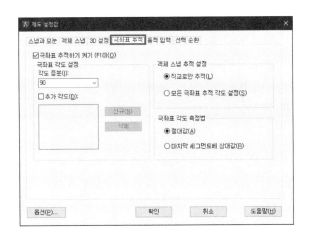

10. 객체 스냅 추적 OBJECT SNAP TRACKING 〈F11〉

객체 스냅 추적을 켜거나 끌 수 있습니다. 명령에서 점을 지정하면 마우스 커서는 객체 스냅 추적을 사용하여 다른 객체 스냅점을 기준으로 정렬 경로를 따라 추적할 수 있습니다. 하나 이상의 객체 스냅이 켜져 있는 경우에만 객체 스냅 추적을 사용할 수 있습니다.

11. 동적 입력 DYNAMIC INPUT 〈F12〉

도면 영역의 마우스 커서 근처에 명령 인터페이스를 켜거나 끌 수 있습니다. 동적 입력을 켜면 마우스 커서의 이동에 따라 동적으로 업데이트되는 도면 정보를 표시하는 도구 팁(Tool Tip)이 마우스 커서 근처에 나타납니다.

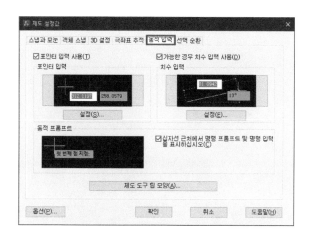

12. 객체 스냅 빠른 메뉴

객체 스냅 버튼을 마우스 오른쪽 클릭하면 빠른 메뉴가 나타나며, 객체 스냅 유형을 보다 쉽게 선택할 수 있습니다.

설계 도면 작성

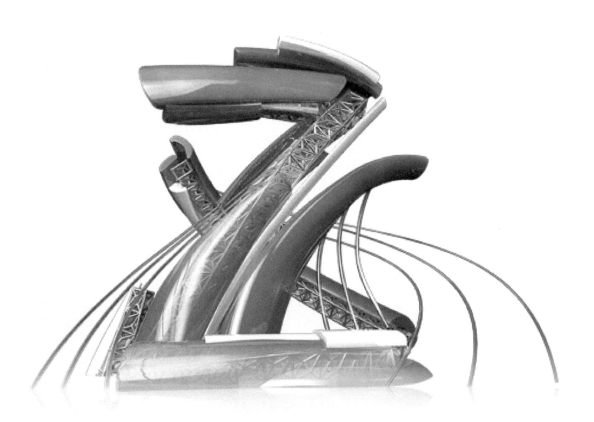

좌표

01 좌표 개념의 이해

일반적으로 좌표계는 표준 좌표계(WCS; World Coordinate System)와 사용자 좌표계 (UCS; User Coordinate System)로 나눌 수 있습니다.

표준 좌표계는 수평인 X축과 수직인 Y축의 교차점인 원점(0, 0)을 기준으로 하는 좌표계로 ZWCAD에서 사용되는 기본 좌표계이며, 사용자 좌표계는 사용자에 의해 새롭게 정의되는 유동적인 좌표계입니다. 사용자가 좌표계를 변경하면서 3차원 객체를 자유롭게 그릴 수 있기 때문에 3차원 작업을 할 때 자주 사용됩니다.

좌표 지정 방법으로는 절대 좌표와 상대 좌표, 상대 극좌표를 사용합니다. 각 좌표는 객체의 특징에 따라 좌표와 거리, 또는 각도를 입력하는 방법으로 다양하게 사용할 수 있습니다. 실무에서는 작업 화면 내의 다양한 좌표를 정점 기준으로 만들기 때문에 상대 좌표와 상대 극좌표를 자주 사용합니다.

02 절대 좌표 (X,Y)

ZWCAD 작업 화면에는 X축과 Y축의 좌표 값이 정해져 있습니다. 절대 좌표란 점의 위치를 원점(0, 0)을 기준으로 위치를 지정하는 좌표 (X좌표값, Y좌표값)로 나타냅니다.

다음 그림에서 점 A, 점 B, 점 C, 점 D의 절대 좌표 값은 (50, 50), (200, 50), (200, 150), (50, 150)입니다.

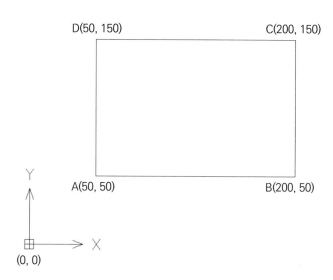

그림과 같은 절대 좌표를 이용한 다각형을 그리는 방법은 다음과 같습니다.

■ 메뉴 : 그리기 → 선
■ 명령어 : LINE
■ 단축키 : L

첫 번째 점 지정 : 50, 50 [Enter↵]
다음 점 지정 : 200, 50 [Enter↵]
다음 점 지정 : 200, 150 [Enter↵]
다음 점 지정 : 50, 150 [Enter↵]
다음 점 지정 : 50, 50(또는 C) [Enter↵]

03 상대 좌표 (@X,Y)

상대 좌표는 작업 화면 상에 정해져 있는 절대 좌표 값이 아닌 사용자가 지정한 임의의 정점을 기준으로 하여 상대적으로 X축으로 또는 Y축으로 원하는 수치만큼 떨어진 지점을 정의할 때 사용됩니다.

마지막으로 입력된 점(위치)을 기준점으로 상대적인 위치(@마지막 점과 X축 방향으로 떨어진 거리, Y축 방향으로 떨어진 거리)를 지정합니다.

다음 그림에서 A점을 기준점으로 하여 B점의 상대 좌표 값은 (@150, 0)이 되고 B점을 기준으로 하는 C점의 상대 좌표 값은 (@0, 100)이 됩니다. D점의 상대 좌표 값은 (@-150, 0)으로 마지막으로 A의 상대 좌표 값은 (@0,-100)입니다. (기준점의 오른쪽 또는 위쪽의 경우 +, 왼쪽 또는 아래쪽의 경우 -를 입력하여 방향을 설정합니다)

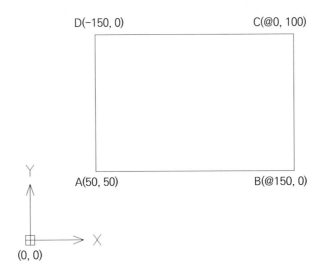

그림과 같은 상대 좌표를 이용한 다각형을 그리는 방법은 아래와 같습니다.

■ 메뉴 : 그리기 → 선
■ 명령어 : LINE
■ 단축키 : L

첫 번째 점 지정 : 50, 50 [Enter↵]
다음 점 지정 : @150, 0 [Enter↵]
다음 점 지정 : @0, 100 [Enter↵]
다음 점 지정 : @-150, 0 [Enter↵]
다음 점 지정 : @0, -100(또는 C) [Enter↵]

04 상대 극좌표 (@거리<각도)

상대 극좌표는 상대 좌표와는 달리 거리와 각도를 입력하여 점을 지정하는 방법입니다. 마지막 점(위치)을 기준으로 거리와 각도를 이용해 상대적인 좌표(@마지막 입력점으로부터의 거리〈각도)를 지정합니다. 상대 극좌표의 거리는 항상 +입니다. 각도는 시계의 3시 방향을 '0'으로 하여 시계 반대 방향으로 + 각도, 시계 방향으로 -각도로 입력합니다. 아래 그림에서 A점을 마지막 점으로 한 B점의 상대 극좌표는(@150〈0)이고, B점을 마지막 점으로 한 C점의 상대 극좌표는 (@100〈90)입니다.

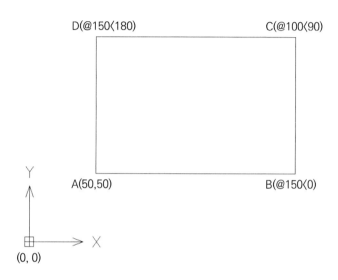

상대 극좌표 입력방법은 아래와 같습니다.

■ 메뉴 : 그리기 → 선
■ 명령어 : LINE
■ 단축키 : L

첫 번째 점 지정 : 50, 50 [Enter↵]
다음 점 지정 : @150〈0 [Enter↵]
다음 점 지정 : @100〈90 [Enter↵]
다음 점 지정 : @150〈180 [Enter↵]
다음 점 지정 : @50〈270(또는 C) [Enter↵]

CHAPTER

02

그리기 명령어

---

01 그리기 메뉴

1. 메뉴 : 그리기 명령어 종류

그리기 명령어는 메뉴의 도구 막대에서 그리기 도구를 선택하면 명령어의 종류를 알 수 있습니다.

그리기를 사용하기 위해서는 메뉴의 도구 막대에서 선택하거나 명령어 창에 명령어 또는 단축 명령어를 입력합니다.

02 선 LINE

선 LINE : 선 명령어는 직선을 그리는 명령으로, 화면을 클릭하거나 좌표를 입력할 때마다 정점 사이를 이어주는 직선을 그릴 수 있으며 각 정점 사이의 직선은 분리된 상태로 이어집니다.

■ 메뉴 : 그리기 → 선
■ 명령어 : LINE
■ 단축키 : L

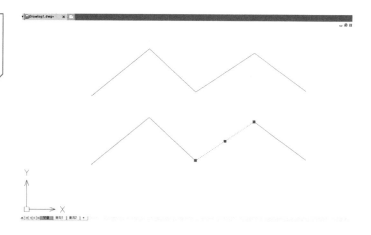

선을 그리는 방법은 3가지로 마우스로 화면상의 임의의 점을 클릭하거나, 좌표를 키보드로 입력하거나, 원하는 방향으로 마우스를 향하게 한 후 값을 입력하면 됩니다.

폴리선 POLYLINE : 폴리선은 연결된 객체로 이루어진 선을 말하며 옵션을 이용하여 호, 스플라인 등을 그릴 수도 있습니다. 직선과 곡선을 이어서 만들 수 있고 선의 두께 조절이 가능하며 각 정점이 이어져 하나의 객체로 인식되는 것이 특징입니다.

■ **메뉴** : 그리기 → 폴리선
■ **명령어** : PLINE
■ **단축키** : PL

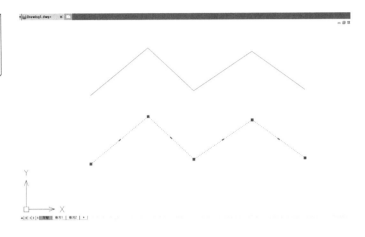

폴리선을 그리는 방법은 3가지로 마우스로 화면상의 임의의 점을 클릭하거나, 좌표를 키보드로 입력하거나, 원하는 방향으로 마우스를 향하게 한 후 값을 입력하면 됩니다.

✅ 옵션(OPTION)

- **호(A)** : 폴리선을 이용하여 호를 그립니다.
* **호(A) 하위 옵션**
  1) **각도(A)** : 시작점으로부터의 호를 그리기 위한 각도를 입력합니다.
  2) **중심(CE)** : 호의 중심점을 지정합니다.
  3) **방향(D)** : 호의 진행 방향을 지정합니다.
  4) **반폭(H)** : 호의 중심에서 모서리까지의 폭을 지정합니다.
  5) **선(L)** : 직선 모드로 변경합니다.
  6) **반지름(R)** : 호의 반지름 값을 입력합니다.
  7) **두 번째 점(S)** : 두 번째 점을 입력합니다.
  8) **폭(W)** : 호의 선 두께를 입력합니다.
  9) **명령취소(U)** : 이전 작업을 취소합니다.
- **반폭(H)** : 폴리선의 중심에서 모서리까지의 폭을 지정합니다. 시작 폭과 마지막 폭의 크기가 다른 경우에는 점점 굵기가 변형되는 폴리선을 만들 수 있습니다.
- **길이(L)** : 이전에 그렸던 직선 방향과 동일한 방향으로 직선의 길이를 입력하여 선을 그립니다.
- **명령 취소(U)** : 이전 작업을 취소합니다.
- **폭(W)** : 직선의 선 두께를 설정합니다.

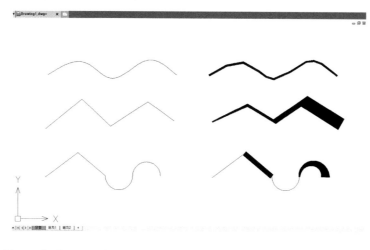

폴리선 옵션을 통해 선, 굵은 선, 직선, 곡선 등 다양한 선들을 그릴 수 있습니다.

04 구성선 XLINE

구성선 XLINE : 구성선은 끝이 없는 무한의 직선으로, 기준선을 그리거나 경계를 자르기 위해 사용합니다.

■ 메뉴 : 그리기 → 구성선
■ 명령어 : XLINE
■ 단축키 : XL

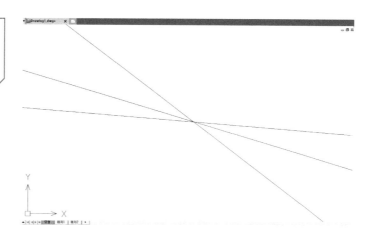

✓ 옵션(OPTION)

- **등분(B)** : 지정한 각도의 정점을 통과하면서 첫 번째 선과 두 번째 선 사이를 이등분하는 무한 선을 그립니다.
- **수평(H)** : 특정 점을 통과하는 수평 무한 선을 그립니다.
- **수직(V)** : 특정 점을 통과하는 수직 무한 선을 그립니다.
- **각도(A)** : 입력한 각도를 유지하는 무한 선을 그립니다.
- **간격띄우기(O)** : 다른 객체에 평행한 무한 선을 그립니다.

05 광선 RAY

광선 RAY : 광선은 지정한 점에서 한 방향으로 무한 선을 그리는 명령입니다.

■ 메뉴 : 그리기 → 광선
■ 명령어 : RAY
■ 단축키 : –

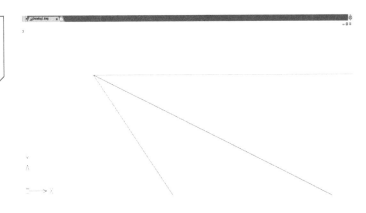

옵션(OPTION)

– **등분(B)** : 지정한 각도의 정점을 통과하면서 첫 번째 선과 두 번째 선 사이를 이등분하는 한 방향 무한 선을 그립니다.
– **수평(H)** : 특정점을 통과하는 수평 한 방향 무한 선을 그립니다.
– **수직(V)** : 특정점을 통과하는 수직 한 방향 무한 선을 그립니다.
– **각도(A)** : 입력한 각도를 유지하는 한 방향 무한 선을 그립니다.
– **간격 띄우기(O)** : 다른 객체에 평행한 한 방향으로 무한 선을 그립니다.

06 스플라인 SPLINE

스플라인 SPLINE : 자유곡선을 그리는 명령입니다. 자유곡선은 각 정점에서 조절점을 이용하여 곡선의 형태를 만듭니다. 전체적으로 완만한 형태를 유지하기 위해 정점과 조절점을 추가하여 그리는 동안 지속적으로 전체 곡선의 형태가 변합니다.

■ 메뉴 : 그리기 → 스플라인
■ 명령어 : SPLINE
■ 단축키 : SPL

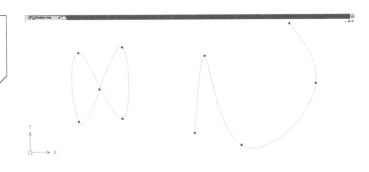

예제 1 시작점과 끝점이 합쳐진 자유 곡선 그리기

명령 : SPLINE [Enter↵]

첫 번째 점 지정 또는 [객체(O)] : 시작점 입력

다음 점 지정 : 두 번째 점 입력

다음 점 지정 또는 [닫기(C)/공차 맞춤(F)/명령 취소(U)] 〈시작 접선〉 : 세 번째 점 입력

다음 점 지정 또는 [닫기(C)/공차 맞춤(F)/명령 취소(U)] 〈시작 접선〉 : 네 번째 점 입력

다음 점 지정 또는 [닫기(C)/공차 맞춤(F)/명령 취소(U)] 〈시작 접선〉 : 다섯 번째 점 입력

다음 점 지정 또는 [닫기(C)/공차 맞춤(F)/명령 취소(U)] 〈시작 접선〉 : C [Enter↵]

탄젠트 방향 설정 : [Enter↵]

예제 2 자유 곡선 그리기

명령 : SPLINE [Enter↵]

첫 번째 점 지정 또는 [객체(O)] : 시작점 입력

다음 점 지정 : 두 번째 점 입력

다음 점 지정 또는 [닫기(C)/공차 맞춤(F)/명령 취소(U)] 〈시작 접선〉 : 세 번째 점 입력

다음 점 지정 또는 [닫기(C)/공차 맞춤(F)/명령 취소(U)] 〈시작 접선〉 : 네 번째 점 입력

다음 점 지정 또는 [닫기(C)/공차 맞춤(F)/명령 취소(U)] 〈시작 접선〉 : 다섯 번째 점 입력 [Enter↵]

시작 탄젠트 설정 : [Enter↵]

끝 접선 지정 : [Enter↵]

> **TIP**
> 자유 곡선을 수정할 때는 객체를 선택한 후 정점을 선택하여 화면상에서 움직여 수정할 수 있고, STRETCH 명령을 사용할
> 수도 있습니다. 그러나 정점을 추가하거나 삭제할 때에는 SPLINEDIT 명령을 사용해야 합니다. (단축키 SPE)

07 직사각형 RECTANGLE

직사각형 RECTANGLE : 사각형을 그리는 명령어로 직사각형과 정사각형을 그릴 수 있습니다. 작업 화면상의 대각선 방향으로 두 개의 정점을 지정하거나 좌표 값을 입력하여 그릴 수 있습니다.

■ 메뉴 : 그리기 → 직사각형
■ 명령어 : RECTANG
■ 단축키 : REC

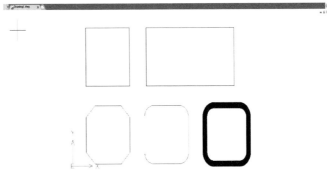

✅ 옵션 (OPTION)

a) 첫 번째 정점 입력

모따기(C) : 모따기된 사각형을 만드는 옵션으로 모따기 거리를 입력합니다.

높이(E) : 사각형이 만들어지는 높이 값을 입력합니다.

모깎기(F) : 모서리를 둥글게 모깎기를 하는 옵션으로 모깎기 거리를 입력합니다.

정사각형(S) : 정사각형을 만드는 옵션으로 정사각형 거리를 입력합니다.

두께(T) : 사각형의 두께를 입력합니다.

폭(W) : 사각형의 선 두께를 입력합니다.

b) 두 번째 정점 입력

영역(A) : 입력하는 면적에 해당하는 사각형을 그립니다. 한 쪽 변의 길이를 입력합니다.

치수(D) : 길이와 너비 값을 입력하여 사각형을 그립니다.

회전(R) : 입력한 각도로 회전된 사각형을 그립니다.

[예제 1] **작업 화면상의 정점을 지정하여 사각형 그리기**

명령 : RECTANG [Enter↲]

직사각형의 첫 번째 모서리 선택 또는 [모따기(C)/높이(E)/모깎기(F)/정사각형(S)/두께(T)/폭(W)] 중 택일 : 정점 입력

다른 구석점 지정 또는 [영역(A)/치수(D)/회전(R)] : 대각선의 정점 입력

[예제 2] **좌표를 입력하여 사각형 그리기**

명령 : RECTANG

직사각형의 첫 번째 모서리 선택 또는 [모따기(C)/높이(E)/모깎기(F)/정사각형(S)/두께(T)/폭(W)] 중 택일 : 정점 입력

다른 구석점 지정 또는 [영역(A)/치수(D)/회전(R)] : @200, 200 [Enter↲]

08 다각형 POLYGON

다각형 POLYGON : 3각형부터 1024각형의 다각형을 그리는 명령입니다. 각 변의 길이가 동일한 다각형 객체를 만들며 중심점과 반지름, 변의 개수 등을 입력하여 만듭니다.

- ■ 메뉴 : 그리기 → 다각형
- ■ 명령어 : POLYGON
- ■ 단축키 : POL

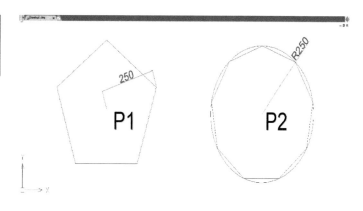

(예제1) **중심점과 반지름을 이용하여 5각형 그리기**

명령 : POLYGON [Enter⏎]
[다중(M)/선의 폭(W)] 또는 면의 개수 입력 〈3〉 : 5 [Enter⏎]
다각형의 중심점 지정 또는 [모서리(E)] : 중심점(P1) 입력
옵션 입력 [내접원(I)/외접원(C)] : I(내접원) [Enter⏎]
원의 반지름 지정 : 임의의 정점을 입력, 또는 반지름 값 〈250〉 입력 [Enter⏎]

(예제2) **기존에 그려진 원을 이용하여 내접하는 9각형 그리기**

명령 : POLYGON [Enter⏎]
[다중(M)/선의 폭(W)] 또는 면의 개수를 입력 〈5〉 : 9 [Enter⏎]
다각형의 중심점 지정 또는 [모서리(E)] : 중심점(P2) 입력
옵션을 입력 [내접원(I)/외접원(C)] : I(내접원) [Enter⏎]
원의 반지름 지정 : 기존에 그려진 원 지정

> TIP
> 외접하는 5각형을 그리기 위해서는 면 개수를 5로 입력하고 옵션에서 C(외접원) [Enter⏎] 후 기존에 그려진 원을 지정합니다.

원 CIRCLE : 원을 그리는 명령으로 두 점을 이용하거나 중심점과 반지름을 이용하여 원을 그릴 수 있고, 기존에 있는 선의 접점을 이용할 수도 있습니다.

■ 메뉴 : 그리기 → 원
■ 명령어 : CIRCLE
■ 단축키 : C

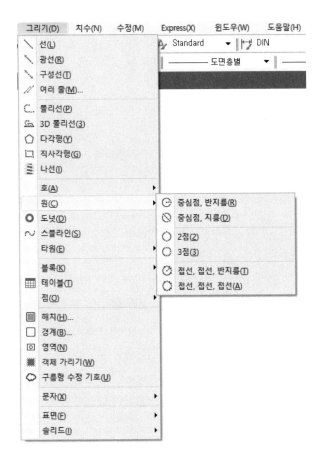

옵션(OPTION)

- **중심점 지정** : 중심점을 지정한 후 반지름이나 지름 값을 입력하여 원을 만듭니다.
- **3점(3P)** : 3개의 점을 이용하여 원을 만듭니다.
- **2점(2P)** : 지정한 두 개의 정점을 지름으로 하는 원을 만듭니다.
- **Ttr - 접선 접선 반지름(T)** : 두 개의 객체에 접하면서 입력한 반지름 값으로 이루어진 원을 만듭니다.

 TIP 기본 옵션 외에도 메뉴의 그리기 → 원 도구를 이용하면 원을 그리는 다양한 옵션을 사용할 수 있습니다.

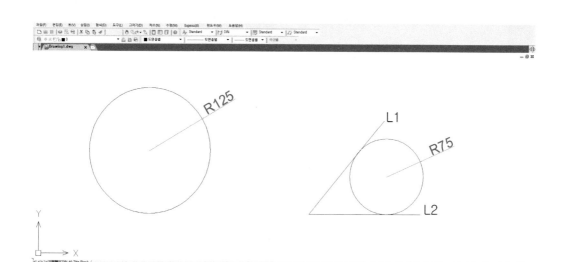

예제 1 **중심점과 반지름을 이용하여 원 그리기**

명령 : CIRCLE

원에 대한 중심점 지정 또는 [3점(3P)/2점(2P)/Ttr - 접선 접선 반지름(T)] : 임의의 정점(중심점) 입력

원의 반지름 지정 또는 [지름(D)] : 마우스를 움직여 정점을 클릭, 또는 반지름 입력

만약 지름 값을 이용하여 그리고 싶다면 CIRCLE (C) Enter↵ → 위치지정 → D Enter↵ 한 후

원의 지름을 지정 : 지름값 입력 Enter↵

예제 2 **두개의 접선과 반지름을 이용하여 원 그리기**

명령 : CIRCLE Enter↵

원에 대한 중심점 지정 또는 [3점(3P)/2점(2P)/Ttr - 접선 접선 반지름(T)] : TTR Enter↵

원의 첫 번째 접점에 대한 객체 위의 점 지정 : L1 직선 선택

원의 두 번째 접점에 대한 객체 위의 점 지정 : L2 직선 선택

원의 반지름 지정 : 반지름값 입력 Enter↵

반지름 값을 입력하지 않고 Enter↵ 를 치면 기본 반지름 값, 또는 이전에 입력했던 값을 자동으로 입력

10 호 ARC

호 ARC : 원의 일부인 호를 그리는 명령입니다. 방식은 원을 그리는 것과 유사합니다.

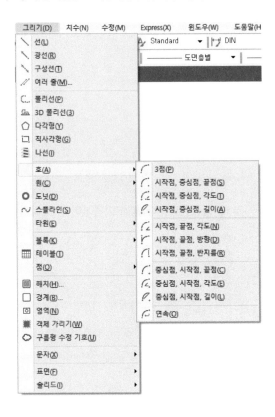

■ 메뉴 : 그리기 → 호
■ 명령어 : ARC
■ 단축키 : A

✓ 옵션 (OPTION)

- **시작점** : 호의 시작점을 지정합니다.
- **중심(C)** : 중심점을 입력한 후 호를 그립니다.
* **중심(C) 하위 옵션**
  - 각도(A) : 호의 각도를 지정합니다.
  - 현의 길이(L) : 호의 현의 길이를 지정합니다.
- **두 번째 점** : 호의 두 번째 점을 지정합니다.
- **끝(E)** : 호의 마지막 점을 지정합니다.
* **끝(E) 하위 옵션**
  - 각도(A) : 호의 각도를 지정합니다.
  - 방향(D) : 시작점에서 접선 방향을 지정합니다.
  - 반지름(R) : 호의 반지름을 지정합니다.

> TIP 기본 옵션 외에도 메뉴의 그리기 → 호 도구를 이용하면 호를 그리는 다양한 옵션을 사용할 수 있습니다.

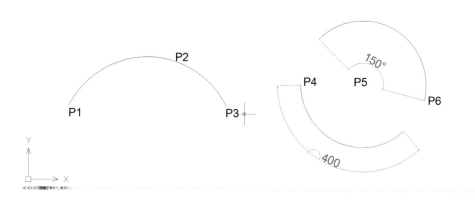

[예제 1] 세 점을 이용하여 호 그리기

명령 : ARC [Enter↲]

호의 시작점 또는 [중심(C)] 지정 : 임의의 시작점(P1) 입력

호의 두 번째 점 또는 [중심(C)/끝(E)] 지정 : 임의의 두 번째 점(P2) 입력

호의 끝점 지정 : 임의의 끝점(P3) 입력

[예제 2] 현의 길이를 이용하여 호 그리기

명령 : ARC [Enter↲]

호의 시작점 또는 [중심(C)] 지정 : C [Enter↲]

호의 중심점 지정 : 중심점(P5) 입력

호의 시작점 지정 : 호의 시작점(P4) 입력

호의 끝점 지정 또는 [각도(A)/현의 길이(L)] : L [Enter↲]

현의 길이 지정 : 현의 길이〈400〉 입력 [Enter↲]

[예제 3] 각도를 이용하여 호 그리기

명령 : ARC [Enter↲]

호의 시작점 또는 [중심(C)] 지정 : C [Enter↲]

호의 중심점 지정 : 중심점(P5) 입력

호의 시작점 지정 : 호의 시작점(P6) 입력

호의 끝점 지정 또는 [각도(A)/현의 길이(L)] : A [Enter↲]

사이각 지정 : 각도〈150〉 입력 [Enter↲]

TIP 각도 입력 시 항상 반시계 방향이 '+'임을 기억합니다.

11 타원 ELLIPSE

타원 ELLIPSE : 타원을 그리는 명령입니다. 원과는 달리 두 개의 중심을 가진 원이므로 도면에서 그릴 때는 중심점을 지정하거나 두개의 점을 지정하여 타원을 그립니다.

- ■ 메뉴 : 그리기 → 타원
- ■ 명령어 : ELLIPSE
- ■ 단축키 : EL

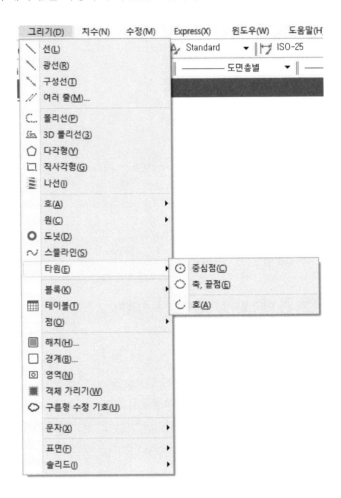

 옵션(OPTION)

- **타원의 축 끝점** : 타원의 한쪽 점을 지정합니다. 그리고 두 번째 점을 지정한 다음 단변의 반지름을 입력하면 타원이 완성됩니다.
- **호(A)** : 타원형 호를 그립니다. 타원형 호를 그릴 때는 중심점과 호를 그리기 위한 3개 이상의 점 또는 각도를 입력해야 합니다.
- **중심(C)** : 타원의 중심점을 입력합니다. 중심점을 입력한 후 시작점과 각도를 입력하여 타원을 그립니다.
- **회전(R)** : 편심을 따라 타원을 그립니다. 이 편심은 첫 번째 축을 중심으로 원을 회전시켜 식별됩니다.

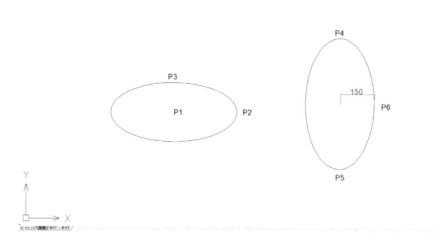

예제 1 중심점을 이용한 타원 그리기

명령 : ELLIPSE Enter⏎

타원의 축 끝점 지정 또는 [호(A)/중심(C)] : C Enter⏎

타원의 중심 지정 : 중심점(P1) 입력

축의 끝점 지정 : 끝점(P2) 입력

기타 축 또는 [회전(R)] : 끝점 (P3) 입력

예제 2 세 점, 또는 두 점과 반지름을 이용한 타원 그리기

명령 : ELLIPSE Enter⏎

축 두번째 끝 지점 설정지정 또는 [호(A)/중심(C)] : 끝점(P4) 입력

축의 다른 끝점 지정 : 끝점(P5) 입력

기타 축 또는 [회전(R)] : 끝점(P6) 입력, 또는 반지름 값〈150〉 입력 Enter⏎

12 도넛 DONUT

도넛 DONUT : 도넛 형태의 객체를 만드는 명령입니다. 외부 원과 내부 원, 2개의 원으로 구성되며 내외부의 원 사이는 솔리드 형태로 채워집니다.

- ■ 메뉴 : 그리기 → 도넛
- ■ 명령어 : DONUT
- ■ 단축키 : DO

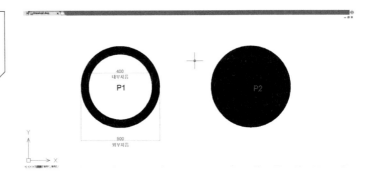

예제 1 내부 지름 400, 외부 지름 500인 도넛 그리기

명령 : DONUT [Enter↵]

도넛의 내부 지름 지정 ⟨0.5000⟩ : 400 [Enter↵]

도넛의 외부 지름 지정 ⟨1.0000⟩ : 500 [Enter↵]

도넛의 중심 지정 또는 ⟨종료⟩ : 중심점(P1) 입력 [Enter↵]

도넛의 중심 지정 또는 ⟨종료⟩ : [Enter↵]

예제 2 속이 채워진 원형 만들기

명령 : DONUT [Enter↵]

도넛의 내부 지름 지정 ⟨400.0000⟩ : 0 [Enter↵]

도넛의 외부 지름 지정 ⟨500.0000⟩ : 500 [Enter↵]

도넛의 중심 지정 또는 ⟨종료 : 중심점(P2) 클릭 [Enter↵]

도넛의 중심 지정 또는 ⟨종료.⟩ : [Enter↵]

> TIP 크기를 반복적으로 그리고 싶을 때에는 중심점이 될 정점을 반복하여 지정하면 됩니다. 마치고 싶을 때에는 [Enter↵]를 눌러 종료합니다.

13 구름형 수정 기호 REVCLOUD

구름형 수정 기호 REVCLOUD : 보통 사용자나 관리자가 도면 내에 체크할 필요가 있는 부분에 구름형 기호로 표시하는 명령입니다.

■ 메뉴 : 그리기 → 구름형 수정 기호
■ 명령어 : REVCLOUD

옵션(OPTION)

- **호(A)** : 구름형 수정 기호의 각 호의 길이를 입력합니다.
- **객체(O)** : 기존 객체를 구름형 수정 기호로 변화시킵니다.
- **직사각형(R)** : 두 점을 찍어 원하는 직사각형을 만들 수 있습니다.
- **다각형(P)** : 여러 점을 찍어 원하는 다각형을 만들 수 있습니다.
- **프리핸드(F)** : 마우스 커서로 원하는 모양을 자유자재로 만들 수 있습니다
- **스타일(S)** : 구름형 수정 기호의 각 호의 스타일을 지정합니다.
- **일반(N)** : 두께가 균일한 실선으로 표현됩니다.
- **캘리그래피(C)** : 각 호의 모양이 실선에서 두꺼운 선으로 커지는 형태로 표현됩니다.

[예제 1] **객체를 구름형 수정 기호로 변화시키기**

명령 : REVCLOUD [Enter↵]

호 최소, 최대 길이 설정 방법 : A [Enter↵]

최소 호 길이 : 50 [Enter↵]

최대 호 길이 : 50 [Enter↵]

시작점 지정 또는 [호(A)/객체(O)/직사각형(R)/다각형(P)/프리핸드(F)/스타일(S)]〈객체〉: O [Enter↵]

객체 선택 : 화면상에서 변화시킬 객체 선택

방향 반전 [예(Y)/아니오(N)] 〈아니오〉: [Enter↵]

[예제 2] **구름형 수정 기호 그리기**

명령 : REVCLOUD [Enter↵]

호 최소, 최대 길이 설정 방법 : 호(A) [Enter↵]

최소 호 길이 : 50 [Enter↵]

최대 호 길이 : 50 [Enter↵]

시작점 지정 또는 : [호(A)/객체(O)/직사각형(R)/다각형(P)/프리핸드(F)/스타일(S)]⟨객체⟩: 시작점 입력

구름 모양 경로를 따라 십자선 안내 : 시작점에서부터 원하는 형태로 마우스를 이동 → ⟨F⟩ [Enter↵] 시작점으로 돌아가면 구름형 수정 기호 그리기 완료

TIP ﹥ 구름형 수정 기호를 두껍고 강조된 형태로 그리고 싶다면 스타일 옵션을 캘리그래피 옵션으로 바꾸어 주면 됩니다.

MEMO

객체 수정 및 편집

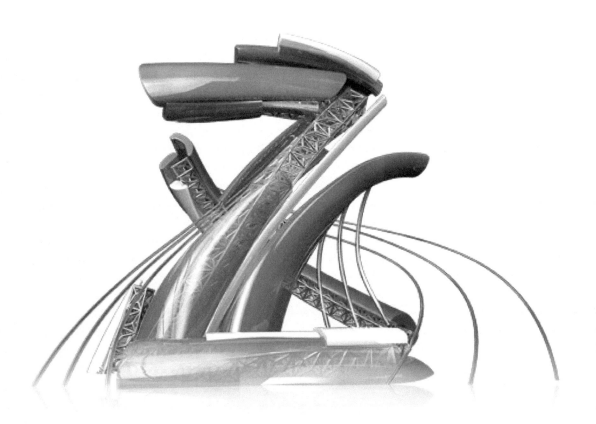

CHAPTER 01 - 수정 명령어

01 객체 선택

객체를 편집하기 위해서는 우선 편집할 객체를 선택해야 합니다. 객체는 한 개를 선택할 수도 있고 여러 개를 선택할 수도 있습니다. 여러 객체를 선택한 경우, 특정 명령이 동시에 실행됩니다.

1. 하나의 객체 선택하기

하나의 객체를 선택하기 위해서는 선택할 객체를 마우스로 클릭하면 됩니다. 선택된 객체는 점선으로 표시되며 명령이 입력되지 않은 상태에서는 정점이 파란색으로 표시됩니다. 객체를 먼저 선택하고 명령을 입력하여 명령을 바로 실행할 수 있으며, 명령을 먼저 입력하고 명령 절차에 따라 객체를 선택할 수도 있습니다.

2. 마지막으로 작업한 객체 선택하기

마지막으로 작업한 객체를 선택하고자 할 때는 'L'을 입력하면 됩니다.

3. 이전에 수정, 편집한 객체 선택하기

이전에 수정, 편집한 객체를 선택하고자 할 때는 'P'를 입력하면 됩니다.

> TIP
> 여기서 주의해야 할 점은 'L'과 'P'의 옵션이 다르며, 마지막으로 작업한 객체는 그리기 명령을 통해 생성된 객체 중 마지막으로 생성된 객체입니다. 이전에 수정, 편집한 객체는 이동, 회전 등의 수정이나 편집한 객체를 의미합니다.

4. 모든 객체 선택하기

도면 영역에 표시된 모든 객체를 선택하고자 할 때는 'ALL' 옵션을 사용합니다.

5. 윈도우 선택을 이용하여 객체 선택하기

캐드에서 객체를 선택할 때 주로 사용하는 방법은 윈도우 선택을 사용하는 방법입니다. 윈도우 선택이란 대각선 방향의 두 정점을 이용하여 가상의 사각 윈도우를 만들며 그 윈도우에 포함되거나 걸쳐지는 객체를 선택하는 방법입니다.

WINDOW : 'W' 옵션을 입력하여 객체를 선택하는 방법으로 가상의 사각 윈도우 안에 객체가 모두 포함되어야 선택이 가능합니다. 'W' 옵션을 입력하지 않아도 좌측에서 우측으로 마우스 클릭 후 드래그를 통해 사각 윈도우를 만들면 파란색으로 영역이 표시됩니다.

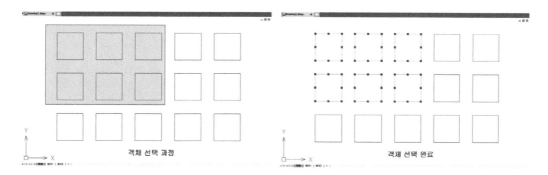

CROSSING : 'C' 옵션을 입력하여 객체를 선택하는 방법으로 가상의 사각 윈도우에 객체의 일부만 포함되어도 해당 객체는 선택됩니다. 'C' 옵션을 입력하지 않아도 우측에서 좌측으로 마우스 클릭 후 드래그로 사각 윈도우를 만들면 녹색으로 영역이 표시됩니다.

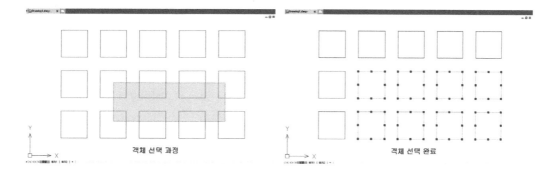

6. 선택한 객체에 객체 추가 및 삭제하기

객체를 선택한 후, 새로운 객체를 추가로 선택하고 싶을 때는 'A' 옵션을 사용하여 새로운 객체를 클릭합니다. 기존 객체를 선택에서 제외하고 싶다면 'R' 옵션을 사용하여 제외할 객체를 클릭하면 그 객체는 선택에서 제외됩니다.

7. 울타리를 이용하여 객체 선택하기

객체를 선택하는 과정에서 사각 윈도우로 객체를 선택하기가 힘들다면 'F' 울타리 옵션을 이용하여 불규칙적인 객체들을 선택할 수 있습니다. 이 옵션은 가상의 울타리(선)를 만들고 그 울타리에 걸치는 객체들을 선택합니다.

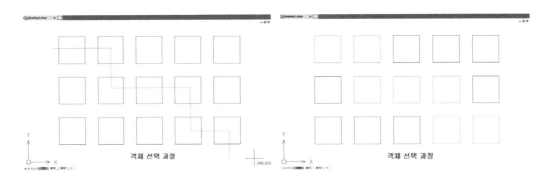

8. 겹쳐진 객체 선택하기

여러 객체가 겹쳐 있는 경우 SELECTIONCYCLING 시스템 변수를 이용하여 원하는 객체만
선택 가능합니다.

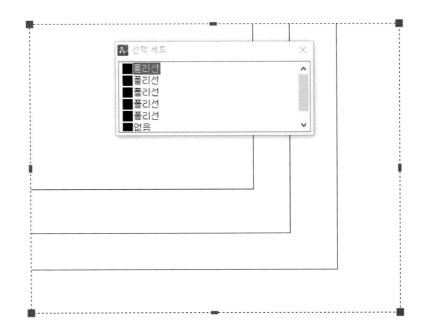

시스템 변수 SELECTIONCYCLING

〈0〉 선택 세트 설정을 끕니다.

〈1〉 선택 세트 설정을 켭니다. 대화 상자는 표시되지 않습니다.

〈2〉 선택 세트 설정을 켭니다. 대화상자에 선택 가능한 객체 목록이 표시됩니다.

1. 메뉴 : 수정 명령어 종류

수정 명령어는 메뉴의 도구 막대에서 수정 도구를 선택하면 명령어의 종류를 알 수 있습니다. 수정 명령을 사용하기 위해서는 메뉴의 도구 막대에서 선택하거나 명령창에 명령어 또는 단축 명령어를 입력하면 됩니다.

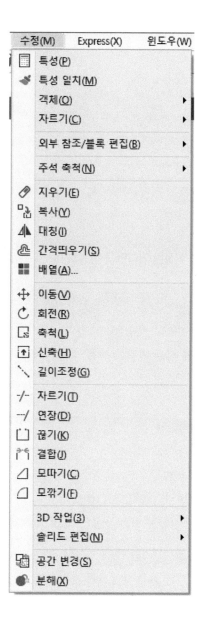

03 이동 MOVE

이동 MOVE : 선택한 객체를 이동하는 명령입니다.

기준점과 이동할 지점을 입력하여 객체를 이동합니다. 정확한 지점으로 이동하기 위해서는 이동 거리, 좌표 값, 객체 스냅 등을 잘 이용해야 합니다.

■ 메뉴 : 수정 → 이동
■ 명령어 : MOVE
■ 단축키 : M

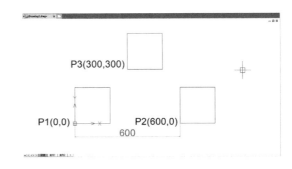

✅ 옵션 (OPTION)

– **변위(D)** : 이동할 좌표 값을 입력합니다.

[예제 1] **객체를 수직, 수평으로 지정한 거리만큼 이동하기**

명령 : MOVE [Enter↵]

객체 선택 : 이동할 객체 선택 [Enter↵]

기준점 지정 또는 [변위(D)] 〈변위〉 : 기준점(P1) 입력

두 번째 점 지정 또는 〈첫 번째 점을 변위로 사용〉 : 직교 모드 설정 〈F8〉, 이동 거리 값 〈600〉 입력 [Enter↵]

[예제 2] **객체를 좌표 값으로 이동하기**

명령 : MOVE [Enter↵]

객체 선택 : 이동할 객체 선택 [Enter↵]

기준점 지정 또는 [변위(D)] 〈변위〉 : D 입력 [Enter↵]

두 번째 점 지정 또는 〈첫 번째 점을 변위로 사용〉 : 좌표값 〈300, 300〉 입력 [Enter↵]

 절대좌표를 알 수는 없지만, X축, Y축으로 얼마만큼 이동해야 하는지 안다면 상대 좌표 값 〈@300, 300〉을 입력하여 이동할 수 있습니다.

04 복사 COPY

복사 COPY : 선택한 객체를 복사하는 명령입니다. 복사는 한 번 또는 반복하여 여러 개의 객체를 복사할 수 있습니다. 사용하는 방법은 이동 MOVE 명령과 유사합니다.

■ 메뉴 : 수정 → 복사
■ 명령어 : COPY
■ 단축키 : CO, CP

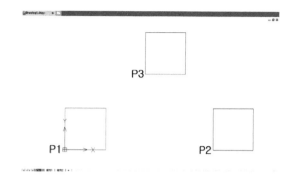

✅ 옵션(OPTION)

- **변위(D)** : 복사할 객체를 삽입할 좌표 값을 입력합니다.
- **모드(O)** : 단일모드와 다중모드를 선택합니다.
- **단일(S)** : 선택한 객체를 한 번만 복사합니다.
- **다중(M)** : 선택한 객체를 반복하여 여러 개로 복사합니다.
- **배열(A)** : 선택한 객체를 선형 배열에 지정한 수로 복사합니다.
- **길이분할(E)** : 선택한 객체를 지정한 길이로 분할하여 복사합니다.
- **등분할(I)** : 선택한 객체를 지정한 길이에서 등분할 하여 복사합니다.
- **경로(P)** : 선택한 객체를 경로에 따라 복사합니다.

[예제 1] **객체를 단일 모드로 복사하기**

명령 : COPY [Enter↵]

객체 선택 : 복사할 객체 선택 [Enter↵]

기준점 지정 또는 [변위(D)/모드(O)] 〈변위〉 : O [Enter↵]

복사 모드 옵션 입력 [단일(S)/다중(M)] 〈다중〉 : S [Enter↵]

기준점 지정 또는 [변위(D)/모드(O)/다중(M)] 〈변위〉 : 복사할 기준이 되는 기준점(P1) 입력

두 번째 점 지정 또는 [배열(A)] 〈최초 지점을 변위로 사용〉 : 복사할 정점(P2) 입력

[예제 2] **객체를 다중 모드로 복사하기**

명령 : COPY [Enter↵]

객체 선택 : 복사할 객체 선택 [Enter↵]

기준점 지성 또는 [변위(D)/모드(O)/다중(M)] 〈변위〉: O Enter↵

복사 모드 옵션 입력 [단일(S)/다중(M)] 〈단일〉: M Enter↵

기준점 지정 또는 [변위(D)/모드(O)] 〈변위〉: 복사할 기준이 되는 기준점(P1) 입력

두 번째 점 지정 또는 [배열(A)] 〈최초 지점을 변위로 사용〉: 복사할 첫 번째 정점(P2) 입력

두 번째 점 지정 또는 [배열(A)/종료(E)/명령취소(U)] 〈종료〉: 복사할 두 번째 정점(P3) 입력

두 번째 점 지정 또는 [배열(A)/종료(E)/명령취소(U)] 〈종료〉: Enter↵ 또는 E Enter↵

05 지우기 ERASE

지우기 ERASE : 선택한 객체를 지우는 명령입니다. 지우기 명령을 실행한 후에 객체를 선택하거나 객체를 먼저 선택한 후에 지우기 명령을 실행하는 것의 결과는 동일합니다.

- ■ 메뉴 : 수정 → 지우기
- ■ 명령어 : ERASE
- ■ 단축키 : E

 ## 옵션 (OPTION)

- **마지막(L)** : 마지막으로 그린 객체를 지웁니다.
- **이전(P)** : 이전에 선택한 객체를 지웁니다.
- **ALL** : 모든 객체를 지웁니다.
- **?** : 옵션 리스트를 볼 수 있으며, 아래와 같은 옵션이 있습니다.

  윈도우(W)/마지막(L)/교차(C)/상자(B)/전체(ALL)/울타리(F)/윈도우 다각형(WP)/걸침 다각형(CP)/그룹(G)/
  추가(A)/제거(R)/다중(M)/이전(P)/명령 취소(U)/자동(AU)/단일(SI)

06 간격띄우기 OFFSET

간격띄우기 OFFSET : 선택한 객체를 미리 지정한 간격만큼 복사하는 명령입니다. 일정한 간격으로 반복하여 복사할 때 사용할 수 있으며, 곡선이나 원일 때 지정한 간격만큼 반지름이나 크기가 정확히 맞춰지기 때문에 도면을 효과적으로 작성할 수 있습니다.

■ 메뉴 : 수정 → 간격띄우기
■ 명령어 : OFFSET
■ 단축키 : O

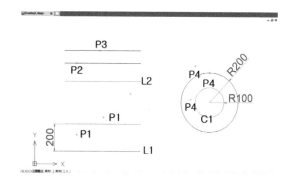

옵션(OPTION)

- **통과점(T)** : 선택한 정점을 통과하는 객체를 복사합니다.
- **지우기(E)** : 간격띄우기 하기 전 원본 객체를 지웁니다.
- **도면층(L)** : 간격띄우기 객체의 도면층 옵션을 입력합니다.
- **소스(S)** : 간격띄우기 객체를 원본 객체의 도면층에서 생성합니다.
- **현재(C)** : 간격띄우기 객체를 현재 도면층에서 생성합니다.

[예제1] **객체를 지정 거리만큼 간격띄우기**

명령 : OFFSET [Enter⏎]
간격띄우기 거리 지정 또는 [통과점(T)/지우기(E)/도면층(L)] 〈통과점〉 : 간격 입력 〈200〉 [Enter⏎]
간격띄우기 할 객체 선택 또는 [명령 취소(U)/종료(E)]〈종료〉 : 객체 선택 〈L1〉
점 지정 또는 [명령 취소(U)/종료(E)]〈종료〉 : 간격띄우기할 방향 입력 〈P1〉
간격띄우기 할 객체 선택 또는 [명령 취소(U)/종료(E)]〈종료〉 : [Enter⏎]

> **TIP** 반복해서 같은 간격으로 객체를 복사할 때는 다시 객체를 선택하고 간격 띄우기할 방향을 지정하면 됩니다.

예제2 **통과점을 이용하여 간격띄우기**

명령 : OFFSET `Enter↵`

간격띄우기 거리 지정 또는 [통과점(T)/지우기(E)/도면층(L)] 〈통과점〉 : 〈T〉 입력 `Enter↵`

간격띄우기 할 객체 선택 또는 [명령 취소(U)/종료(E)]〈종료〉 : 객체 선택 〈L2〉

통과점 지정 또는 [종료(E)/다중(M)/명령 취소(U)]〈종료〉 : 간격띄우기할 통과점 입력 〈P2〉

간격띄우기 할 객체 선택 또는 [명령 취소(U)/종료(E)]〈종료〉 : 객체 선택 〈L2〉

통과점 지정 또는 [종료(E)/다중(M)/명령 취소(U)]〈종료〉 : 간격띄우기할 통과점 입력 〈P3〉

간격띄우기 할 객체 선택 또는 [명령 취소(U)/종료(E)]〈종료〉 : `Enter↵`

07 대칭 복사 MIRROR

대칭 복사 MIRROR : 기준선을 대칭축으로 반대편에 대칭되는 객체 복사하는 명령입니다. 문자의 경우 기본적으로는 문자 형태 그대로 위치만 대칭이 되지만 MIRRTEXT 시스템 변수 설정으로 문자도 상하, 좌우로 대칭 복사할 수 있습니다.

- ■ 메뉴 : 수정 → 대칭
- ■ 명령어 : MIRROR
- ■ 단축키 : MI

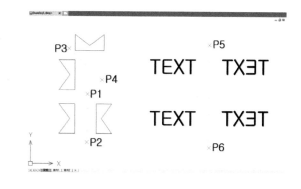

예제1 객체를 대칭 복사하기

명령 : MIRROR Enter↵

객체 선택 : 대칭 복사할 객체 선택 Enter↵

대칭선의 첫 번째 점 지정 : 대칭축으로 만들 첫 번째 정점 〈P1〉 입력

대칭선의 두 번째 점 지정 : 대칭축으로 만들 두 번째 정점 〈P2〉 입력

원본 객체를 삭제합니까? [예(Y)/아니오(N)] 〈아니오〉 : Enter↵

> **TIP** 원본 객체 삭제 옵션에서 〈Y〉를 입력하면 원본 객체는 삭제되고 대칭되는 객체만 남습니다.

MIRRTEXT 시스템 변수

기본적으로 문자는 대칭 복사가 되더라도 상하, 좌우로 반전되지 않습니다. 문자 반전이 필요한 경우 MIRRTEXT 시스템 변수를 통해 설정을 변경할 수 있습니다.

명령 : MIRRTEXT

MIRRTEXT에 대한 새 값 입력 〈0〉 : 0 또는 1 입력 Enter↵

〈0〉 : 문자의 상하, 좌우, 기준점이 변경되지 않고 문자의 위치만 대칭하여 복사합니다.

〈1〉 : 기준선이 되는 대칭축의 위치에 의해 상하, 좌우가 반전되고 기준점도 반전 위치로 변경되어 복사합니다.

08 회전 ROTATE

회전 ROTATE : 객체를 회전하는 명령입니다.

■ 메뉴 : 수정 → 회전
■ 명령어 : ROTATE
■ 단축키 : RO

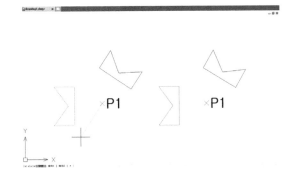

✓ 옵션(OPTION)

– **복사(C)** : 객체를 복사하여 회전합니다.
– **참조(R)** : 현재 각도를 기준으로 새로운 각도를 입력합니다.

[예제 1] **마우스를 이용하여 객체 회전시키기**

명령 : ROTATE [Enter↵]

객체 선택 : 회전할 객체 선택 [Enter↵]

기준점 지정 : 회전할 기준점 〈P1〉 지정

회전 각도 지정 또는 [복사(C)/참조(R)] 〈0〉 : 마우스로 회전할 위치로 커서 이동 후 클릭

[예제 2] **객체를 복사하여 입력한 각도만큼 회전하기**

명령 : ROTATE [Enter↵]

객체 선택 : 회전할 객체 선택 [Enter↵]

기준점 지정 : 회전할 기준점 〈P1〉 지정

회전 각도 지정 또는 [복사(C)/참조(R)] 〈0〉 : 〈C〉 입력 [Enter↵]

회전 각도 지정 또는 [복사(C)/참조(R)] 〈0〉 : 회전 각도 〈-120〉 입력 [Enter↵]

09 자르기 TRIM

자르기 TRIM : 기준선을 이용해 객체의 일부를 잘라 없애는 명령입니다. 실제 도면 작업에서 사용이 매우 빈번한 중요한 명령입니다.

- ■ 메뉴 : 수정 → 자르기
- ■ 명령어 : TRIM
- ■ 단축키 : TR

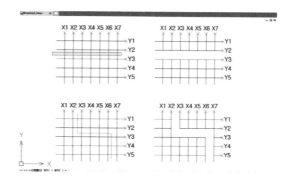

✅ 옵션(OPTION)

- **모서리(E)** : 교차하는 객체를 자를지, 연장한 후 객체를 자를지 설정합니다.
- **연장(E)** : 선택한 객체를 자를 모서리의 연장선을 따라 잘라냅니다.
- **비연장(N)** : 3D 공간 내에서 자를 모서리와 교차하는 객체만을 잘라냅니다.
- **울타리(F)** : 임의의 선을 그려 선과 교차하는 객체를 잘라냅니다.
- **걸치기(C)** : 임의의 2개의 점을 이용한 사각 영역 안에 포함되거나 걸쳐지는 객체를 잘라냅니다.
- **프로젝트(P)** : 객체를 자르기 위한 투영 방법을 지정합니다.
- **없음(N)** : 투영이 없는 옵션으로 3D에서 자를 모서리와 교차하는 객체를 자릅니다.
- **UCS(U)** : 3D에서 자를 모서리와 교차하지 않는 객체를 자릅니다.
- **뷰(V)** : 현재 뷰의 경계와 교차하는 객체를 자릅니다.
- **지우기(R)** : 선택한 객체를 지웁니다.
- **실행 취소(U)** : 이전에 잘라낸 객체를 복원합니다.

예제 1 경계선을 이용하여 객체 자르기

명령 : TRIM Enter⏎

현재 설정 : 투영=UCS 모서리 모드=비연장(N)

자를 객체 선택 또는 〈전체 선택〉 : 자를 객체의 기준선 선택 〈Y2〉, 〈Y3〉 Enter⏎

자를 객체 선택 또는 Shift 키를 누른 채 선택하여 연장할 객체 선택 또는

[모서리(E)/울타리(F)/걸치기(C)/프로젝트(P)/지우기(R)/명령 취소(U)] :

자를 객체 선택 〈Y2-Y3 사이 영역의 X1~X7〉

자를 객체 선택 또는 Shift 키를 누른 채 선택하여 연장 또는

[모서리(E)/울타리(F)/걸치기(C)/프로젝트(P)/지우기(R)/명령 취소(U)] : Enter⏎

명령 : TRIM Enter↵

현재 설정 : 투영=UCS 모서리 모드=비연장(N)

자를 객체 선택 또는 〈전체 선택〉: Enter↵

자를 객체 선택 또는 Shift 키를 누른 채 선택하여 연장할 객체 선택 또는

[모서리(E)/울타리(F)/걸치기(C)/프로젝트(P)/지우기(R)/명령 취소(U)] : 〈F〉 Enter↵

첫 번째 울타리 점 : X6-X7 사이, Y1 아래 지점 입력

선의 끝점 지정 또는 [명령 취소(U)] : X6-X7 사이, Y2-Y3 사이 지점 입력

선의 끝점 지정 또는 [명령 취소(U)] : X2-X3 사이, Y2-Y3 사이 지점 입력

선의 끝점 지정 또는 [명령 취소(U)] : X2-X3 사이, Y4 위 지점 입력

선의 끝점 지정 또는 [명령 취소(U)] : Enter↵

자를 객체 선택 또는 Shift 키를 누른 채 선택하여 연장할 객체 선택 또는

[모서리(E)/울타리(F)/걸치기(C)/프로젝트(P)/지우기(R)/명령 취소(U)] : Enter↵

10 배열 ARRAY

배열 ARRAY : 객체를 수평과 수직 또는 원형으로 배열하여 복사하는 명령입니다.

■ 메뉴 : 수정 → 배열
■ 명령어 : ARRAY
■ 단축키 : AR

> TIP
> 리본 메뉴와 클래식 메뉴에 따라 ARRAY 기능 구동 형식(메뉴 바&대화상자)이 변경됩니다

리본메뉴

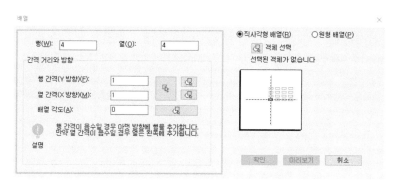

클래식메뉴

배열은 직사각형 배열과 원형 배열이 있습니다.

1. 직사각형 배열

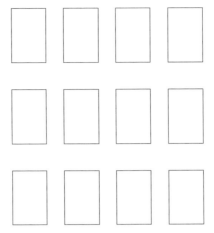

선택한 객체 사본을 직사각형 형태로 배열합니다.

- 명령어 : ARRAYRECT

 옵션(OPTION)

- 연관(AS) : 배열된 객체를 작성하거나 선택된 객체의 비연관 사본을 작성합니다.

연관 배열 : 단일 배열 객체에 배열 항목을 작성합니다. 연관 배열의 경우 특성 및 원본 객체를 편집하여 배열 전체 변경 사항에 반영할 수 있습니다.

비연관 배열 : 배열 항목을 독립 객체로 작성합니다. 원본 객체를 편집하여도 다른 항목은 반영되지 않습니다.

- 기준점(B) : 배열의 기준점을 선택합니다.

- 계산(COU) : 행 및 열 수를 지정하고 마우스의 움직임에 따른 결과를 동적 뷰로 제공합니다.

- 간격 (S) : 행 및 열 간의 간격을 지정하고 마우스의 움직임에 따른 결과를 동적 뷰로 제공합니다.

- 열(COL) : 배열할 객체의 열의 수와 간격을 지정합니다.

- 행(R) : 배열할 객체의 행의 수와 간격을 지정합니다.

- 레벨(L) : Z축을 따라 배열의 레벨 수를 지정합니다.

[예제 1] **사각배열**

명령 : ARRAYRECT [Enter↵]

객체 선택 : [Enter↵]

그립을 선택하여 배열 편집 또는 〈종료(X)〉: [Enter↵]

2. 원형 배열

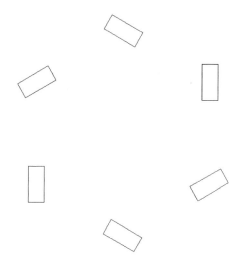

선택한 객체 사본을 원형 형태로 배열합니다.

 옵션(OPTION)

- **명령어** : ARRAYPOLAR
- **중심점** : 배열의 항목을 배열시킬 기준점을 지정합니다. 회전축은 UCS의 Z축 입니다.
 기준점(B) : 배열의 기준점을 지정합니다.
 회전축(A) : 지정된 두 점으로 정의되는 사용자의 회전축을 지정합니다.

예제 2 **원형배열**

명령 : ARRAYPOLAR [Enter↵]

객체 선택 : [Enter↵]

배열의 중심점 지정: [Enter↵]

그립을 선택하여 배열 편집 또는〈종료(X)〉: [Enter↵]

3. 경로 배열

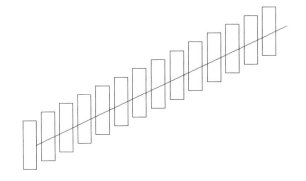

선택한 객체 사본을 경로 또는 경로의 일부분을 따라 균일하게 배열합니다.

 옵션(OPTION)

– **명령어** : ARRAYPATH
– **연관(AS)** : 배열된 객체를 작성하거나 선택된 객체의 비연관 사본을 작성합니다.
연관 배열: 단일 배열 객체에 배열 항목을 작성합니다. 연관 배열의 경우 특성 및 원본 객체를 편집하여 배열 전체 변경 사항에 반영할 수 있습니다.
비연관 배열: 배열 항목을 독립 객체로 작성합니다. 원본 객체를 편집하여도 다른 항목은 반영되지 않습니다.
– **메서드(M)** : 경로 방법을 선택합니다.
등분할: 지정된 수의 항목을 경로 길이를 따라 균일하게 배열합니다.
길이 분할: 항목을 지정된 간격으로 경로를 따라 배열합니다.
– **기준점(B)** : 배열의 기준점을 선택합니다.
기준점: 경로 곡선의 시작을 기준으로 배열에서 항목의 위치 지정을 위한 기준점을 지정합니다.
키 점: 연관 배열의 경우 원본 객체에서 경로에 맞춰 정렬할 유효한 구속조건을 지정합니다. 생성되는 배열의 원본 객체나 경로를 편집하는 경우 배열의 기준점이 원본 객체의 키 점과 일치하도록 유지됩니다.
– **항목(I)** : 배열 항목 수와 항목 간의 거리를 지정합니다.
– **행(R)** : 배열의 행 수, 행 간의 거리, 행 간 증분 고도를 지정합니다.
– **레벨(L)** : 3D 배열의 레벨 수와 간격을 지정합니다.
– **정렬(A)** : 각 항목을 경로 방향에 접하도록 정렬할지 여부를 지정합니다. 정렬은 첫 번째 항목의 기준으로 합니다.
– **Z 방향(Z)** : 항목의 원래 Z 방향을 유지할지 여부를 지정합니다.
– **종료(X)** : 명령을 종료합니다.

[예제 3] **경로배열**

명령 : ARRAYPATH [Enter↵]

객체 선택 : [Enter↵]

경로 선택 : [Enter↵]

그립을 선택하여 배열 편집 또는 〈종료(X)〉: [Enter↵]

11 끊기 BREAK

끊기 BREAK : 객체의 두 정점을 지정하여 객체를 분할하는 명령입니다. 명령어를 입력하고 객체를 선택하는 지점이 첫 번째 정점이 되므로 정점을 수정하고 싶다면 〈F〉 옵션을 이용하여 선택한 객체의 첫 번째 정점을 다시 지정할 수 있습니다.

- ■ 메뉴 : 수정 → 끊기
- ■ 명령어 : BREAK
- ■ 단축키 : BR

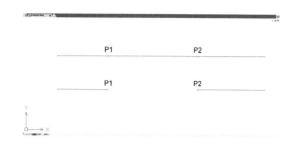

 옵션 (OPTION)

첫 번째 점(F) : 선택한 객체의 첫 번째 정점을 다시 입력합니다.

[예제 1] **첫 번째 정점을 수정하여 객체 끊기**

명령 : BREAK [Enter⏎]

객체 선택 : 선의 P1 근처 정점 지정

두 번째 끊기 점을 지정 또는 [첫 번째 점(F)] : 〈F〉 입력 [Enter⏎]

첫 번째 끊기 점을 지정 : 〈P1〉 지정

두 번째 끊기 점을 지정 : 〈P2〉 지정

> TIP
> 여러 개의 객체가 모여 구성된 복합 객체는 BREAK 명령으로 끊을 수 없습니다. 불가능한 객체는 블록, 여러 줄(MLINE), 치수, 영역 등입니다.

12 연장 EXTEND

연장 EXTEND : 선택한 객체를 가까운 경계선 또는 지정한 경계선까지 연장하도록 만드는 명령입니다. 선택한 객체의 각도와 방향을 유지한 채 연장하기 때문에 객체의 형태를 유지할 수 있고 지정한 경계선까지 정확하게 연결할 수 있습니다.

■ 메뉴 : 수정 → 연장
■ 명령어 : EXTEND
■ 단축키 : EX

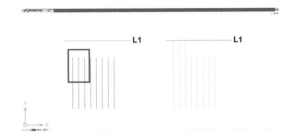

✅ 옵션(OPTION)

- **모서리(E)** : 객체를 교차하지 않는 모서리까지 연장할지 여부를 설정합니다.
- **연장(E)** : 실제 경계선과 교차하지 않더라도 연장선상에 있으면 객체를 연장합니다.
- **비연장(N)** : 실제 경계선과 교차하지 않으면 객체가 연장되지 않습니다.
- **울타리(F)** : 임의의 선을 그려 선에 교차하는 객체를 연장합니다.
- **걸치기(C)** : 2개의 정점을 이용한 사각 영역을 이용하여 연장할 객체를 선택합니다.
- **프로젝트(P)** : 객체를 연장할 때의 투영 방법을 설정합니다.
- **없음(N)** : 투영이 없는 옵션으로 3D에서 자를 모서리와 교차하는 객체를 자릅니다.
- **UCS(U)** : 3D에서 자를 모서리와 교차하지 않는 객체를 자릅니다.
- **뷰(V)** : 현재 뷰의 경계와 교차하는 객체를 자릅니다.
- **실행 취소(U)** : 이전에 연장한 객체를 복원합니다.

[예제 1] **경계선을 선택하여 지정한 객체 연장하기**

명령 : EXTEND [Enter↵]

연장할 경계 선택 : 경계선 객체를 선택 〈L1〉

연장할 객체 선택 〈Enter키를 눌러 전체 선택〉: [Enter↵]

연장할 객체 선택 또는 Shift를 눌러 자를 객체 선택 또는

[모서리(E)/울타리(F)/걸치기(C)/프로젝트(P)/실행취소(U)] : 연장할 객체 선택

연장할 객체 선택 또는 Shift를 눌러 자를 객체 선택 또는

[모서리(E)/울타리(F)/걸치기(C)/프로젝트(P)/실행취소(U)] : [Enter↵]

13 축척 SCALE

축척 SCALE : 객체의 형태는 변형하지 않으면서 크기만 조절하는 명령입니다. 축척 비율은 '1' 이 현재 크기이며 크기를 줄이기 위해서는 '1'보다 작은 수, 크기를 키우기 위해서는 '1'보다 큰 수 를 입력하면 됩니다.

■ 메뉴 : 수정 → 축척
■ 명령어 : SCALE
■ 단축키 : SC

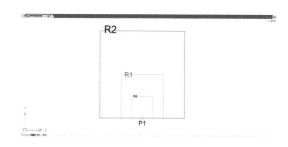

✅ 옵션(OPTION)

- **복사(C)** : 선택한 객체를 복사합니다.
- **참조(R)** : 선택한 객체의 길이를 기준으로 새로운 길이를 입력합니다.

 참조 옵션은 현재 크기를 '1'로 계산하기 어려울 때 사용합니다. 예를 들어 현재 크기가 '0.7'이며 '1'로 객체를 키우고 싶다면 참 조 옵션을 사용하면 용이합니다.

예제 1 **객체를 2배 크기로 복사하여 키우기**

명령 : SCALE [Enter↵]

객체 선택 : 객체를 선택 〈R1〉 [Enter↵]

기준점 지정 : 기준점 지정 〈P1〉

축척 비율 지정 또는 [복사(C)/참조(R)] 〈1.0000〉 : 〈2〉 [Enter↵]

TIP R3 객체처럼 1/2배로 줄이고 싶을 경우에는 축척 비율을 〈0.5〉 또는 〈1/2〉로 입력하면 됩니다.

14 모깎기 FILLET

모깎기 FILLET : 지정한 반지름만큼 모서리를 둥글게 깎는 명령입니다. 모서리의 각도와는 상관 없이 지정한 반지름에 따라 모깎기를 하게 되므로 두 변의 길이보다 반지름의 크기가 크면 명령 실행이 불가능합니다.

■ 메뉴 : 수정 → 모깎기
■ 명령어 : FILLET
■ 단축키 : F

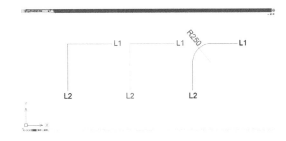

✓ 옵션(OPTION)

– **폴리선(P)** : 선택한 폴리선 객체 전체 모서리에 모깎기를 합니다.
– **반지름(R)** : 모깎기를 위한 반지름을 입력합니다.
– **자르기(T)** : 곡선 처리 후 모서리의 남은 부분을 잘라낼지를 설정합니다.
– **다중(M)** : 2개 이상의 모서리를 모깎기를 합니다.
– **명령 취소(U)** : 모깎기(FILLET)에 의한 마지막 작업을 복원합니다.

[예제 1] **반지름 250으로 모깎기**

명령 : FILLET [Enter↵]
첫 번째 객체 선택 또는 [폴리선(P)/반지름(R)/자르기(T)/다중(M)/명령 취소(U)] : ⟨R⟩ [Enter↵]
모깎기 반지름 지정 : 반지름값 입력 ⟨250⟩ [Enter↵]
첫 번째 객체 선택 : ⟨L1⟩ 지정
두 번째 객체 선택 : ⟨L2⟩ 지정

15 모따기 CHAMFER

모따기 CHAMFER : FILLET 명령이 모서리를 곡선 처리하는 명령이라면 CHAMFER 명령
은 모서리를 사선으로 처리하는 명령입니다. 첫 번째 객체의 모따기할 변의 길이와 두 번째 객체의
모따기할 변의 길이를 다르게 입력하여 두 변의 형태가 다른 모따기를 할 수도 있습니다.

> ■ 메뉴 : 수정 → 모따기
> ■ 명령어 : CHAMFER
> ■ 단축키 : CHA

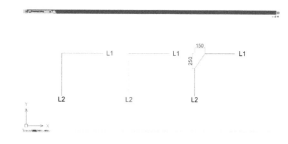

✅ 옵션(OPTION)

– **폴리선(P)** : 선택한 폴리선 객체 전체 모서리에 모따기를 합니다.
– **거리(D)** : 모따기 할 거리를 입력합니다. 두 변의 모따기 거리를 다르게 입력하면 각 변의 모따기 형태가 다르게 설정됩니다.
– **각도(A)** : 첫 번째 변과 각도를 이용하여 모따기를 합니다.
– **메서드(E)** : 모따기를 할 때 두 변의 거리를 이용할지, 한 변의 길이와 각도를 이용할지 설정합니다.
– **자르기(T)** : 모따기를 적용한 후 모서리의 남은 부분을 잘라낼지를 설정합니다.
– **다중(M)** : 2개 이상의 모따기를 한꺼번에 적용합니다.
– **명령 취소(U)** : 모따기(CHAMFER)에 의한 마지막 작업을 복원합니다.

[예제 1] **두 변의 길이가 다른 모따기**

명령 : CHAMFER [Enter↵]

첫 번째 선 선택 또는 [폴리선(P)/거리(D)/각도(A)/메서드(E)/자르기(T)/다중(M)] : 〈D〉 [Enter↵]

첫 번째 모따기 거리 지정 : 첫 번째 모따기할 변의 거리값 입력 〈150〉 [Enter↵]

두 번째 모따기 거리 지정 : 두 번째 모따기할 변의 거리값 입력 〈250〉 [Enter↵]

첫 번째 선 선택 또는 [폴리선(P)/거리(D)/각도(A)/자르기(T)/메서드(E)/다중(M)/명령 취소
(U)] : 〈L1〉 지정

두 번째 객체 선택 또는 Shift 키를 누른 채 선택하여 구석 적용 : 〈L2〉 지정

16 분해 EXPLODE

분해 EXPLODE : 폴리선이나 블록과 같이 하나의 객체 또는 그룹화된 객체를 독립 객체로 분해시키는 명령입니다. EXPLODE 명령은 치수선 등에도 적용할 수 있습니다.

■ 메뉴 : 수정 → 분해
■ 명령어 : EXPLODE
■ 단축키 : X

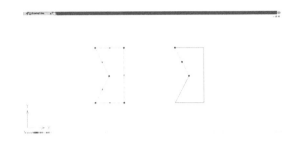

사용 방법

명령 : EXPLODE [Enter↵]

객체 선택 : 분해할 객체 선택

객체 선택 : [Enter↵]

17 신축 STRETCH

신축 STRETCH : 객체의 일부 정점 또는 일부분을 다른 위치로 이동하는 명령입니다. 일부 정점이나 일부분의 위치가 이동함으로써 객체의 형태가 변형됩니다. STRETCH 명령을 입력하지 않아도 객체를 선택한 후 표시되는 파란색 정점을 선택해 마우스로 이동하면 STRETCH 명령과 동일한 결과를 얻을 수 있습니다. 단, 이 경우에는 하나의 정점만 이동할 수 있습니다.

■ 메뉴 : 수정 → 신축
■ 명령어 : STRETCH
■ 단축키 : S

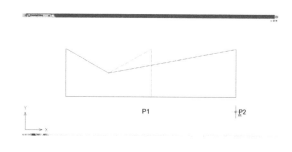

 옵션(OPTION)

‒ **변위(D)** : 이동할 거리를 입력합니다.

사용 방법

명령 : STRETCH [Enter↵]

객체 선택 : 객체의 일부 정점, 또는 일부분 선택 [Enter↵]

기준점 지정 또는 [변위(D)] 〈변위〉 : 〈P1〉 지정

두 번째 점 지정 또는 〈첫 번째 점을 변위로 사용〉 : 〈P2〉 지정

18 UNDO / REDO / OOPS

명령 취소 UNDO : 이전 명령 사용을 취소하는 명령입니다. 단축키 'U'만 입력할 경우 옵션 설정 없이 바로 이전 명령을 취소합니다.

UNDO
- 명령어 : UNDO
- 단축키 : U

 옵션 (OPTION)

취소할 작업의 수 : 명령을 취소할 작업 단계를 입력합니다. ('3'을 입력하면 이전 3개의 명령 작업을 취소하고 그 이전으로 돌아갑니다.)
자동(A) : 여러 개의 명령을 그룹화하여 UNDO 명령을 통해 한번에 복원할 수 있게 설정합니다.
제어(C) : UNDO 명령을 켜거나 일부 기능을 제한합니다.
시작(BE) : 이후 이루어지는 명령이 '끝(E)' 옵션을 사용하기 전까지 하나의 세트로 설정됩니다.
끝(E) : '시작(BE)' 옵션에 의해 진행되는 세트 작업을 종료하고 세트가 만들어집니다.
표식(M) : UNDO 정보 안에 표식을 삽입합니다.
뒤로(B) : '표식(M)' 옵션에 의해 설정된 표식 이후 작업한 모든 내용을 취소합니다.

사용 방법
명령 : UNDO [Enter↵]
취소할 작업의 수 또는 [자동(A)/제어(C)/시작(BE)/끝(E)/표식(M)/뒤로(B)] 입력 〈1〉:
〈취소할 옵션〉 입력 [Enter↵]

REDO
- 명령어 : REDO

명령 복구 REDO : UNDO 명령에 의해 취소된 명령을 다시 복구하는 명령입니다. 단, REDO 명령은 UNDO 명령을 실행한 직후에만 사용할 수 있습니다.

OOPS
- 명령어 : OOPS

마지막으로 지운 객체 복구 OOPS : 이전에 실행한 명령을 취소하는 UNDO 명령과 달리 이전에 삭제된 객체를 복원하는 명령입니다. UNDO 명령은 바로 이전에 실행된 명령만을 복원하지만, OOPS 명령은 작업이 진행된 후라도 가장 최근에 삭제된 객체를 복원한다는 점이 다릅니다.

1. 특성 PROPERTIES

특성 팔레트를 열어 대화상자에서 선택한 객체의 색상이나 선 유형 등을 변경하여 적용하는 명령입니다.

■ 메뉴 : 수정 → 특성
■ 명령어 : PROPERTIES
■ 단축키 : Ctrl+1 / CH

> **TIP**
> MATCHPROP 명령은 기준이 되는 객체의 특성을 선택한 객체에 적용하는 명령입니다. 적용할 수 있는 유형에는 색상, 도면층, 선종류 등 기타 특성이 포함됩니다.

특성	✕

선택된 것이 없습... ▼

일반	▼
색상	■ 도면층별
도면층	0
선종류	——— 도면층별
선종류 축...	1
선가중치	——— 도면층별
두께	0

뷰	▼
X 중심	407.6842
Y 중심	275.8465
Z 중심	0
높이	623.166
폭	1629.1998

기타	▼
주석 축척	1:1
UCS 아이...	예
원점에 있...	예
뷰포트 U...	예
UCS 이름	

2. 속성 변경 CHANGE

객체의 색상이나 선 유형 등을 변경시키는 명령으로 문자 기반으로 직접 명령어창에 입력해야 하는 번거로움이 있어 보통은 특성 팔레트를 이용하는 경우가 많습니다.

> ■ 명령어 : CHANGE

 특성(PROPERTIES)의 옵션(OPTIONS)

- **색상(C)** : 객체의 색상을 변경합니다.
- **고도(E)** : 객체의 고도를 변경합니다.
- **도면층(LA)** : 객체의 도면층을 변경합니다.
- **선종류(LT)** : 객체의 선종류를 변경합니다.
- **선종류 축척(S)** : 객체의 선축척을 변경합니다.
- **선가중치(LW)** : 객체의 선가중치를 변경합니다.
- **두께(T)** : 객체의 두께를 변경합니다.
- **투명도(TR)** : 객체의 투명도를 설정합니다.

사용 방법

명령 : CHANGE Enter↵

객체 선 : 변경할 객체 선택

객체 선택 : Enter↵

변경점 지정 또는 [특성(P)] : ⟨P⟩ Enter↵

옵션 입력 [색상(C) /고도(E)/도면층(LA)/선종류(LT)/선종류 축척(S)/선가중치(LW)/두께(T)/투명도(TR)] : ⟨변경할 옵션⟩ 입력 Enter↵

20 폴리선 편집 PEDIT

폴리선 편집 PEDIT : PLINE으로 만든 폴리선을 편집하는 명령입니다. 폴리선으로 만든 객체 일부의 선두께나 정점의 위치 변경, 삭제 등의 작업을 수행할 수 있습니다. 일반 직선을 폴리선으로 변경할 수도 있으며 분리되어 있는 폴리선을 하나의 폴리선으로 연결할 수도 있습니다.

> ■ 메뉴 : 수정 → 객체 → 폴리선
> ■ 명령어 : PEDIT
> ■ 단축키 : PE

옵션(OPTION)

- **정점 편집(E)** : 선택한 폴리선의 정점을 이동하거나 삭제, 추가합니다.
- **닫기(C)** : 처음 정점과 마지막 정점을 폴리선으로 이어 닫힌 객체를 만듭니다.
- **열기(O)** : 처음 정점과 마지막 정점 사이의 선을 삭제합니다.
- **비곡선화(D)** : 스플라인(S) 옵션에 의해 만들어진 곡선을 다시 직선으로 바꿉니다.
- **맞춤(F)** : 선택한 폴리선에 속한 두 정점 사이의 세그먼트를 직선으로 만듭니다.
- **결합(J)** : 선택한 폴리선들을 하나의 폴리선으로 연결합니다. 단 연결하려는 폴리선의 정점들이 서로 중복되어 있어야 하나의 폴리선으로 연결할 수 있습니다.
- **선종류생성(L)** : 선택한 폴리선의 정의된 선 종류를 만듭니다. 이 옵션을 사용하면 각 정점에 패턴의 변경되는 지점이 적용됩니다.
- **반전(R)** : 정점의 순서를 반대로 만듭니다. 정점이 입력된 순서를 반대로 설정하여 마지막에 입력한 정점을 처음에 입력한 정점으로 변환시킵니다.
- **스플라인(S)** : 선택한 폴리선의 직선을 곡선으로 만듭니다. 이때 만들어지는 곡선은 각 정점과 다음 정점을 가장 자연스럽게 표현하므로 스플라인으로 변형됩니다.
- **기울기(T)** : 선의 두께를 0에서 입력 값만큼 점차 두껍게 만듭니다.
- **폭(W)** : 선택한 폴리선의 폭을 설정합니다.
- **명령 취소(U)** : 마지막 연산을 반복적으로 취소하면, PEDIT 명령어를 사용하기 전의 상태가 복구될 수 있습니다.

사용 방법

명령 : PEDIT [Enter↵]

폴리선 선택 또는 [다중(M)] : 수정할 폴리선 객체 선택 [Enter↵]

옵션 입력 [정점 편집(E)/닫기(C)/비곡선화(D)/맞춤(F)/결합(J)/선종류생성(L)/반전(R)/스플라인(S)/기울기(T)/폭(W)/명령 취소(U)] : 〈변경할 옵션〉 입력 [Enter↵]

도면 관리 도구 및 기능

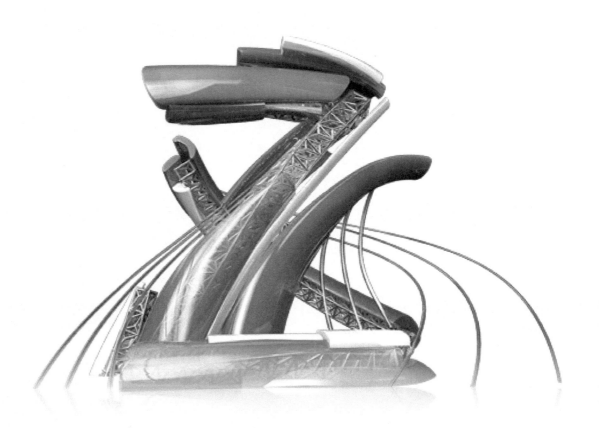

도면층 및 객체 특성

01 도면층 알아보기

1. 도면층이란?

도면층은 투명한 종이라고 생각하면 됩니다. 하나의 종이에 그림을 그리고, 그 위에 다른 종이를 올린 후 다른 그림을 그립니다. 그러면 전체 그림은 하나처럼 보이지만 각각의 종이에 그림이 나누어져 그려집니다. 이때 그림은 객체가 되며, 각각의 투명한 종이들을 '도면층'이라고 부릅니다. ZWCAD에서는 기본적으로 하나 이상의 도면층이 반드시 존재합니다.

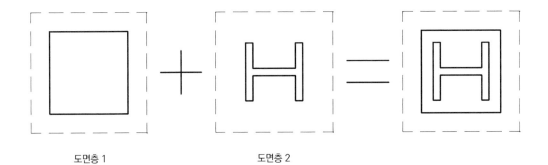

도면층 1   도면층 2

하나의 도면층에 속한 객체는 해당 도면층의 속성을 가지게 됩니다. 도면층에는 색상과 선 종류 등의 속성을 부여할 수 있습니다. 객체의 색상이나 선 종류는 해당 객체의 속성을 개별적으로 변경하기 전에는 기본적으로 도면층의 속성을 따라갑니다.

예를 들어 '중심선'이라는 도면층을 만든 후 현재 도면층으로 저장하고 도면층의 속성을 빨간색, 점선으로 설정했다면 그리는 모든 객체는 빨간색, 점선으로 그려지게 됩니다. 도면층의 속성은 도면층 특성 관리 팔레트를 사용하여 관리할 수 있습니다.

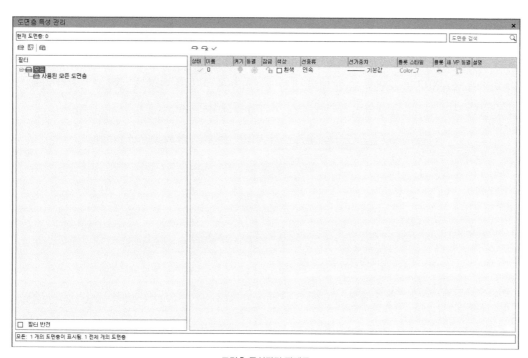

도면층 특성관리 팔레트

2. 도면층 명령 알아보기

도면층 특성 관리 팔레트 실행하기

LAYER 명령을 실행하면 도면층 특성 관리 팔레트가 화면에 표시됩니다.

도면층 특성 관리 팔레트 살펴보기

도면층 특성 관리 팔레트는 크게 도구 모음과 필터 창, 그리고 도면층 속성 창으로 구분되어 있습니다.

도구 모음에는 새로운 필터를 만들 수 있는 버튼과 도면층 관리를 위한 버튼이 있습니다. 필터 창에는 새로 만들어지는 필터가 표시되며 각각의 필터를 클릭할 때마다 필터 조건에 맞는 도면층이 화면에 표시됩니다. 도면층 속성 대화 상자에는 도면층 이름과 여러 속성이 표시되며 각 속성을 클릭한 다음 설정을 변경하면 도면에 즉시 반영되어 표시됩니다.

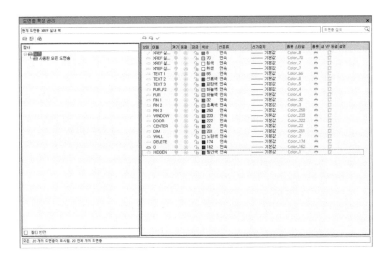

- **새 속성 필터 〈Alt+P〉** : '새 속성 필터' 단추를 누르면 선택한 속성을 가진 도면층만 표시되도록 필터를 만드는 대화상자가 표시됩니다. 예를 들어 색상이 빨간색인 도면층만 화면에 표시하고 싶다면 색상을 '빨간색'으로 지정한 후 〈확인〉 버튼을 클릭하면 도면층 특성 관리 팔레트에서 색상이 빨간색인 도면층만 화면에 표시됩니다.

- **새 그룹 필터 〈Alt+G〉** : 도면층이 많은 경우에는 도면층을 같은 카테고리로 분류하여 하나의 그룹으로 만들어 사용할 수 있습니다. '새 그룹 필터' 단추를 눌렀을 때 만들어지는 새 그룹 필터를 이용하면 보다 효율적으로 도면층을 관리할 수 있습니다. 새 그룹 필터를 만든 후에는 필터 창에서 '사용된 모든 도면층'을 클릭하여 모든 도면층이 표시되게 한 후 그룹에 포함할 도면층을 해당 그룹 필터로 드래그하면 됩니다. 도면층을 그룹 필터 안에 포함하더라도 '사용된 모든 도면층'에는 모든 도면층이 표시됩니다.

- **도면층 상태 관리자 〈Alt+S〉** : 도면층 상태란 도면층의 목록 및 속성을 하나의 이름으로 정의한 것입니다. 도면 작업을 할 때 도면층 속성이나 새로운 도면층을 계속 만들면서 기존 도면층이 보호되지 않을 수 있으므로, 도면층 상태를 필요할 때마다 저장해 둔 후 복원하면 저장된 도면층 이름 및 속성을 사용할 수 있습니다.
'도면층 상태 관리자' 단추를 눌렀을 때 표시되는 대화상자는 현재 도면에 저장된 도면층 상태 목록을 표시합니다. 또한, 도면층 상태를 새로 만들거나 삭제 및 편집할 수 있으며, 불러오거나 내보내는 작업이 가능합니다.

- **새 도면층 〈Alt+N〉** : 새로운 도면층을 만듭니다. 만들어진 도면층이 도면층 목록에 표시되면 이름을 지정할 수 있도록 입력 상자가 입력 대기 상태로 표시됩니다. 새로 만들어진 도면층은 현재 작업 중인 도면층의 속성을 그대로 이어받습니다. 또한, 가장 최근에 만들어진 도면층의 아래쪽에 새로운 도면층이 위치하게 됩니다.

- **도면층 삭제하기 〈Alt+D〉** : 도면층 목록에서 선택한 도면층을 삭제합니다. 도면층을 삭제할 경우 외부 참조가 포함된 도면층은 삭제되지 않습니다.

- **현재로 설정 〈Alt+C〉** : 도면층 목록에서 선택한 도면층을 현재 도면층으로 지정합니다. 현재 도면층으로 지정되어 이후에 만드는 모든 객체는 현재 도면층의 속성이 반영되어 만들어집니다. 도면층 목록에서 도면층 이름을 더블 클릭해도 선택한 도면층을 현재 도면층으로 지정할 수 있습니다. 현재 도면층으로 지정되면 도면층 이름 옆에 녹색 체크 기호가 표시됩니다.

- **이름** : 도면층 이름이 표시됩니다. 도면층 이름을 선택하고 잠시 후 다시 한 번 클릭하면 도면층 이름을 변경할 수 있습니다. 도면층 이름은 실제 도면층에 포함되는 객체의 성격에 맞추어 만드는 것이 좋습니다.

- **켜기** : 선택한 도면층을 켭니다. 도면층을 켠다는 의미는 도면층에 포함된 객체를 화면에 표시하여 편집 가능한 상태로 만드는 것입니다. 전구 모양의 아이콘이 밝은 색으로 표시되어 있으면 도면층이 켜져 있는 것이고, 어두운색으로 표시되어 있으면 도면층이 꺼져 있는 것입니다. 전구 모양의 아이콘을 클릭할 때마다 선택한 도면층이 켜지거나 꺼집니다.

- **동결** : 선택한 도면층을 동결시키거나 해제합니다. 도면층을 동결시키면 도면층을 끌 때와 마찬가지로 화면에 보이지 않지만 동결된 도면층에 속한 객체는 연산에서 제외되기 때문에 도면층을 끌 때보다 작업 속도가 빨라집니다. 동결된 도면층은 출력할 수 없고 화면에 생성되지도 않습니다.

- **잠금** : 선택한 도면층을 잠급니다. 잠긴 도면층은 화면에 표시는 되지만 수정하거나 선택할 수는 없습니다. 잠긴 도면층은 자물쇠가 잠긴 아이콘으로 표시되며, 잠기지 않은 도면층은 자물쇠가 열린 아이콘으로 표시됩니다.

- **색상** : 선택한 도면층의 객체 색상을 설정합니다. 도면층의 색상을 클릭하면 색상을 지정할 수 있는 '색상 선택' 대화 상자가 표시되며, '색인색상', '트루 컬러', '색상표' 탭에서 색상을 선택할 수 있습니다.

- **선 종류** : 도면층 목록에서 해당 도면층의 '선 종류'를 클릭하면 선 종류를 선택할 수 있는 '선 종류 선택' 대화상자가 표시됩니다. '로드' 버튼을 눌러 목록에서 사용할 선 종류를 선택한 후 〈확인〉 버튼을 누릅니다.

- **선 가중치** : 선택한 도면층의 선 가중치를 설정합니다. 선 가중치는 선 두께를 의미하는 것으로 도면 특성 관리 팔레트에서 선 가중치를 클릭하면 선 두께를 설정할 수 있는 대화상자가 열립니다.

- **투명도** : 선택한 도면층의 투명도를 설정합니다. 투명도는 '0~90' 사이의 값을 설정할 수 있습니다. '0'은 투명도 값이 적용되지 않으며, '90'으로 설정하면 화면에서 거의 나타나지 않습니다.

- **플롯 스타일** : 선택한 도면층에서 사용할 플롯 스타일이 표시됩니다.

- **플롯** : 선택한 도면층을 플롯 대상에 포함할 것인지 선택합니다. 플롯 대상에 포함한 경우에는 해당 아이콘이 프린터 아이콘으로 표시되며, 플롯 대상에서 제외한 경우에는 프린터 불가 아이콘이 표시됩니다.

- **새 VP 동결** : 선택한 도면층을 모든 배치 뷰포트에서 동결시킵니다. 이 기능은 배치 탭에서만 사용할 수 있으므로 모형 탭 도면 영역에서는 도면층이 동결되지 않습니다.

CHAPTER 02

객체 조회하기

01 객체 조회 관련 명령어

1. LIST 〈LI〉

선택한 객체의 특성을 화면에 표시합니다. 문자 윈도우 대화 상자에 면적, 둘레, 객체의 좌표 등이 표시됩니다.

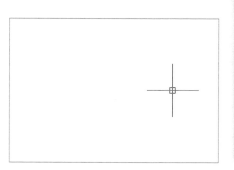

명령: LI
LIST
목록화 할 개체 선택:
1개를 찾음
목록화 할 개체 선택:
―――――――― LWPOLYLINE ――――――――
　　　　핸들: 2F6
　　현재 공간: 모형
　　　도면층: XREF 실내 벽
폴리선 표지: 닫기
　　　　　폭: 0.0000
　　　　영역: 960000.0000
　　경계 지정: 4000.0000
　　　　위치: X=1197.5527 Y=2360.0200 Z=0.0000
　　　　위치: X=2397.5527 Y=2360.0200 Z=0.0000
　　　　위치: X=2397.5527 Y=3160.0200 Z=0.0000
　　　　위치: X=1197.5527 Y=3160.0200 Z=0.0000
명령:

2. DIST 〈DI〉

지정한 두 점 사이의 거리와 각도를 표시하는 명령으로 명령어 창에 수치가 표시됩니다.

명령: DI
DIST
첫 번째 점 지정:
두 번째 점 지정 또는 [다중(M)]:
거리 = 1200.0000, XY평면 각도 지정= 0, XY평면으로부터 각도 지정 = 0
증분 X = 1200.0000, 증분 Y = 0.0000, 증분 Z = 0.0000

명령:

3. AREA 〈AREA〉

선택한 객체의 둘레와 면적을 구합니다.

 옵션(OPTION)

– **객체(O)** : 면적을 구할 객체를 선택합니다.
– **추가(A)** : 정점을 추가하여 면적을 계산합니다.
– **빼기(S)** : 기존의 면적에서 지정한 면적을 빼서 계산합니다.

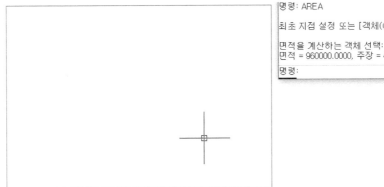

4. POINTSTYLE 〈DDPTYPE〉

〈DDPTYPE〉 명령은 DIVIDE 명령과 MEASURE 명령을 사용하여 객체를 분할했을 때 분할 지점에 표시되는 점의 형태와 크기를 설정하는 명령입니다.

점 스타일 : 분할 지점에 표시되는 점의 형태를 지정합니다.
점 크기 : 표시되는 점의 크기를 지정합니다. 아래의 옵션에 따라 점 크기 설정 방법을 지정할 수 있습니다.
화면에 대한 상대 크기 설정 : 점을 화면의 크기에 따라 상대적으로 표시합니다.
절대 단위 크기 설정 : 점을 설정하는 크기로 표시합니다.

5. DIVIDE 〈DIV〉

선택한 객체를 지정한 개수만큼 분할합니다.

ex) 길이 100의 선을 5개로 분할한 경우

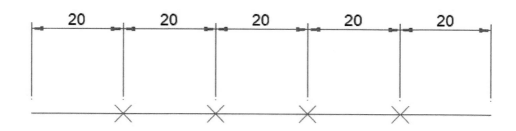

6. MEASURE 〈ME〉

선택한 객체를 지정한 거리만큼 분할합니다.

ex) 길이 100의 선을 길이 30으로 분할한 경우

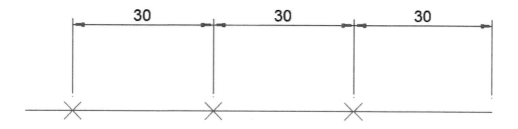

7. MEASURGEOM

거리, 반지름, 각도, 면적, 질량 속성을 측정합니다.

거리 : 둘 이상의 지정된 점 사이의 거리를 측정합니다.

반지름 : 지정한 원 또는 호의 반지름과 지름을 측정합니다.

각도 : 지정 객체 또는 지점에 의해 형성된 각도를 측정합니다.

면적 : 둘러싸인 객체 또는 영역의 면적과 둘레를 측정합니다.

질량 특성 : 영역과 3D 객체의 질량 속성을 측정하고 파일에 분석합니다.

CHAPTER

03

점 필터 사용하기

01 점 필터 사용하기

1. 점 필터

점 필터는 한 위치의 X값, 두 번째 위치의 Y값, 3D 좌표의 경우 세 번째 위치의 Z값을 사용하여 새 좌표 위치를 만듭니다. 객체 스냅과 함께 사용하면 필터를 조정하여 기존 객체에 대한 좌표 필터를 추출합니다.

좌표 필터를 지정하려면 명령 실행 중 명령창에 마침표와 X, Y, Z 중 하나 이상의 문자를 입력하거나 마우스를 우클릭하여 바로 가기 메뉴를 열고 점 필터를 선택하여 사용합니다.

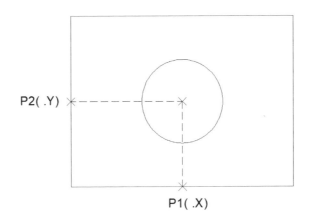

예제 1) 점 필터를 이용하여 객체에 대한 좌표 필터 추출하기

명령 : CIRCLE Enter↵

원에 대한 중심점 지정 또는 [3점(3P)/2점(2P)/Ttr - 접선 접선 반지름(T)] : .X 입력

선택 X of : P1 클릭

아직까지 요구됨 YZ의 : P2 클릭

이후 X, Y 좌표에 대한 새로운 좌표 점이 중심으로 설정됩니다.

CHAPTER
04
PDF 사용하기

---

01 PDF 언더레이

PDF 언더레이 〈PDFATTACH〉

　PDF파일을 현재 도면에 언더레이로 삽입합니다. PDF파일을 언더레이로 부착하면 현재 도면에 링크 형식으로 삽입됩니다. 파일을 부착한 후 PDF 언더레이를 조정하거나 자를 수 있습니다.

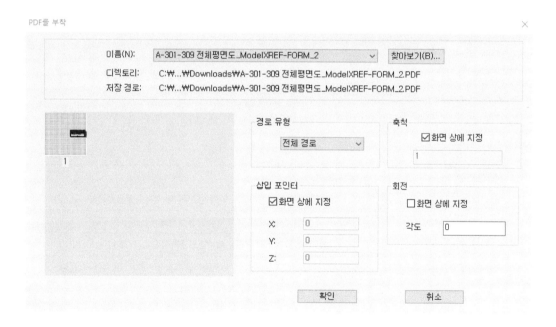

1. PDF IMPORT 〈PDFIMPORT〉

PDF파일을 편집 가능한 도면 요소로 가져옵니다. 기하학적 객체, 해치(채우기)객체, 래스터 이미지나 트루타입 문자 객체를 가져올 수 있습니다.

PDF 요소를 CAD 객체로 변환하면 PDF 파일에서 원하는 내용을 가져오고 편집하는 것이 매우 편리해집니다.

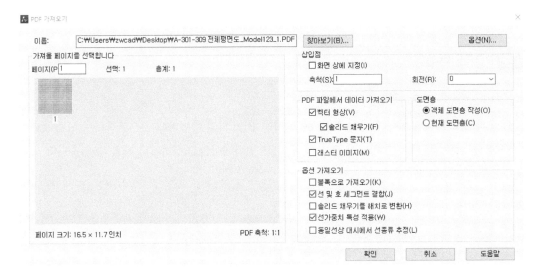

TIP

PDFIMPORT 관련 시스템 변수

시스템 변수	기능설명
PDFIMPORTFILTER	PDF 파일 CAD 객체로 가져오기 후 변환할 데이터 객체 유형을 설정합니다.
PDFIMPORTMODE	가져온 PDF 파일에서 데이터 객체 처리 방법 설정을 설정합니다.
PDFIMPORTLAYERS	가져온 PDF 파일의 데이터 객체를 배치할 도면층 설정을 설정합니다.
PDFIMPORTIMAGEPATH	PDF 파일을 가져올 때 참조되는 이미지 파일을 추출하여 저장할 폴더를 지정합니다.

PDF 출력을 통해 DWG 파일을 PDF로 변환할 수 있습니다. 기본 플롯 기능으로 사용할 수 있으며 ZWCAD에서 기본 제공하는 DWG to PDF.pc5 플로터를 이용합니다.

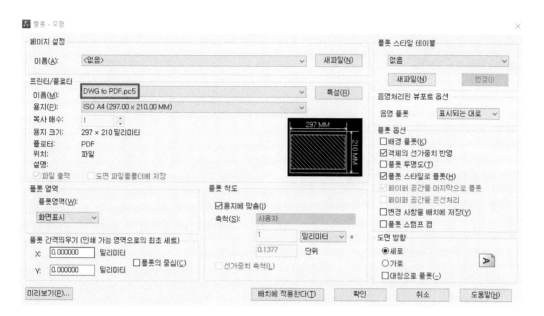

플로터 외 다른 설정 값들을 사용자에게 맞게 설정 후 확인 버튼을 누르면 저장 경로 설정 창이 나타나며, 파일 이름 또한 변경할 수 있습니다.

CHAPTER

05 주석 객체

01 주석 축척

1. 주석 축척이란?

도면을 출력하는 데 있어 1:1로 표현하는 경우는 거의 없습니다. 기본적으로 CAD에서는 실제 치수로 작도하지만 제한된 크기의 종이에 출력할 때는 축척에 따라 크기를 조정합니다. 주석 객체 는 객체를 '주석' 객체로 정의하여 축척에 따라 문자나 도형의 크기를 자동으로 조정합니다.

주석 축척 객체로 정의할 수 있는 주석 객체는 문자와 문자 스타일, 치수, 해치, 공차, 다중 지시 선 및 다중 지시선 스타일, 블록, 테이블, 속성이 있습니다. 주석 축척을 계산할 때 사용하는 방식 은 객체가 모형 공간에 있는지 배치 공간에 있는지에 따라 달라집니다.

모형(MODEL) 공간 : 모형 공간에서 주석 객체의 문자 높이나 축척은 고정 문자 높이로 설정할 수 있고, 객체에 주석 축척을 지정하여 조정할 수도 있습니다. 고정 문자 높이 또는 주석 축척이 지정된 주석 객체는 현재 플롯 축척 크기에 비례하도록 유지합니다.

배치(LAYOUT) 공간 : 배치 공간에서는 일반적으로 출력할 때 축척을 1:1로 설정합니다. 따라서 배치 공간에서 작성하는 주석 객체는 실제로 출력할 크기로 설정해야 합니다.

2. 주석 객체의 작성

치수 스타일에서 주석 객체를 작성하기 위한 스타일을 정의합니다.

> **TIP** 문자 스타일(STYLE), 치수 스타일(DIMSTYLE), 블록(BLOCK)에서 '주석'임을 정의합니다.

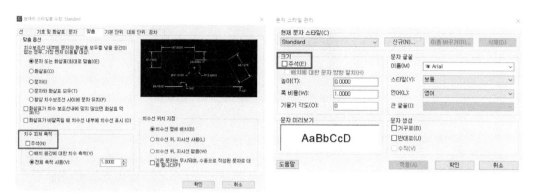

치수 스타일   문자 스타일

블록

PART 05

치수 스타일 주석 객체 정의

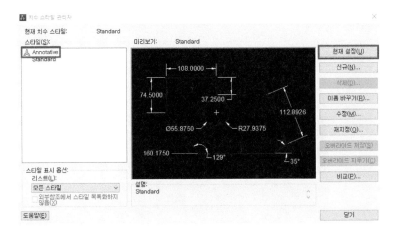

기본적으로 치수 스타일에 'Annotative'로 주석 치수 스타일이 정의되어 있으며, '신규'를 선택하여 새 스타일을 작성하거나 '수정'을 통해 기존 스타일을 주석 스타일로 변경할 수 있습니다.

그림과 같이 주석 스타일로 정의된 'Annotative'를 선택한 후 현재 설정을 선택하여 주석 치수 스타일로 변경합니다.

 주석 축척이 적용된 치수 스타일은 스타일 이름 앞에 🔺 주석 마크가 표시됩니다.

주석 축척 설정

작성하고자 하는 객체에 대해 주석 축척을 설정합니다. 주석 축척 설정은 상태 영역의 🔺 1:1 ▼ '주석 축척'을 클릭하여 주석 축척 목록에서 설정할 축척을 선택합니다.(1:20 선택)

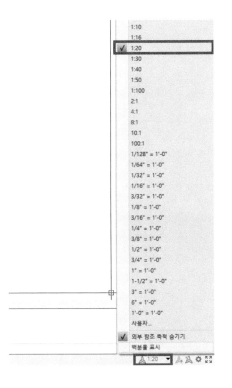

주석 객체(치수 기입) 작성

　그림과 같이 가로/세로 치수를 표기합니다. 이때, 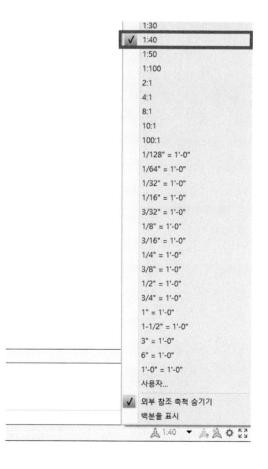 '주석 가시성'과 '자동 주석 축척 적용'을 끄고 실행합니다.

축척 값 변경 및 주석 객체(치수 기입)

　축척 값을 변경합니다.(1:40 선택)

주석 객체(치수 기입) 작성

그림과 같이 내부 원의 지름 치수를 기입합니다.

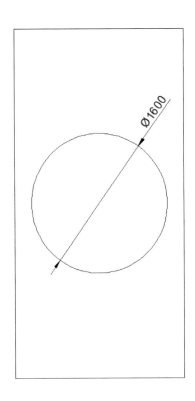

주석 객체 가시성 제어

하단의 상태 영역에서 🔺 '주석 가시성'을 선택합니다. 그림과 같이 모든 주석 축척(1:20/1:40) 주석 객체가 표시됩니다.

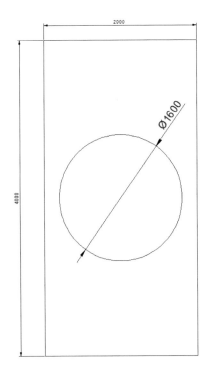

자동 주석 축척 적용

하단의 상태 영역에서 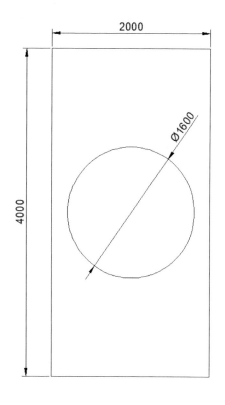 '자동 주석 축척'을 선택합니다. 1:20, 1:40으로 축척을 변경하면 자동으로 주석 축척이 추가되어 동일한 주석 축척이 적용됩니다.

3. 주석 축척 목록 추가 및 수정

주석 축척은 ZWCAD에서 기본 제공되는 축척 외에 사용자의 설정에 맞게 추가하거나 제거 또는 수정할 수 있습니다.

■ **명령어** : SCALELISTEDIT

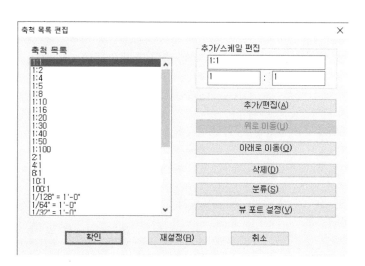

- **축척 목록** : 현재 정의되어 있는 축척 목록을 표시합니다.

- **추가/편집(A)** : 기존 축척을 편집하거나 새로운 축척을 추가합니다.

- **위로 이동(U)** : 현재 선택한 축척 목록을 위로 이동합니다.

- **아래로 이동(O)** : 현재 선택한 축척 목록을 아래로 이동합니다.

- **삭제(D)** : 현재 선택한 축척을 목록에서 삭제합니다.

- **분류(S)** : 현재 정의되어 있는 축척 목록을 값에 따라 재정렬합니다.

- **뷰포트 설정(V)** : 선택한 축척을 뷰포트에 적용합니다.

- **재설정(R)** : 모든 사용자 축척을 삭제하고 축척 리스트에 표시된 축척의 기본 목록을 복원합니다.

CHAPTER

06

DWFx 사용하기

---

01 DWF 언더레이

DWF 언더레이 〈DWFIN〉

도면 작업을 보호하는 DWF와 DWFx를 삽입하고 언더레이로 표시할 수 있습니다.

- 메뉴 : 삽입 → DWF 언더레이
- 명령어 : DWFIN

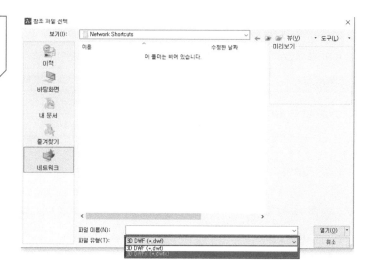

명령 : DWFIN Enter↵

DWF, DWFx 파일 선택 : 선택 Enter↵

설정 창에서 원하는 경로를 지정 후 : Enter↵

경로는 전체경로, 상대경로, 경로 없음을 선택할 수 있습니다.

축척설정 : Enter↵

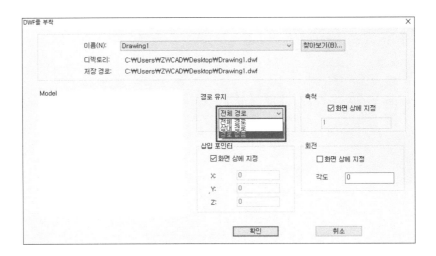

 파일 → 내보내기에서 DWG 파일을 DWF, DWFx 파일로 내보낼 수 있습니다.

DWF 언더레이 관련 명령어/시스템 변수

명령어	설명
DWFADJUST	명령 프롬프트에서 DWF 밑바탕을 조정할 수 있습니다.
DWFATTACH	현재 도면에 DWF 밑바탕을 부착합니다.
DWFCLIP	자르기 경계를 사용하여 DWF 밑바탕의 하위 영역을 정의합니다.
DWFDELMODE	0 : DWFx 객체를 제거할 수 없습니다.
	1 : DWFx 객체를 제거할 수 있습니다.
DWFFRAME	0 : DWF 언더레이 프레임을 표시하지 않고 플롯하지 않습니다.
	1 : DWF 언더레이 프레임을 표시하고 플롯합니다.
	2 : DWF 언더레이 프레임을 표시하고 플롯하지 않습니다.
DWFIN	DWF와 DWFx를 삽입하고 언더레이로 표시할 수 있습니다.
DWFLAYERS	DWF 바탕의 도면층 화면표시를 제어합니다.
DWFOSNAP	0 : DWF 언더레이의 형상에 대한 객체 스냅을 비활성화합니다.
	1 : DWF 언더레이의 형상에 대한 객체 스냅을 활성화합니다.

CHAPTER

07 DGN 사용하기

---

01 DGN 내보내기

DGN 내보내기 〈DGNEXPORT〉

DGN 파일은 고속도로, 교량, 선박 설계와 같은 주요 건설 설계에서 일반적으로 사용하는 파일 확장자 형식으로 ZWCAD에서 DGN 파일 형식으로 내보내기를 할 수 있습니다.

MicroStation과 같이 ".dgn" 파일 형식을 사용하는 프로그램과의 데이터 교환에 용이합니다.

DGNEXPORT, -DGNEXPORT 또는 EXPORT 명령을 이용하여 DGN V7, V8 형식으로 내보내기가 가능합니다.

DGN 내보내기 경로를 지정한 후에 DGN 설정 내보내기 대화상자가 나타납니다.

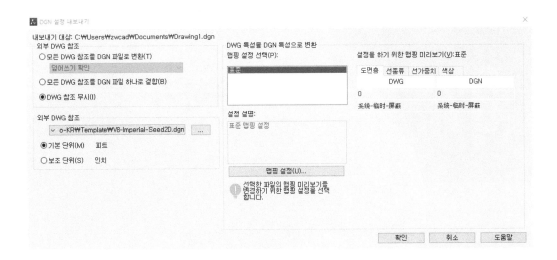

해당 대화 상자에서 외부 DWG 참조에 대해 수행할 작업을 정의하고, MicroStation의 템플릿 파일이라고 하는 시드 파일을 지정하고, 특정 규칙에 따라 DGN 속성을 사용하여 DWG 속성을 맵핑할 수 있습니다.

이러한 모든 설정은 내보낼 DGN 파일에 적용됩니다.

DGN 가져오기 〈DGNIMPORT〉

DGNIMPORT 기능을 사용하여 DGN 파일의 객체를 편집 가능한 CAD 도면 요소로 가져와 사용할 수 있습니다. DGN V7, V8 형식을 가져올 수 있습니다.

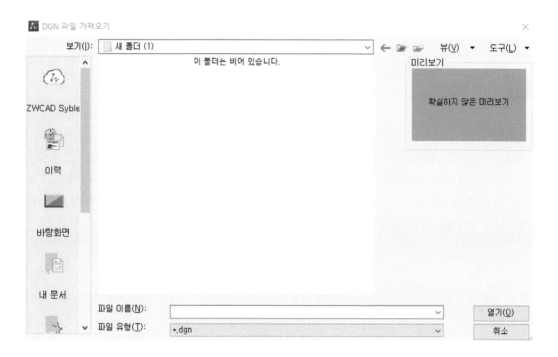

IFC 사용하기

01 IFC 사용하기

1. IFC 란?

BIM과 설계 소프트웨어 사이에서 간극을 줄일 수 있는 것이 바로 BIM 국제표준인 IFC(Industry Foundation Classes)입니다. IFC와 같은 중립 포맷을 통해 소프트웨어 간 데이터 호환이 가능한 BIM 환경이 바로 개방형 BIM 환경으로 ZWCAD에서 IFC. 파일 즉 BIM 설계 데이터와 데이터 호환이 가능합니다.

현재 ZWCAD에 지원되는 확장자는 IFC 2X3, IFC 4,0, IFC 4X1, IFC 4X2, IFC 4X3 형식으로 가져오기(IMPORT) 명령어를 통해 .ifc 파일 형식을 ZWCAD로 가져올 수 있습니다. IFC 파일을 단순히 가져올 뿐만 아니라 IFC 구조 패널로 구성 요소의 세부 사항을 확인하고 관리할 수 있고 가시성 제어를 통해 불필요한 구성 요소를 숨겨 보다 직관적으로 검토할 수 있습니다.

2. IFC 사용하기

IFC IMPORT 명령어를 입력하여 .ifc 파일을 불러옵니다. .ifc 객체는 3D 모듈 기능을 통하여 모형 공간에서 자유롭게 뷰 전환이 가능하며, 객체는 모두 블록 파일로 표시됩니다.

또한, IFC 파일을 불러오면 IFC 구조 패널 대화상자가 자동 실행되며, IFC 구조 패널을 통해 구성 요소를 확인 및 관리할 수 있고, 패널에서 구성 요소를 선택하거나 모형 공간에서 객체를 선택하면 해당 위치로 자동 이동되며 객체의 속성 정보와 함께 표시합니다.

IFC 가져오기

> ■ 메뉴 : 삽입 → IFC 가져오기
> ■ 명령어 : IFCIMPORT

명령: IFCIMPORT [Enter↵]
IFC 파일 선택: 선택 [Enter↵]

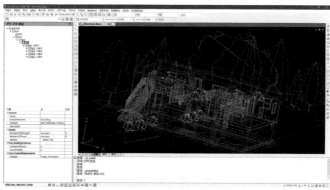

> **TIP**
>
> IFC 관련 명령어
>
> | 명령어 | 기능 설명 |
> |---|---|
> | IFCSTRUCTUREPANEL | IFC 구조 패널을 실행합니다. |
> | IFCSTRUCTUREPANELCLOSE | IFC 구조 패널을 종료합니다. |
> | IFCSTRUCTUREPANELUPDAT | IFC 구조 패널을 초기 상태로 새로 변경합니다. |

IFC 데이터 추출

ZWCAD 데이터 추출 기능을 통하여 Ifc_General, Ifc_Details, Ifc_Properties 등의 IFC 객체 구성 요소의 세 가지 데이터 특성을 추출할 수 있습니다.

> ■ 메뉴 : 삽입 → 데이터 추출
> ■ 명령어 : DATAEXTRACTION

명령: DATAEXTRACTION [Enter↵]

- 데이터 추출 만들기

데이터 추출 파일을 새로운 파일로 생성하거나 기존에 추출한 데이터(.zex)를 수정합니다.

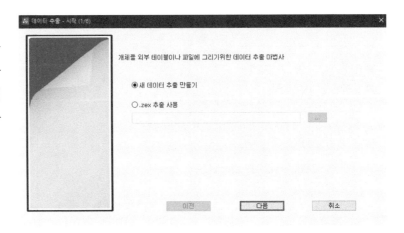

- 데이터 정의

추출할 추출을 위한 데이터 범위를 설정합니다. 도면의 일부분, 보이는 화면의 객체, 현재 도면 전체 등으로 설정할 수 있습니다.

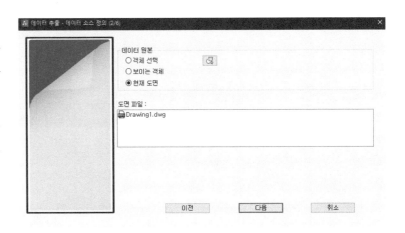

- 데이터 객체 선택

선택한 객체의 특성 데이터를 이름으로 나열하며, 데이터로 추출한 객체를 선택합니다.

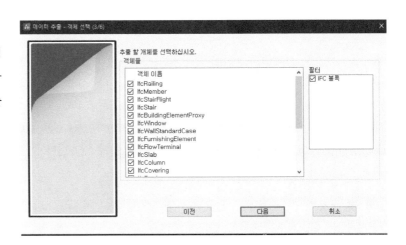

- 데이터 속성 선택

객체의 데이터의 추출 속성을 선택합니다.

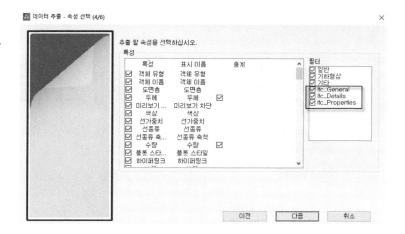

- 데이터 구체화

추출할 데이터 테이블의 열을 사용자 정의하여 최적화 합니다.

- 데이터 추출

데이터 추출 테이블을 도면에 삽입할 수 있고, 외부 파일(CSV 파일 및 XLS 파일)로 변환하거나 .zex 파일로 저장할 수 있습니다.

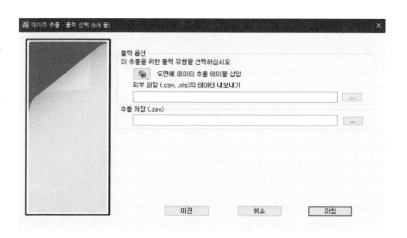

PART 05

3D 객체 2D로 변환하기

01 3D 객체 2D 객체로 변환하기

1. FLATSHOT

FLATSHOT 기능은 도면의 변환없이 3D 객체를 현재 뷰를 기반으로 2D로 투영하는 기능입니다. 생성된 형상은 UCS의 XY 평면에 블록 형태로 삽입되며 도면 파일로도 변환할 수 있습니다. 이 블록을 눈에 보이는 프로파일 선과 숨겨진 프로파일 선을 표현할 수 있어 3D 모형을 2D로 변환할 때 유용하게 사용됩니다.

FLATSHOT 명령어를 사용하면 FLATSHOT 대화상자가 나타납니다. 대화상자에서 FLATSHOT 옵션을 설정한 후 〈확인〉 버튼을 클릭하면 3D 객체가 현재 뷰로 2D 객체로 투영됩니다. 옵션은 아래와 같습니다.

- FLATSHOT

■ 메뉴 : 솔리드 → FLATSHOT
■ 명령어 : FLATSHOT

명령: FLATSHOT Enter↵

목적

2D 투영을 블록의 삽입 형태 또는 도면 파일에 대한 변경으로 설정합니다.

- 새 블록으로 삽입 : 2D 투영을 현재 도면에 신규 블록으로 삽입합니다.

- 기존 블록 바꾸기 : 기존 블록을 새로 생성된 블록으로 대체합니다.

- 파일로 출력 : 신규 블록을 지정한 저장 경로에 저장합니다.

외형선

보이는 2D 프로파일 선의 색과 선종류를 설정합니다.

- 색상

2D 프로파일 선에서 선의 색을 설정합니다.

- 선종류

2D 프로파일 선에서 선의 선종류를 설정합니다.

숨은선

숨겨진 2D 프로파일 선의 색과 선종류를 설정합니다.

- 표시

숨겨진 2D 프로파일 선의 표시 여부를 설정합니다. 체크하면 형상 뒤에 가려진 선을 표시합니다.

- 색상

2D 프로파일 선에서 형상 뒤에 숨겨진 선의 색을 설정합니다.

- 선종류

2D 프로파일 선에서 형상 뒤에 숨겨진 선의 선종류를 설정합니다.

FLATSHOT과 VIEW 기능을 통해 3D 객체를 2D 객체로 투영하여 투상 도면을 작성할 수 있습니다.

VIEWPORT

VIEWPORT 명령어를 입력하여 〈넷:동일〉 뷰로 분할합니다.

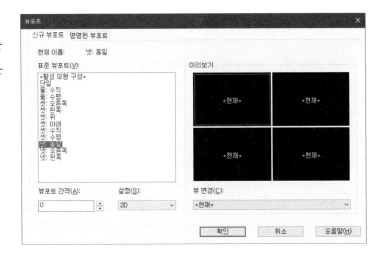

3D VIEW 설정

- 평면도

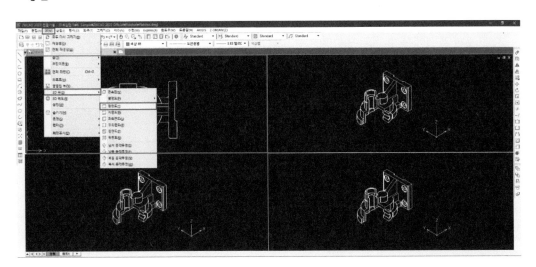

■ 메뉴 : 뷰 → 3D 뷰 → 평면도(T)

왼쪽 상단의 첫 번째 공간을 선택하고 3D 뷰를 평면도로 변경합니다.

- 정면도

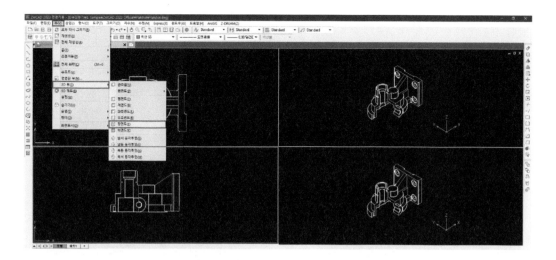

■ 메뉴 : 뷰 → 3D 뷰 → 정면도(F)

왼쪽 하단의 첫 번째 공간을 선택하고 3D 뷰를 정면도로 변경합니다.

- 측면도

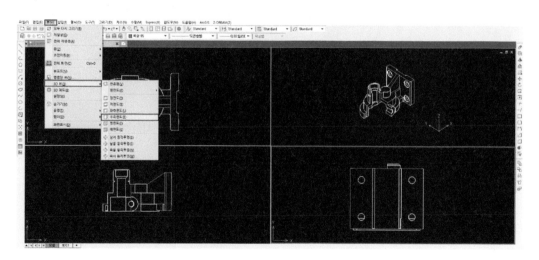

■ 메뉴 : 뷰 → 3D 뷰 → 우/좌 측면도(L,R)

우측 하단의 첫 번째 공간을 선택하고 3D 뷰를 우/좌측면도로 변경합니다.

FLATSHOT을 이용하여 투영하기

FLATSHOT 명령어를 사용하여 옵션을 설정한 후 〈생성〉을 클릭하고 원하는 삽입 위치를 선택합니다.

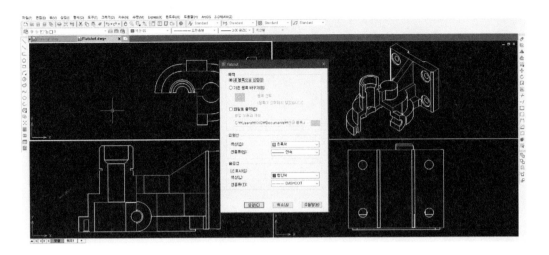

다른 뷰포트 공간도 동일한 방법으로 반복하여 3D 객체를 2D 객체로 투영합니다.

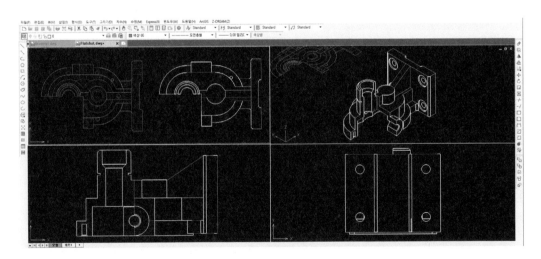

MEMO

문자 입력 및 테이블 그리기

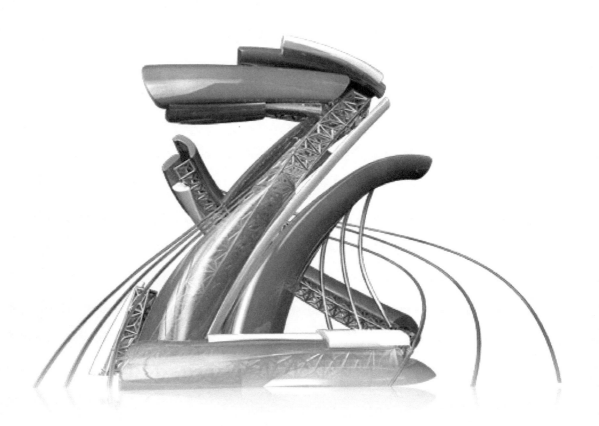

스타일을 이용한 문자 설정하기

01 문자 스타일의 정의 알아보기

1. 스타일을 이용한 문자 설정하기

기본적으로 모든 문자는 스타일 정의 후 입력해야 합니다. 만일 외부 또는 다른 사용자에게서 도면을 받았을 때 자신의 컴퓨터에 없는 글꼴이 포함되어 있을 경우 스타일을 수정하여 자신의 컴퓨터에 있는 글꼴로 대체해야 문자를 확인할 수 있습니다.

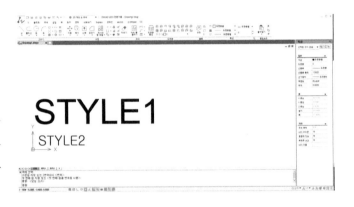

2. 문자 스타일 설정하기

〈STYLE〉 명령을 실행하면 문자 스타일 관리 대화상자가 나타납니다.

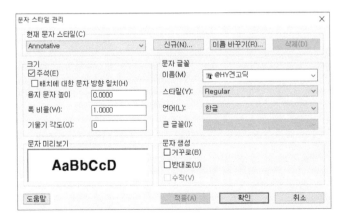

현재 문자 스타일 : 현재 설정되어 있는 문자 스타일을 표시합니다. 도면 내의 모든 문자 스타일 목록이 나타납니다.

크기 : 문자의 크기를 설정합니다.

　- **용지 문자 높이** : 문자의 크기 중 높이를 설정합니다. 높이를 설정하면 문자 입력 시 설정된 높이로 표기됩니다. 높이를 '0'으로 설정하면 문자를 입력할 때 높이를 자유롭게 설정할 수 있으며, 최근 설정한 높이 값으로 기본 설정됩니다.

　- **폭 비율** : 문자의 폭 비율을 설정합니다. 기본적으로 문자의 정해진 폭은 '1'입니다. '1'보다 작은 수를 입력하면 가로 폭보다 세로 폭이 좁은 형태의 문자가 표현됩니다.

　- **기울기 각도** : 문자의 기울기를 입력합니다. 입력한 수치만큼 문자가 기운 상태로 표현됩니다.

문자 생성 : 문자의 효과를 지정합니다.

　- **거꾸로** : 상하 반전된 형태로 문자를 표현합니다.

　- **반대로** : 좌우 반전된 형태로 문자를 표현합니다.

문자 글꼴 : 문자 글꼴에 관련된 설정을 합니다.

　- **이름** : 선택한 글꼴을 표시하거나 선택합니다.

　- **스타일** : 문자의 강조 방법을 선택합니다. 일반 글꼴 및 기울임, 진하기 등을 선택할 수 있으나 일부 글꼴의 경우 문자를 강조할 수 없는 글꼴도 있습니다.

　- **언어** : 사용하고자 하는 국가의 언어를 설정합니다.

　- **큰 글꼴** : 큰 글꼴을 사용하고자 할 때는 지원하는 글꼴을 선택하여야 합니다. 주로 확장자가 *.SHX 인 쉐이프 글꼴이 큰 글꼴을 지원합니다.

문자 미리보기 : 설정한 문자 스타일을 미리 보기 창에서 확인할 수 있습니다.

3. 문자가 물음표로 표시될 때 정상적으로 표시하기

　문자가 '?????' 식으로 물음표로 표시되는 경우가 있습니다. 이는 문자 내용이 현재 설정되어 있는 글꼴에서 지원하지 않는 경우입니다. 예를 들어 영문 표기 문자를 한글만 지원하는 글꼴로 문자스타일을 설정하면 영문 표기가 되지 않아 물음표로 표기됩니다. 이런 경우 문자 스타일에서 지원하는 글꼴로 대체하면 됩니다.

⟨STYLE⟩ 명령에 의해 문자 스타일 설정을 하였다면 이제 문자를 입력해 볼 차례입니다. 문자는 한 줄씩 입력하여 표기하는 방법과 여러 줄로 입력하는 방법이 있습니다.

1. 행 단위로 문자를 입력하는 DTEXT 명령 알아보기

DTEXT 명령은 한 줄씩 문자를 입력할 때 사용합니다. 입력할 때 표현되는 문자의 형태는 이전에 설정한 ⟨STYLE⟩ 명령에 의해 정의됩니다. 정의한 스타일 문자 높이를 지정하지 않았을 경우 입력할 때 문자의 높이를 지정해 주어야 합니다.

사용 방법
　명령: DTEXT
　현재 문자 스타일: "Standard" 문자 높이: 100.0000
　문자의 시작점 지정 또는 [자리맞추기(J)/스타일(S)]: ⟨문자의 시작점 지정⟩
　높이 지정 ⟨100.0000⟩: ⟨문자의 높이 입력⟩
　문자의 회전 각도 지정 ⟨0⟩: ⟨문자의 회전 각도 입력⟩
　⟨문자 입력⟩

☑ 옵션(OPTION)

－**자리 맞추기(J)** : 문자의 자리 맞춤 방법을 정의하며, 가로 방향의 글꼴에만 적용할 수 있습니다.
－**정렬(A)** : 선택한 기준선의 양 끝점에 맞도록 문자의 크기를 자동으로 조절합니다. 고정된 길이 안에 문자를 표현해야 하므로 문자의 길이가 길수록 문자의 크기는 작아집니다.
－**맞춤(F)** : 문자의 높이를 고정시킨 상태로 선택한 기준선의 양 끝점에 맞도록 문자의 폭을 자동으로 조절합니다.

중심 (C) : 문자의 삽입점이 문장의 중심 아랫부분에 위치하고 삽입점으로부터 가운데 정렬하여 입력합니다.

Dtext Center

중간 왼쪽 (ML) : 문자의 삽입점이 왼쪽 중심에 위치하고 왼쪽 정렬하여 입력합니다.

Dtext ML

왼쪽 (L) : 기본으로 설정되어 있으며, 문자가 왼쪽 정렬하여 입력합니다.

Dtext Left

중간 중심 (MC) : 문자의 삽입점이 가운데 중심에 위치하고 오른쪽 정렬하여 입력합니다.

Dtext MC

중간 (M) : 문자의 삽입점이 문장의 가운데 중심에 위치하고 삽입점으로부터 가운데 정렬하여 입력합니다.

--Dtext-Middle--

중간 오른쪽 (MR) : 문자의 삽입점이 오른쪽 중심에 위치하고 오른쪽 정렬하여 입력합니다.

--------Dtext MR-

오른쪽 (R) : 문자를 오른쪽 정렬하여 입력합니다.

------Dtext Right.

맨 아래 왼쪽 (BL) : 문자의 삽입점이 왼쪽 아래부분에 위치하고 왼쪽 정렬하여 입력합니다.

Dtext BL

맨 위 왼쪽 (TL) : 문자의 삽입점이 왼쪽 윗부분에 위치하고 왼쪽 정렬하여 입력합니다.

Dtext TL

맨 아래 중심 (BC) : 문자의 삽입점이 가운데 아래부분에 위치하고 가운데 정렬하여 입력합니다.

Dtext BC

맨 위 중심 (TC) : 문자의 삽입점이 가운데 윗부분에 위치하고 가운데 정렬하여 입력합니다.

Dtext TC

맨 아래 오른쪽 (BR) : 문자의 삽입점이 오른쪽 아랫부분에 위치하고 오른쪽 정렬하여 입력합니다.

Dtext BR

맨 위 오른쪽 (TR) : 문자의 삽입점이 오른쪽 윗부분에 위치하고 오른쪽 정렬하여 입력합니다.

Dtext TR

2. 여러 행을 입력하는 MTEXT 명령 알아보기

MTEXT 명령은 여러 줄의 문장을 입력할 때 사용합니다. DTEXT 명령과 달리 문자 편집기를 통해 문자를 입력하게 되며 문자 스타일에 관계없이 문자 편집기 안에서 글꼴과 높이 등을 설정할 수 있습니다. 여러 도면에 같은 문장이 들어가는 경우 외부 문자 파일을 이용하여 문자를 입력하는 것도 가능합니다.

사용 방법

명령 : MTEXT
현재 문자 스타일 : "Standard" 문자 높이: 100
첫 번째 구석 지정 : 〈입력 상자의 왼쪽 윗부분 지점 지정〉

반대 구석 지정 또는[자리맞추기(J)/선 간격(L)/회전 각도(R)/문자 스타일(S)/높이(H)/방향(D)/폭(W)/열(C)]: 〈입력 상자의 오른쪽 아랫부분 지점 지정〉

 옵션(OPTION)

– **자리 맞추기(J)** : 여러 줄이 하나의 객체로 인식되므로 입력 상자의 정렬 방법에 대해 지정합니다.

좌상단(TL) : 입력 상자의 왼쪽 윗부분에 삽입점이 만들어집니다.

중앙상단(TC) : 입력 상자의 가운데 윗부분에 삽입점이 만들어집니다.

우상단(TR) : 입력 상자의 오른쪽 윗부분에 삽입점이 만들어집니다.

좌중간(ML) : 입력 상자의 왼쪽 가운데 부분에 삽입점이 만들어집니다.

중앙중간(MC) : 입력 상자의 가운데 부분에 삽입점이 만들어집니다.

우중간(MR) : 입력 상자의 오른쪽 가운데 부분에 삽입점이 만들어집니다.

좌하단(BL) : 입력 상자의 왼쪽 아랫부분에 삽입점이 만들어집니다.

중앙하단(BC) : 입력 상자의 가운데 아랫부분에 삽입점이 만들어집니다.

우하단(BR) : 입력 상자의 오른쪽 아랫부분에 삽입점이 만들어집니다.

– **선 간격(L)** : 줄 간격을 설정합니다.

최소값(A) : 입력된 줄에서 가장 큰 문자의 높이를 기준으로 줄 간격을 조정합니다.

정확한 값(E) : 입력된 모든 행의 줄 간격이 동일하게 설정합니다.

– **회전 각도(R)** : 여러 줄 문자의 회전 각도를 설정합니다.

– **문자 스타일(S)** : 여러 줄 문자에 적용할 문자 스타일을 지정합니다.

– **높이(H)** : 여러 줄 문자의 문자 높이를 지정합니다. 높이를 설정하지 않을 경우 문자를 편집할 때 높이를 변경할 수 있습니다.

– **방향(D)** : 여러 줄 문자의 수평 및 수직 방향을 설정합니다.

– **폭(W)** : 여러 줄 문자의 폭을 설정합니다. 폭을 지정하면 지정된 폭 안에서만 문자가 입력되며 지정된 폭을 넘어가면 자동으로 줄이 바뀌어 입력됩니다.

– **열(C)** : 내부 문자 편집기 열 옵션 및 열 그립을 사용하여 여러 줄 문자에서 여러 열을 작성하고 편집할 수 있습니다.

3. 문자 편집기 살펴보기

문자 편집기는 작은 워드프로세서라 할 수 있습니다. 스타일이 적용된 문장이라도 글꼴을 변경할 수 있고 글꼴 크기와 탭 설정까지 다양한 편집 기능을 제공합니다.

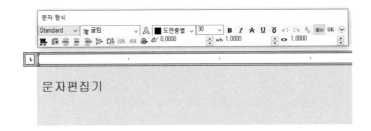

탭 스타일 변경 : 탭 스타일의 표시 방법을 변경합니다.

단락 들여쓰기 : 단락을 들여쓰기할 위치를 지정합니다.

눈금자 : 문자의 길이를 알 수 있도록 눈금자를 표시합니다. 눈금자는 마우스 오른쪽 버튼을 클릭하여 부호를 실행하면 문자의 정렬 방법과 탭 위치를 설정할 수 있는 부호 대화상자가 나타납니다.

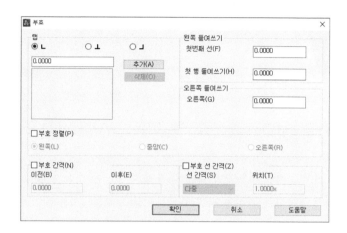

첫 번째 행 들여쓰기 : 여러 행의 문자를 입력할 때 첫 행을 들여쓰기할 위치를 설정합니다.

사용자 탭 위치 : 사용자가 설정한 탭 위치를 표시합니다. 문자 편집기 안에서 탭을 누르면 자동으로 탭 위치가 표시되며, 마우스를 이용해서 탭 위치를 변경할 수 있습니다.

문자 편집기 수직 늘이기 : 문자 편집기의 크기를 수직 방향으로 조절합니다.

문자 편집기 수평 늘이기 : 문자 편집기의 크기를 수병 방향으로 조절합니다.

4. 문자를 수정하는 DDEDIT 살펴보기

문자를 수정하고자 할 때는 DDEDIT라는 명령을 사용하지만, 일반적으로는 수정할 문자 객체를 더블 클릭하면 문자를 수정할 수 있는 편집기가 열리거나 문자를 수정할 수 있는 입력 상자가 나타납니다.

사용 방법

명령: DDEDIT

주석 객체 선택 또는 [명령 취소(U)/모드(M)]: ⟨수정할 문자 객체 선택⟩

 옵션 (OPTION)

– **단일(S)** : 단일 행으로 작성된 문자를 수정합니다.

– **다중(M)** : 다중 행으로 작성된 문자를 수정합니다.

PART 06

CHAPTER
02

테이블 만들기

---

01 테이블 스타일 만들기

문자를 입력하기 전에 문자 스타일을 만들고 문자에 적용하는 것처럼 테이블 또한 테이블 스타일을 만들고 테이블에 적용하는 과정을 거칩니다. 테이블 스타일에서는 테이블의 방향, 색상, 여백 등을 설정하여 테이블의 스타일을 적용할 수 있습니다.

〈TABLESTYLE〉을 실행하면 테이블 스타일 대화상자가 나타납니다.

1. 테이블 스타일 대화상자

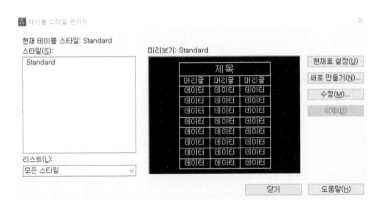

현재 테이블 스타일 : 현재의 테이블 스타일을 표시합니다.

스타일(S) : 현재 도면의 테이블 스타일 목록을 표시합니다.

리스트(L) : 테이블 스타일 표시 방법을 선택합니다.

미리보기 : 스타일에서 선택한 테이블 스타일의 형식을 미리 볼 수 있습니다.

현재로 설정(U) : 스타일에서 선택한 테이블 스타일을 현재 테이블 스타일로 설정합니다.

새로 만들기(N) : 새로운 테이블 스타일을 만듭니다.

수정(M) : 스타일에서 선택한 테이블 스타일을 수정합니다.

삭제(D) : 스타일에서 선택한 테이블 스타일을 삭제합니다.

2. 테이블 스타일 새로 만들기

테이블 스타일 대화상자에서 〈새로 만들기〉 버튼을 클릭한 후 이름을 지정하면 새로운 테이블 스타일 설정 대화상자가 나타납니다.

일반

- **테이블 방향(D)** : 테이블의 방향을 설정합니다. 테이블의 셀 스타일은 '제목'과 '머리글', '데이터(내용)' 3가지로 이루어져 있습니다. '아래로' 설정은 위에서부터 제목 → 머리글 → 데이터(내용) 순으로 배치되며 '위로'는 역순으로 배치됩니다.

일반 : 선택한 셀의 채우기 색상, 정렬 방법, 여백을 설정합니다.

문자 : 선택한 셀에서 사용할 문자의 스타일, 높이, 색상을 설정합니다.

테두리 : 선택한 셀의 테두리선 두께와 색상을 설정합니다.

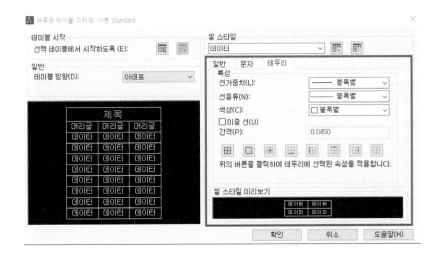

02 테이블 만들기

테이블 스타일을 설정한 후 테이블을 만듭니다. 테이블을 만든 후 수정하는 것보다 현재 작업에 맞도록 행과 열의 간격, 글자 크기 등을 미리 지정하면 더 효율적으로 작업할 수 있습니다.

〈TABLE〉을 실행하면 테이블 삽입 대화상자가 나타납니다.

1. 테이블 삽입 대화상자

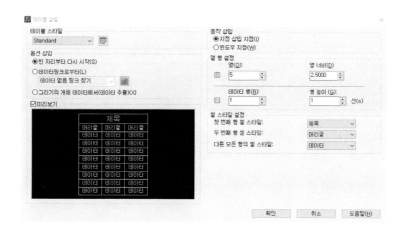

테이블 스타일 : 테이블에 적용할 스타일을 지정합니다.

옵션 삽입 : 테이블을 만드는 방법을 지정합니다.

미리보기 : 설정한 테이블의 형태를 미리 확인할 수 있습니다.

동작 삽입 : 테이블의 삽입 방법을 지정합니다.

열 행 설정 : 열과 행의 개수와 간격 크기를 설정합니다.

셀 스타일 설정 : 셀 스타일을 지정합니다. 이전 테이블 스타일에서 설정한 제목, 머리글, 데이터 중에서 선택할 수 있습니다.

2. 테이블 편집하기

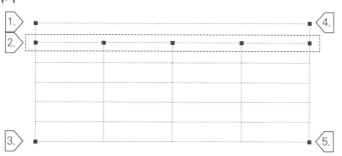

1. **테이블 이동 조절 점** : 테이블 전체를 이동합니다.

2. **테이블 열 폭** : 선택한 열의 폭을 조절합니다.

3. **테이블 높이** : 테이블 전체의 높이를 조절합니다. 각 행의 높이는 자동으로 균등분할 됩니다.

4. **테이블 폭** : 테이블 전체의 폭을 조절합니다. 각 열의 폭은 자동으로 균등분할 됩니다.

5. **테이블 높이 및 폭** : 테이블 전체의 높이 및 폭을 조절합니다. 각 행의 높이와 열의 폭은 자동으로 변경됩니다.

3. 셀 편집하기

편집하고자 하는 셀을 클릭합니다. 리본 메뉴를 이용하여 셀의 행, 열, 스타일, 데이터 형식 등을 편집할 수 있습니다.

행, 열 : 테이블 위, 아래, 왼쪽, 오른쪽에 셀을 삽입하거나 삭제합니다.

TABLE	

TABLE	

병합 : 선택한 셀을 병합 및 해제합니다.

TABLE	

TABLE

셀 스타일 : 셀의 스타일을 변경합니다.

TABLE	

TABLE	
1	2
3	4

셀 형식 : 셀의 창 크기, 데이터 형식을 변경합니다.

TABLE	

TABLE	
30	30.00%
15	0.2617RAD

삽입 : 블록, 필드, 공식, 셀 내부 콘텐츠 등을 삽입합니다.

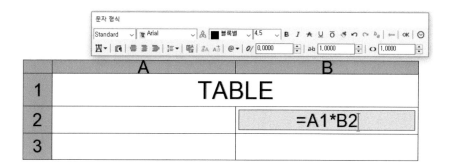

데이터 : 테이블 외부 데이터를 가져오거나 내보낼 수 있습니다.

4. 셀 문자 쓰기

문자를 쓰고자 하는 셀을 선택한 후 문자를 입력하면 나타나는 문자 편집창에 내용을 추가하거나 편집할 수 있습니다.

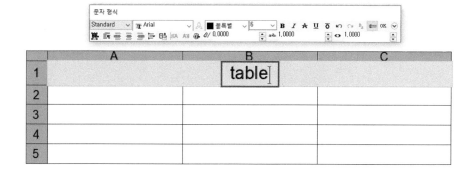

1. 표 수식

엑셀에서 사용했던 합, 평균과 같은 공식과 수식들을 표에 적용할 수 있습니다.

셀을 선택하면 표 도구 모음을 불러올 수 있습니다.
다섯 가지 유형의 수식 중 필요한 수식을 선택하여 사용할 수 있습니다.

곱하기, 빼기, 제곱 등과 같은 수식을 사용할 수 있고, 등호(=) 뒤에 수식을 입력하여 엑셀 일부 수식 기능도 사용 가능합니다.

2. 필드 수식

도면에 변경된 내용이 있을 경우 REGEN을 이용하여 관련 필드를 업데이트할 수 있고 필드 수식을 이용하여 훨씬 더 빠른 계산을 할 수 있습니다.

명령어 FIELD를 입력하여 필드 대화 상자를 열고 "필드 이름" 목록에서 식을 선택합니다.

네 가지 수식 중 하나와 셀 범위를 선택하여 계산합니다. 이를 통해 평균, 합계 등의 정보를 가져올 수 있습니다.

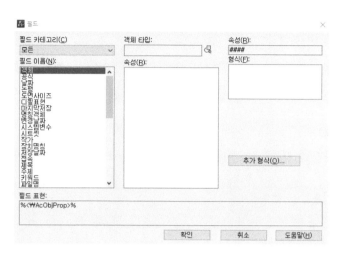

테이블을 Microsoft Excel(XLS, XLSX 또는 CSV) 파일과 데이터 링크할 수 있습니다. 엑셀 파일의 전체 시트, 개별 행, 열, 셀 또는 Excel의 셀 범위 등을 링크하고 파일 간 데이터를 실시간으로 업데이트할 수 있습니다.

〈DATALINK〉를 입력하면 데이터 링크 관리자가 나타납니다.

1. 데이터 링크 관리자

데이터 링크를 작성, 편집 및 관리합니다.

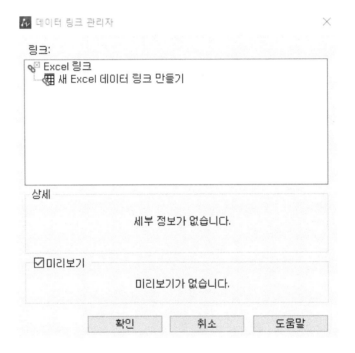

Excel 링크

도면에 Microsoft Excel 데이터 링크를 나열합니다. 아이콘이 링크된 체인을 표시하는 경우 데이터 링크가 유효함을 나타내며 아이콘이 끊긴 체인을 표시하는 경우 데이터 링크가 끊어짐을 나타냅니다.

새 Excel 데이터 링크 작성

새 데이터 링크에 대한 이름을 입력할 수 있는 대화상자가 나타납니다. 이름을 작성하면 새 Excel 데이터 링크 대화상자가 나타납니다.

상세 정보

위의 트리 뷰에서 선택한 데이터 링크에 대한 정보를 나열합니다.

미리보기

링크된 데이터의 도면 테이블을 미리보기 합니다. 데이터 링크가 현재 선택되지 않은 경우 미리 보기는 표시되지 않습니다.

2. 새 Excel 데이터 링크 만들기

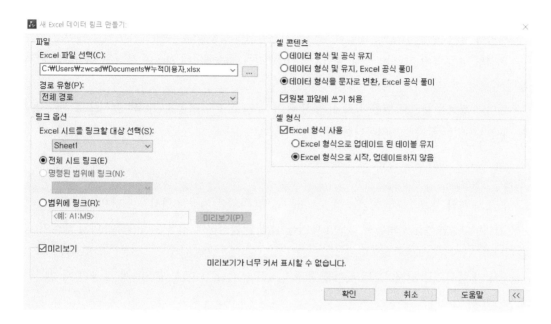

데이터 링크 이름 입력

데이터 링크 이름을 입력합니다.

파일

Excel 파일 선택 : 데이터 링크할 Excel 파일 선택합니다.

경로 유형 : 절대, 상대, 경로 없음 등 경로 유형을 설정합니다.

링크 옵션

Excel 시트를 링크할 대상 선택 : 전체 시트, Excel의 명명된 범위, 특정 범위 등 링크할 대상을 선택합니다.

미리보기

링크된 데이터를 미리보기를 통해 표시합니다.

셀 컨텐츠

- **데이터 형식 및 공식 유지** : 데이터 형식을 가져옵니다. Excel 공식에서 데이터가 계산됩니다.

- **데이터 형식 유지, Excel 공식 풀이** : 공식 및 지원되는 데이터 형식이 부착된 데이터를 가져옵니다.

- **데이터 형식을 문자로 변환, Excel 공식 풀이** : Excel 데이터를 Excel의 공식으로부터 계산된 데이터가 있는 문자로 가져옵니다.

셀 형식 지정

- **Excel 형식 사용** : 원본 XLS, XLSX 또는 CSV 파일에 지정된 형식을 도면으로 가져오도록 지정합니다. 이 옵션을 선택하지 않으면 테이블 삽입 대화상자에 지정된 테이블 스타일 형식이 적용됩니다.

- **Excel 형식으로 업데이트된 테이블 유지** : DATALINKUPDATE 명령을 사용할 때 변경된 형식이 모두 업데이트 됩니다.

- **Excel 형식으로 시작, 업데이트하지 않음** : DATALINKUPDATE 명령을 사용할 때 형식에 적용된 모든 변경 사항은 포함되지 않습니다.

MEMO

블록과 외부 객체 사용하기

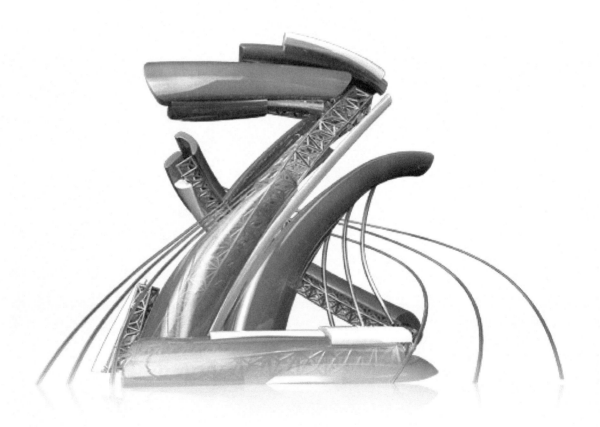

블록 사용하기

---

01 블록 이해하기

건축이나 기계, 전기, 설비 분야의 도면에서는 도면 안에 같은 객체를 몇 번, 또는 수십 번 반복하여 사용하는 경우가 많습니다. 단순 객체를 반복 사용하는 경우라면 복사하여 사용하지만 사용한 객체가 수정될 경우 복사한 나머지 모든 객체들도 반복하여 수정하여야 하는 문제가 생깁니다. 원본 객체와 연동되어 있는 복사본 객체를 사용하여 원본 객체가 수정될 경우 같이 수정되는 기능을 제공하는 것이 블록(BLOCK)입니다.

블록을 사용하게 되면 미리 정의된 객체를 사용하기 때문에 규격을 통일할 수 있고, 수정과 변경이 매우 용이합니다. 또한 수십 개, 수백 개의 복사본을 사용하더라도 파일 용량과 연산속도를 줄일 수 있습니다.

> **TIP** 객체의 형태는 원본과 연동되어 동일하게 복사되지만 각도, 대칭, 축척 등은 복사본마다 개별적으로 설정되므로 도면 작업이 매우 효율적이며 작업 속도 또한 단축시킬 수 있습니다.

BLOCK 명령은 도면 안에서 객체를 선택하여 블록을 만드는 명령으로, 도면 안에 포함되어 원본 객체를 삭제하더라도 복사본 블록은 사라지지 않습니다. 그러나 이렇게 만들어진 블록은 현재 도면 안에서만 작동하므로 다른 도면에도 사용하고 싶다면 WBLOCK 명령을 사용합니다. WBLOCK 명령을 사용하면 블록을 별도의 파일로 저장하여 다른 도면에서도 불러들여 사용할 수 있습니다.

1. 블록 BLOCK

〈BLOCK〉 명령을 실행하면 블록 정의 대화상자가 나타납니다.

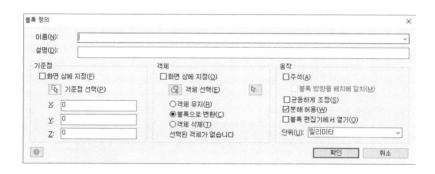

이름 : 블록의 이름을 정의합니다. 공백 및 특수문자를 사용할 수 있습니다.

설명 : 블록에 대한 설명을 정의합니다.

기준점 : 블록의 기준점을 정의합니다.
 - **화면 상에 지정(F)** : 네모 박스를 체크하면 확인 시 작업 화면에서 기준점을 선택합니다.
 - **기준점 선택(P)** : 대화상자가 사라지고 작업 화면에서 기준점을 선택합니다.
 - **X, Y, Z** : 좌표 값을 설정합니다.

객체
 - **화면 상에 지정(O)** : 네모 박스를 체크하면 확인 시 작업 화면에서 객체를 선택합니다.
 - **객체 선택(E)** : 대화상자가 사라지고 작업 화면에서 객체를 선택합니다.
 - **객체 유지(R)** : 블록으로 만든 후 선택한 객체를 원본 상태 그대로 유지합니다.
 - **블록으로 변환(C)** : 선택한 객체를 블록으로 변환합니다.
 - **객체 삭제(T)** : 블록으로 만든 후 선택한 객체를 삭제합니다.

동작

　- **주석(A)** : 블록을 주석으로 지정합니다.

　- **블록 방향을 배치에 일치(M)** : 도면 공간 뷰포트의 블록 참조 방향이 배치의 방향과 일치하도록 지정합니다. 주석 옵션을 사용하지 않는 경우, 이 기능을 사용할 수 없습니다.

　- **균등하게 조정(S)** : 블록 참조를 균일하게 축척할지 여부를 정의합니다.

　- **분해 허용(W)** : 블록 참조를 분해할지 여부를 지정합니다.

　- **블록 편집기에서 열기(O)** : 네모 박스를 체크하면 확인 시 현재 블록 정의를 블록 편집기로 실행합니다.

　- **단위(U)** : 블록의 단위를 설정합니다.

2. 블록 저장 WBLOCK

〈WBLOCK〉 명령을 실행하면 블록 정의 대화상자가 나타납니다.

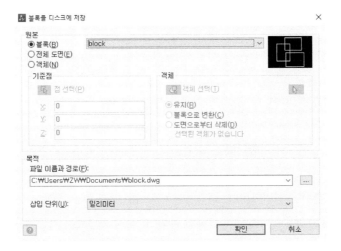

원본 : 블록을 지정할 대상을 선택합니다.

　- **블록(B)** : 현재 도면 내의 블록을 외부 블록으로 설정합니다.

　- **전체 도면(E)** : 현재 도면 전체를 외부 블록으로 설정합니다.

　- **객체(N)** : 선택한 객체를 외부 블록으로 설정합니다.

기준점 : 블록의 기준점을 정의합니다.

　- **점 선택(P)** : 대화상자가 사라지고 작업 화면에서 기준점을 선택합니다.

　- **X, Y, Z** : 좌표 값을 설정합니다.

객체 : 블록으로 만들 객체를 선택합니다.
- **유지(R)** : 블록으로 만든 다음 선택한 객체를 원본 상태 그대로 유지합니다.
- **블록으로 변환(C)** : 선택한 객체를 블록으로 변환합니다.
- **도면으로부터 삭제(D)** : 블록으로 만든 다음 선택한 객체를 삭제합니다.

목적 : 블록을 저장할 경로 및 단위를 지정합니다.
- **파일 이름과 경로(F)** : 외부 블록을 저장할 파일 이름과 저장 경로를 지정합니다.
- **삽입 단위(U)** : 블록의 삽입 단위를 설정합니다.

3. 삽입 INSERT

INSERT 명령은 현재 도면의 블록, 또는 외부 블록을 도면에 삽입하는 명령입니다. 삽입 시 블록의 축척과 회전 각도를 미리 설정할 수 있습니다.

〈INSERT〉 명령을 실행하면 블록 삽입 대화상자가 나타납니다.

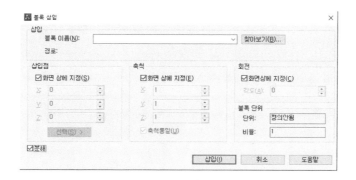

삽입 : 삽입할 블록을 선택합니다.
- **블록 이름(N)** : 블록의 이름을 선택합니다.
- **찾아보기(B)** : 외부 블록을 선택합니다.

삽입점 : 블록을 삽입할 기준점을 선택합니다.
- **화면 상에 지정(S)** : 네모 박스를 체크하면 삽입 시 작업 화면에서 삽입점을 선택합니다.
- **X, Y, Z** : 좌표 값을 설정합니다.
- **선택(S)** : 대화상자가 사라지고 작업 화면에서 삽입점을 선택합니다.

축척 : 삽입할 블록의 축척을 설정합니다.
- **화면 상에 지정(E)** : 네모 박스를 체크하면 삽입 시 작업 화면에서 축척을 정의합니다.
- **X, Y, Z** : 각 축의 축척을 개별로 설정합니다.

- **축척 통일(U)** : X, Y, Z의 균일한 축척을 설정합니다.

회전 : 블록의 회전 각도를 설정합니다.
   - **화면 상에 지정** : 네모 박스를 체크하면 삽입 시 작업 화면에서 회전 각도를 정의합니다.
   - **각도** : 블록의 회전 각도를 설정합니다.

블록 단위 : 블록의 삽입 단위를 설정합니다.
   - **단위** : 블록의 단위를 설정합니다.
   - **비율** : 블록의 비율을 설정합니다.

분해 : 블록을 분해하고 개별 객체로 삽입합니다. 분해가 체크된 경우에는 축척 통일 비율만 지정할 수 있습니다.

4. 테이블 셀에 삽입 TINSERT

TINSERT 명령은 현재 도면의 블록, 또는 외부 블록을 테이블 셀에 삽입하는 명령입니다. 삽입시 블록의 축척과 회전 각도를 미리 설정할 수 있습니다.
〈TINSERT〉 명령을 실행하고 테이블 셀을 선택하면 블록 삽입 대화상자를 실행합니다.

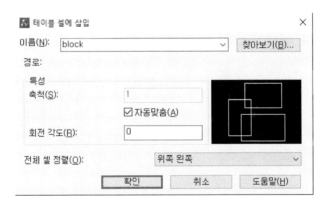

   - **축척**: 삽입할 블록의 축척을 설정합니다.
   - **회전각도** : 블록의 회전 각도를 설정합니다.
   - **전체 셀 정렬** : 삽입할 블록의 정렬을 설정합니다.

03 블록 편집하기

1. 블록 편집기 BEDIT

    BEDIT 명령은 현재 도면의 블록 목록을 확인하여 생성 또는 편집할 수 있는 독립된 공간입니다. 편집을 원하는 블록을 선택하여 블록에 대한 객체를 정의하고 새 블록 또는 도면 파일로 저장할 수 있습니다.

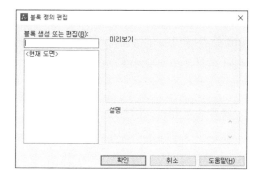

블록 생성 또는 편집(B) : 작성 또는 편집할 블록 이름을 지정합니다.

블록 목록 : 현재 도면에 삽입되어 있는 블록의 목록을 표시합니다.

미리보기 : 선택한 블록을 미리 볼 수 있습니다.

설명 : 블록 생성 시 정의한 설정 내용을 표시합니다.

2. 블록 정의 저장 BSAVE

    블록 편집기에서 편집 중인 블록을 저장합니다. 블록 편집기에서 블록 정의를 저장하면 블록에 포함된 형상이 블록 참조의 기본값으로 설정됩니다. 블록 편집기에서 편집 내용을 저장하려면 파일 저장 명령(SAVE)이 아닌 블록 정의 저장 명령(BSAVE)을 이용해야 합니다.

3. 다른 이름으로 블록 저장 BSAVEAS

    블록 편집기에서 편집 중인 블록을 다른 이름으로 저장합니다. 블록 편집기에서 블록 정의를 다른 이름으로 저장하면 블록에 포함된 형상이 블록 참조의 기본값으로 설정됩니다. 다른 이름으로 블록 저장 명령(BSAVEAS)은 블록 편집기 상태에서만 사용할 수 있습니다.

4. 다른 이름으로 블록 쓰기 BWBLOCKAS

    블록 편집기에서 편집 중인 블록을 특정 경로에 파일로 저장합니다. 다른 이름으로 블록 쓰기 명령(BWBLOCKAS)은 블록 편집기 상태에서만 사용할 수 있습니다.

PART 07

하나의 완성된 도면에는 다양하고 많은 부품, 구조물 등으로 구성됩니다. 도면이 완성된 이후에 이러한 부품이나 구성물에 대해 수량이나 성격을 추출 또는 집계가 필요한 경우가 있습니다. 블록에서 속성을 부여하거나 추출할 수 있습니다.

1. 블록 속성 정의 ATTDEF

블록에 속성을 부여하기 위한 정보의 종류 및 형식을 정의하는 명령입니다. 속성은 블록과 연관된 정보를 저장하는 문자들의 집합으로 블록에 대한 각종 데이터를 저장하고 추출할 수 있습니다.

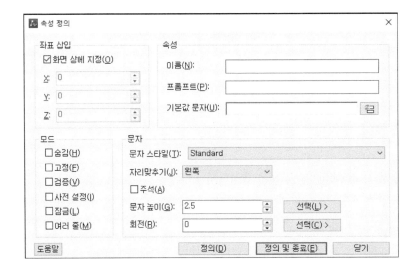

좌표 삽입 : 속성 문자의 위치를 지정합니다.

- **화면 상에 지정(O)** : 네모 박스를 체크하면 속성 정의 시 좌표 입력 장치를 사용하여 연관될 객체와 속성의 위치를 지정합니다.
- X, Y, Z : 좌표 값을 설정합니다.

속성 : 실제 속성을 정의합니다.

- **이름(N)** : 도면에서 발견되는 각 속성을 식별합니다. 공백을 제외한 임의의 문자를 조합하여 속성 이름을 입력합니다. 소문자는 대문자로 자동 변경됩니다.
- **프롬프트(P)** : 이 속성 정의가 포함된 블록을 삽입할 때 표시될 프롬프트를 지정합니다. 프롬프트를 입력하지 않으면 속성 이름이 프롬프트로 사용됩니다. 속성 플래그 영역에서 고정을 선택하면 프롬프트 옵션을 사용할 수 없습니다.
- **기본값 문자(U)** : 기본 속성 값을 지정합니다.

모드

　- **숨김(H)** : 블록을 삽입할 때 속성 값이 표시되거나 인쇄되지 않도록 지정합니다. ATTDISP
는 숨김 모드를 재지정합니다.

　- **고정(F)** : 블록 삽입을 위해 속성에 고정된 값을 부여합니다.

　- **검증(V)** : 블록을 삽입할 때 속성 값이 정확한지 검증할 수 있도록 프롬프트를 표시합니다.

　- **사전 설정(I)** : 사전 설정 속성이 포함된 블록을 삽입할 때 속성을 기본값으로 설정합니다.

　- **잠금(L)** : 블록 참조 내 속성의 위치를 잠급니다. 잠금 해제되었을 경우, 속성은 그립 편집을
사용하는 나머지 블록에 대해 이동될 수 있으며 여러 줄 속성은 크기를 조정할 수 있습니다.

　- **여러 줄(M)** : 속성 값이 여러 줄 문자를 포함할 수 있음을 지정합니다. 이 옵션이 선택한 경우,
속성에 대한 경계 폭을 지정할 수 있습니다.

문자

　- **문자 스타일(T)** : 속성 문자에 사용할 사전 정의된 문자 스타일을 지정합니다. 현재 로드된 문
자 스타일이 나타납니다. 문자 스타일을 로드하거나 작성하려면 STYLE을 참고하십시오.

　- **자리 맞추기(J)** : 속성 문자의 자리 맞추기를 지정합니다. 자리 맞추기 옵션에 대한 설명은
TEXT를 참고하십시오.

　- **주석(A)** : 속성이 주석임을 지정합니다. 블록이 주석이면 속성은 블록의 방향과 일치하게 됩
니다.

　- **문자 높이(G)** : 속성 문자의 높이를 지정합니다. 값을 입력하거나 높이를 선택하여 좌표 입력
장치로 높이를 지정합니다. 높이는 원점에서 선택한 위치까지 측정됩니다. 고정된 높이(0.0을 제
외한 모든 값)을 가진 문자 스타일을 선택하거나 자리 맞추기 목록에서 정렬을 선택하면 높이 옵
션을 사용할 수 없습니다.

　- **회전(R)** : 속성 문자의 회전 각도를 지정합니다. 값을 입력하거나 회전을 선택하여 좌표 입력
장치로 회전 각도를 지정합니다. 회전 각도는 원점에서 선택한 위치까지 측정합니다. 자리 맞추기
목록에서 정렬이나 맞춤을 선택하면 회전 옵션을 사용할 수 없습니다.

2. 속성 편집 ATTEDIT

　속성 값을 편집합니다. 도면에 표시된 속성들만이 편집 대상이 됩니다. 〈속성 블록 선택〉에서
속성이 정의된 블록을 선택하면 다음과 같은 대화상자가 나타납니다.

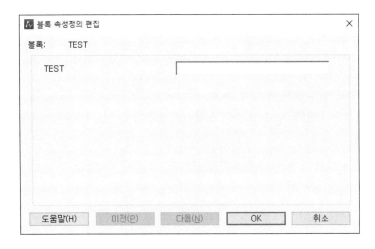

블록 : 블록 이름이 나타납니다.

속성 목록과 속성 값 : 왼쪽에는 속성 목록이 표시되고 오른쪽에는 속성 값이 나타납니다. 이 편집 상자에서 속성 값을 수정합니다.

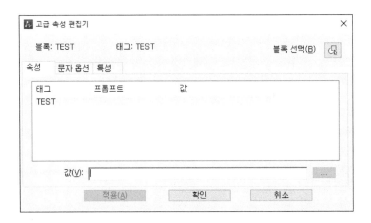

TIP

고급 속성 편집기(DDEDIT)를 통해 속성뿐 아니라 문자 높이와 문자 옵션, 도면층, 색상과 같은 특성 값을 편집할 수 있습니다.
〈주석 객체 선택 또는 [명령 취소(U)/모드(M)]:〉에서 속성이 부여된 블록을 선택하면 다음과 같은 고급 속성 편집기가 나타납니다.
1) 속성 탭 : 해당 속성의 값을 편집합니다.
2) 문자 옵션 : 문자의 스타일, 자리맞춤, 높이 등 문자와 관련된 설정을 편집합니다.
3) 특성 : 도면층, 선 종류, 색상, 선 가중치 등 특성을 편집합니다.

3. 속성 표시 ATTDISP

도면에서 블록 속성의 표시/비 표시를 지정합니다.

일반(N) : 속성 정의에서 모드의 〈숨김(H)〉옵션이 지정된 속성은 표시하지 않습니다.

켜기(ON) : 모든 속성을 표시합니다.

끄기(OFF) : 모든 속성을 표시하지 않습니다.

4. 속성 관리자 BATTMAN

블록의 속성 정의를 편집하거나 제거할 수 있고, 블록을 삽입할 때 속성값에 대해 프롬프트가 표시되는 순서를 변경할 수도 있습니다. 명령을 실행하면 다음과 같은 블록 속성 관리자 대화상자가 나타납니다. 현재 도면에 등록된 블록에 대한 속성의 정보를 표시하고 동기화, 편집, 제거 등을 할 수 있습니다.

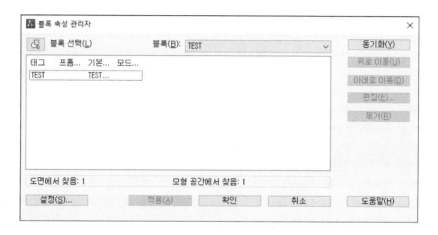

5. 속성 동기화 ATTSYNC

지정된 블록 정의의 새로운 속성 및 변경된 속성을 블록 참조로 동기화합니다. 즉, 변경된 속성으로 바꿔줍니다.

? : 도면의 모든 블록 정의 목록을 표시합니다.

이름(N) : 블록의 이름을 지정하여 동기화합니다.

선택(S) : 도면에서 객체를 지정하여 동기화합니다.

6. 속성 추출 ATTEXT

속성이 정의된 블록의 속성 값을 추출합니다. 도면에서 속성 정보를 추출하여 데이터베이스 소프트웨어에서 사용할 개별 텍스트 파일을 작성할 수 있습니다. 도면에 작도된 도형으로부터 부품 목록을 작성하는 데 유용합니다.

선택(E) : 좌표 입력 장치를 사용하여 속성이 포함된 블록을 선택할 수 있도록 대화상자를 닫습니다. 속성 추출 대화상자가 다시 열리면 〈속성 추출로 선택된 블록:〉에는 선택한 객체의 수가 나타납니다.

파일 형식

　- DXF 형식의 추출 파일(D) - DXF

　- 쉼표 구분 파일(C) - CDF

　- 공백 구분 파일(S) - SDF

템플릿 파일(T) : CDF 및 SDF 형식에 대한 템플릿 추출 파일을 지정합니다. 상자에 파일 이름을 입력하거나 템플릿 파일을 선택한 후 표준 파일 선택 대화상자를 사용하여 기존의 템플릿 파일을 검색할 수 있습니다. 기본 파일 확장자는 .txt입니다. 파일 형식에서 DXF를 선택하면 템플릿 파일 옵션을 사용할 수 없습니다.

출력 파일(O) : 추출된 속성 데이터에 대한 파일 이름 및 위치를 지정합니다. 추출된 속성 데이터에 대한 경로 및 파일 이름을 입력하거나 출력 파일을 선택한 다음 표준 파일 선택 대화상자를 사용하여 기존의 템플릿 파일을 검색할 수 있습니다. .txt파일 확장자가 CDF 또는 SDF 파일에 사용되고 DXF 파일에는 .dxx 파일 확장자가 사용됩니다.

CHAPTER 02

해치 사용하기

01 해치 이해하기

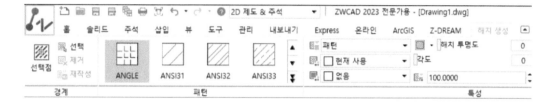

　건축 구조물에서 콘크리트의 표현, 인테리어 설계에서 가구 재질의 표현, 기계 설계의 단면의 표현 등은 일정한 패턴의 무늬로 표현합니다. 해치는 선택한 경계 범위를 일정한 패턴이나 선의 조합으로 채우는 것을 말합니다. 명령어 'BHATCH' 또는 단축키 'H', 'BH'를 입력하여 사용합니다.

1. 해치 HATCH

〈HATCH〉 명령을 실행하면 상단 메뉴바에 해치 생성이 추가되며 원하는 해치를 선택하여 입력할 수 있습니다.

TIP 해치 실행 방법

명령어 : BHATCH, HATCH

단축키 : BH, H

ZWCAD 리본 인터페이스 : '홈' 탭의 그리기 패널 ▦ 아이콘

ZWCAD 클래식 인터페이스 : '그리기' 메뉴 탭의 해치(H)

〈해치〉

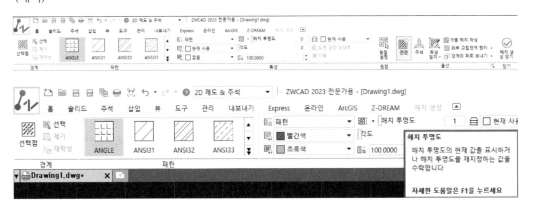

TIP 옵션(Options) – 마우스 커서를 아이콘 위로 올리면 각 기능별 도움말을 볼 수 있습니다.

경계 : 유형 및 패턴을 선택합니다.

- **선택점** : 해치를 넣을 영역의 내부 공간을 선택합니다.
- **선택** : 해치를 넣을 객체를 선택합니다.
- **제거** : 선택한 영역의 경계를 제거합니다.
- **재작성** : 해치를 넣을 경계를 재생성합니다.

TIP 옵션(Options) – 제도 탭 – 객체 스냅 옵션에서 '해치 객체 무시' 체크하면 해치 패턴의 객체 스냅을 무시할 수 있습니다.

패턴 : 패턴을 선택합니다.

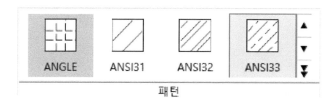

특성 : 해치의 특성을 설정합니다.

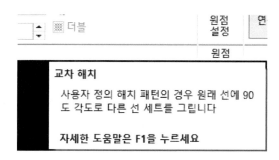

- **해치 유형** : 패턴, 그라데이션, 솔리드 또는 사용자 정의 채우기 사용 여부를 지정합니다.
- **해치 색상** : 패턴에 지정한 색상으로 현재 색상을 재정의합니다.
- **배경색** : 해치의 배경색을 지정합니다.
- **해치 투명도** : 해치 패턴의 투명도(0~100)를 설정합니다.
- **각도** : 해치 패턴에 사용할 각도를 현재 UCS의 X축을 기준으로 지정합니다.
- **축척** : 미리 정의된 패턴 또는 사용자 패턴을 확장하거나 축소합니다. 이 옵션은 유형이 미리
정의 또는 사용자로 설정되어 있을 때만 사용할 수 있습니다.
- **해치 도면층 재정의** : 해치에 대해 지정된 도면층으로 현재 도면층을 재지정합니다.
- **도면 공간에 상대적** : 도면 공간의 단위를 기준으로 해치 패턴을 축척합니다.
- **교차 해치** : 사용자 정의 해치 패턴의 경우 기존 선에 90도 각도로 다른 선 세트를 그립니다.

원점 : 해치의 원점을 설정합니다.
  - **원점 설정** : 화면상의 지정점을 클릭하거나 해치 경계의 상하좌우, 중심으로 설
정이 가능합니다.

옵션

　- **연관** : 해치 또는 채우기가 연관되도록 지정합니다. 연관된 해치 또는 채우기는 해당 경계 객체를 수정할 때 업데이트됩니다.

　- **주석** : 해치가 주석임을 지정합니다. 이 특성은 주석이 도면에 정확한 크기로 플롯 되거나 표시되도록 주석 축척 프로세스를 자동화합니다.

　- **특성 일치** : 특성 상속 옵션을 사용하여 해치를 작성할 때 해치 원점을 상속할지 여부를 조정합니다.

　- **현재 원점 사용** : 해치 원점을 제외하고, 선택한 해치 객체로 해치의 특성을 설정합니다.

　- **원본 해치 원점 사용** : 해치 원점을 포함하여 선택한 해치 객체로 해치의 특성을 설정합니다.

　- **개별 해치 작성** : 여러 객체의 닫힌 경계를 지정할 경우, 단일 해치 객체 또는 복수 해치 객체를 작성하는지 여부를 조정합니다.

　- **일반 고립영역 탐지** : 해치 선택점으로 지정된 영역에서 안쪽으로 해치를 자동으로 채웁니다.

　- **외부 고립영역 탐지** : 해치 선택점 위치를 기준으로 외부 해치 경계와 내부 고립 영역 사이의 영역만 해치합니다.

　- **고립영역 탐지 무시** : 내부 객체를 무시하고 가장 외곽에 자리한 해치 경계에서 안쪽으로 채웁니다.

　- **고립영역 탐지 사용 안 함** : 기존 고립영역 탐지 방법을 사용하려면 끕니다.

　- **그리기 순서** : 해치 또는 채우기에 그리기 순서를 지정합니다. 해치 또는 채우기는 다른 모든 객체의 앞, 뒤 및 해치 경계의 앞, 뒤에 배치할 수 있습니다.

닫기

　해치 생성을 종료하고 상황별 탭을 닫습니다.

〈솔리드〉

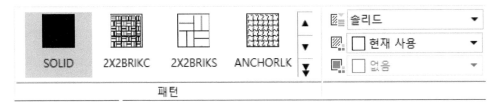

　솔리드 : 솔리드, 그라데이션, 패턴 또는 사용자 정의 채우기 사용 여부를 지정합니다.

　해치 색상 : 단색 채우기 및 패턴에 지정한 색상으로 현재 색상을 재정의합니다.

〈그라데이션〉

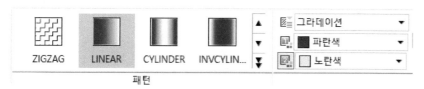

특성

- **그라데이션 색상 1** : 두 가지 그라데이션 색상 중 첫 번째 색상을 지정합니다.
- **그라데이션 색상 2** : 두 가지 그라데이션 색상 중 두 번째 색상을 지정합니다.
- **색조** : 한 색 그라데이션 색조 또는 음영에 대한 옵션을 켜거나 끕니다.

원점

중심 : 대칭 그라데이션 구성을 지정합니다. 이 옵션이 선택되지 않으면 그라데이션 채우기가 왼쪽으로 상향 이동하여 객체의 왼쪽으로 라이트 소스의 착시 현상이 나타납니다.

TIP

1) 해치 기능 옵션 메뉴

기능 옵션 메뉴를 사용할 수 있으며, 폴리선 및 해치 객체 위로 마우스를 가져가면 나타납니다. 신축, 정점 추가/제거, 호 변환, 기준점, 해치 각도, 축척과 같은 여러 옵션을 사용하여 폴리선 및 해치 된 객체를 편리하게 편집할 수 있습니다. 또한 편집 시 Ctrl 키를 사용하여 옵션을 쉽게 전환할 수 있습니다.

2) 해치 그립

해치를 작성한 후 해치의 정점 또는 값이 변경되어 해치 객체를 수정 또는 편집하거나 새로 작성해야 하는 경우가 있습니다. 이 때, 다양한 유형의 그립 및 그립 모드를 사용하여 여러 방법으로 객체를 이동하거나 조작하고 형태를 조정할 수 있습니다.

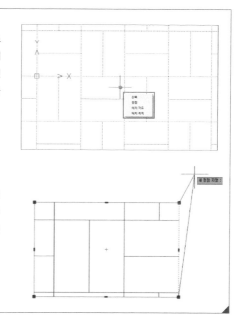

01 외부 참조(External Reference) 이해하기

실무에서 사용되는 도면 형식은 대부분 설계사와 발주처 정보가 포함됩니다. 그리고 하나의 프로젝트에서 사용되는 도면 형식은 모두 동일해야 합니다. 그래서 실무에서 사용되는 도면은 외부 참조를 사용하게 됩니다. XREF 명령은 외부(External)와 참조(Reference)를 합성한 것으로 현재 도면에 외부 도면을 연결하여 참조 형식으로 삽입하고자 할 때 사용됩니다. '삽입' 명령은 현재의 도면에 직접 삽입하여 현재 도면 데이터베이스에 추가하는 것이고, 외부 참조는 현재의 도면에 삽입하는 것이 아니라 단순히 외부의 도면을 참조(링크)만 하는 것입니다. 외부 참조의 특징과 장점은 다음과 같습니다.

1. 도면 파일의 용량 절약

현재 도면 데이터베이스에 들어오는 것이 아니라 단지 외부 파일을 주기억장치에 적재해 표시합니다. 도면을 종료하면 경로와 이름만 저장되므로 블록을 삽입하는 것에 비하면 도면 파일의 공간이 절약됩니다. 파일을 다시 열면(OPEN) 파일이 있는 경로와 이름을 추적해 자동적으로 참조하게 됩니다.

2. 도면의 독립성 유지

작업이 계속 진행 중인 도면을 참조하면서 작업을 할 수 있습니다. '삽입(INSERT)' 명령으로 삽입한 경우 원래의 도면 내용이 바뀌면 다시 삽입해야 하지만 외부 참조는 가장 최근에 갱신된 상태를 표시하기 때문에 다른 조작을 하지 않아도 수정된 최신 내용을 참조할 수 있습니다. 따라서 참조한 도면이나 참조된 도면 모두 독립성을 유지하면서 작업할 수 있습니다.

외부 XREF 참조 파일이 변경되었습니다.   ×
외부 참조가 변경되었습니다. 외부 참조 관리자를 사용하여 다시로드하십시오.
Drawing3 다시 불러오기

밀리미터 ▼ 1:1 ▼

TIP 참조된 도면이 수정/편집된 경우, 우측 하단에 외부 참조 파일 변경 알림창이 나타납니다.

3. 참조 수의 제약

도면에 참조할 수 있는 외부 참조의 수는 제약이 없습니다.

4. 편집 기능

외부 참조된 후에는 원하는 만큼 복사할 수 있습니다. 복사된 객체에 대해서는 크기를 변경하고 회전시킬 수 있습니다. 외부 참조에 포함된 객체의 특성(도면층, 색상, 선 종류, 선 가중치 등)을 제어할 수도 있습니다.

5. 내포 기능

외부 참조는 다른 외부 참조를 내포할 수 있습니다. 즉, 다른 외부 참조가 포함된 외부 참조를 부착할 수 있습니다.

6. 연결(결합) 기능

프로젝트가 완료되고 보관할 준비가 되면 부착된 참조 도면을 영구적으로 현재 도면과 결합할 수 있습니다.

02 외부 참조 XREF

1. 외부 참조 관리자 XREF

참조되는 도면(외부 참조)의 파일을 구성, 표시 및 관리합니다. 〈XREF〉 명령을 실행하면 외부
참조 관리 대화상자가 나타납니다.

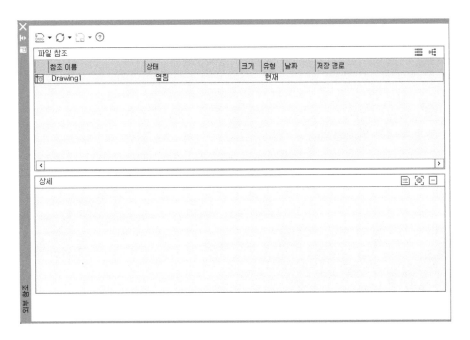

DWG를 부착 : 참조할 외부 DWG 파일을 불러옵니다.
이미지를 부착 : 참조할 외부 이미지 파일을 불러옵니다.
DWF를 부착 : 참조할 외부 DWF 파일을 불러옵니다.
PDF를 부착 : 참조할 외부 PDF 파일을 불러옵니다.

2. 부착 XATTACH

파일을 외부 참조로 부착합니다. 도면 파일을 외부 참조로 부착하면 참조 도면이 현재 도면에
링크됩니다. 현재 도면을 열거나 다시 로드하면 참조 도면의 변경 사항이 모두 나타납니다. 외부
참조 관리자에서 〈부착〉을 클릭하거나 명령행에 XATTACH를 입력하여 '파일 선택 대화상자'에
서 파일을 선택 후 부착 대화상자를 다음과 같이 표시합니다.

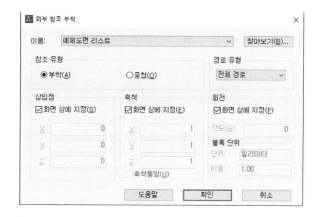

이름

참조할 파일 이름을 지정합니다. 외부 참조가 부착되면 리스트에 이 외부 참조의 이름을 표시합니다. 파일을 찾고자 할 때는 〈찾아보기(B)〉를 클릭합니다.

참조 유형

외부 참조를 부착할지 중첩할지 지정합니다. 부착된 외부 참조와는 다르게 중첩은 현재 도면 자체가 다른 도면에 외부 참조로 부착될 때 무시됩니다.

- **부착(A)**
- **중첩(O)**

경로 유형

외부 참조 파일에 대해 전체(절대) 경로나 상대 경로 또는 경로 없음 및 외부 참조의 이름을 선택합니다.

삽입점

외부 참조 삽입점을 지정합니다. 화면상에서 지정할 수도 있고 (X, Y, Z) 좌표 값을 지정해 삽입할 수도 있습니다.

- **화면 상에 지정(S)** : 네모 박스를 체크하면 부착 시 작업 화면에서 삽입점을 선택합니다.
- **X, Y, Z** : 좌표 값을 설정합니다.

축척

- **화면 상에 지정(E)** : 네모 박스를 체크하면 부착 시 작업 화면에서 축척을 정의합니다
- **X, Y, Z** : 각 축의 축척을 개별로 설정합니다.
- **축척통일(U)** : X, Y, Z의 균일한 축척을 설정합니다.

회전

- **화면 상에 지정(F)** : 네모 박스를 체크하면 부착 시 작업 화면에서 회전 각도를 정의합니다.
- **각도(G)** : 블록의 회전 각도를 설정합니다.

블록 단위

도면에 삽입되거나 부착된 블록, 이미지 또는 외부 참조의 자동 축척에 대한 도면 단위 값과 단위 축척 비율을 표시합니다.

3. 외부 참조 도면 부착 해제

외부 참조를 도면에서 완전히 제거하려면 지우는 것이 아니라 분리해야 합니다. 외부 참조를 지우면 그 외부 참조와 연관된 도면층 정의 등은 제거되지 않습니다. 부착 해제 옵션을 사용하면 외부 참조 및 연관된 모든 정보가 제거됩니다.

4. 외부 참조 도면 연결(결합)

외부 참조된 도면은 단순히 참조만 하고 있을 뿐입니다. 화면상으로 보기에는 하나의 도면처럼 보이지만 다수의 도면으로 구성된 도면이 됩니다. 이렇게 외부 참조된 도면을 하나의 도면으로 결합할 수 있습니다.

- **연결** : 명명된 객체 정의는 도면층 이름 머리말에 'blockname$n$' 가 붙어 삽입됩니다.
- **삽입** : 객체 정의에서 도면층 이름 머리말이 추가되지 않고 삽입됩니다.

> TIP 도면 파일 결합 시 외부 참조 링크 연결이 끊어지고 블록으로 삽입되어 외부 참조된 도면을 수정하여도 수정 내용이 갱신되지 않으니 결합 시 유의하여야 합니다.

5. 외부 참조 도면 경로 및 파일 변경

참조 파일을 부착한 이후 다른 폴더로 이동했거나 파일 이름이 변경된 경우에는 경고 메시지가 나타납니다. 이때, 특정 도면 참조(외부 참조)를 찾을 때 사용되는 파일 이름과 경로를 보고 편집할 수 있습니다.

참조 파일 메시지 대화상자가 나타나면 대화상자에서 '참조된 파일의 위치 업데이트'를 클릭하거나 명령창에 'XREF'를 입력하여 외부 참조 관리자 대화상자를 실행합니다.

경로가 변경된 경우 외부 참조 관리자 하단의 "저장 경로"에 변경된 경로를 직접 입력하거나 참조 도면을 마우스 오른쪽 버튼을 클릭하여 '새 경로 선택' 옵션으로 경로를 재지정합니다.

파일명 또는 경로가 변경되었으면 외부 참조 관리자 대화상자에서 '다시 로드(R)'를 눌러 모든 참조를 다시 로드합니다.

CHAPTER 04

QR 코드, 바코드

01 QR 코드, 바코드 생성하기

ZWCAD의 QR 코드 생성하기는 도면을 관리하는 데 도움을 줄 수 있습니다. 예를 들어 설계 단계에서 프로젝트 이름, 도면 이름, 설계자, 감사, 데이터 등과 같은 정보를 작성한 후 코드를 생성하여 사용하면 코드를 스캔하는 것만으로 작성된 정보를 효과적으로 도면에서 확인할 수 있습니다.

1. 바코드 생성하기

■ 메뉴 : Express → 기타 → 바코드 만들기
■ 명령어 : BARCODE

❶ Express → 기타 → 바코드 만들기를 클릭합니다.

❷ 바코드를 생성하는데 필요한 내용, 유형, 선가중치를 입력 후 생성을 클릭합니다.
(바코드 스캔 시 나오는 내용은 아래의 이미지의 내용 칸에 직접 작성해야 합니다.)

❸ 바코드의 삽입점을 지정해주면 바코드가 생성됩니다.

2. QR 코드 생성하기

■ 메뉴 : Express → 기타 → QR 코드 만들기
■ 명령어 : QRCODE

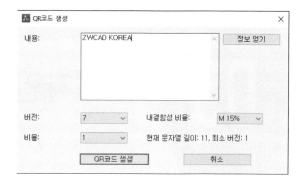

1️⃣ Express → 기타 → 만들기 QR코드 만들기를 클릭합니다.

2️⃣ QR 코드를 생성하는데 필요한 내용, 버전, 내결함성 비율, 비율을 입력 후 QR 코드 생성을 클릭합니다.

(QR 코드 스캔 시 나오는 내용은 아래의 이미지의 내용 칸에 직접 작성해야 합니다.)

3️⃣ QR 코드 삽입 지점을 지정해주면 QR 코드가 생성됩니다.

> TIP
> QR 코드 만들기 중 정보 얻기를 누르게 되면 도면에 삽입 되어 있는 일반 TEXT를 선택하여 내용에 추가할 수 있습니다.

PART 07

디자인 센터

---

01 디자인 센터

1. 디자인 센터란?

디자인 센터를 사용하면 도면, 블록, 해치 및 기타 그리기 콘텐츠에 대한 기능을 구성할 수 있습니다. 현재 도면에 그림을 다른 도면에서 현재 도면으로 드래그할 수 있습니다. 도구 팔레트로 소스 도면에 있는 블록 및 해치를 드래그하여 유저의 컴퓨터, 네트워크, 웹사이트에서 가져올 수 있습니다.

> ■ 메뉴 : 도구 → 디자인 센터
> ■ 명령어 : ADCENTER
> ■ 단축키 : ADC, Ctrl +2

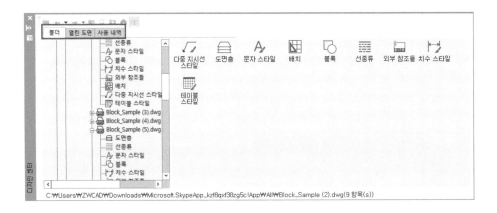

〈Ctrl + 2〉 또는 〈ADC〉 명령을 실행하면 디자인 센터 대화상자가 나타납니다.

폴더 : 콘텐츠가 포함된 폴더를 선택합니다.

열린 도면 : 현재 열려 있는 도면의 콘텐츠를 표시합니다.

사용 내역 : 이전에 사용한 콘텐츠를 표시합니다.

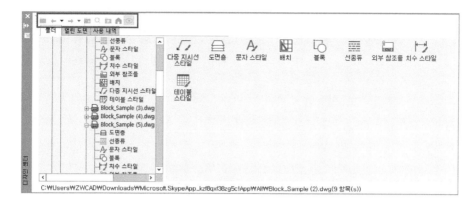

로드 : 선택한 폴더나 웹에 저장된 콘텐츠를 선택합니다.

뒤로 : 가장 최근에 사용한 콘텐츠를 표시합니다.

앞으로 : 가장 최근에 사용한 콘텐츠의 다음 항목을 표시합니다.

위로 : 선택한 콘텐츠의 바로 위 단계를 표시합니다.

찾기 : 도면 요소를 검색할 수 있는 검색 대화상자를 표시합니다.

즐겨찾기 : 콘텐츠에서 즐겨찾기 폴더의 항목을 표시합니다. 즐겨찾기 폴더에는 사용자가 자주 사용하는 도면 요소가 저장되어 있습니다.

홈 : 디자인 센터 대화상자의 초기 화면으로 이동합니다.

미리보기 : 열린 도면의 블록 등 객체를 볼 수 있습니다.

2. 디자인 센터 따라하기
디자인 센터를 이용한 다른 도면의 블록 삽입
■ **단축키** : ADC (Ctrl +2)

원하는 도면을 선택한 후 블록 아이콘을 클릭합니다.

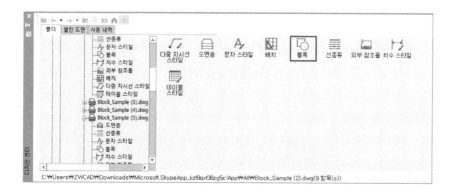

블록 아이콘 선택 후 원하는 블록을 선택합니다.

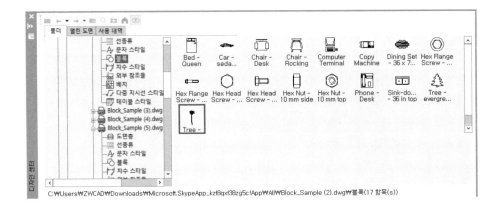

블록 삽입 창이 나오면 삽입을 클릭합니다.

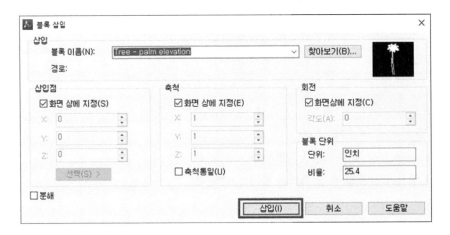

블록 삽입 지점, 축척, 회전 각도 지정해 주면 블록이 삽입됩니다.

MEMO

치수 작성 및 편집

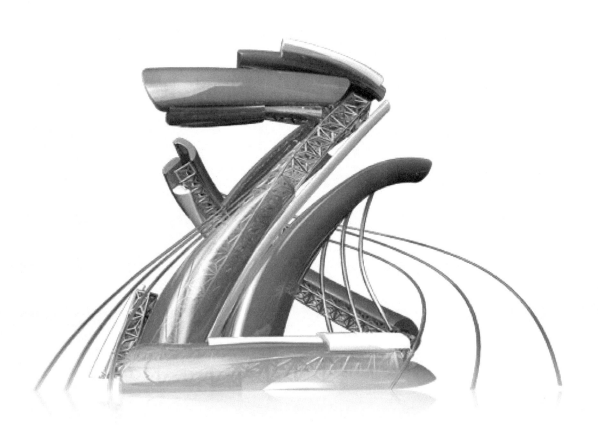

치수 스타일

01 치수 스타일

문자를 입력할 때 문자 스타일을 설정하고 적용하는 것처럼 치수를 기입할 때에도 치수 스타일을 먼저 설정하고 적용해야 합니다. 치수 기입의 첫 단계로 치수 기입을 위해 치수선, 치수 보조선, 화살표의 형상과 문자의 높이, 색상 등 속성을 설정합니다. 치수 작업에서 가장 중요한 작업이 이 치수 유형(스타일)을 설정하는 작업입니다.

1. 치수 스타일 관리자 DIMSTYLE

치수 스타일을 신규로 작성, 기존 스타일의 수정 및 재지정, 스타일과 스타일을 비교합니다.

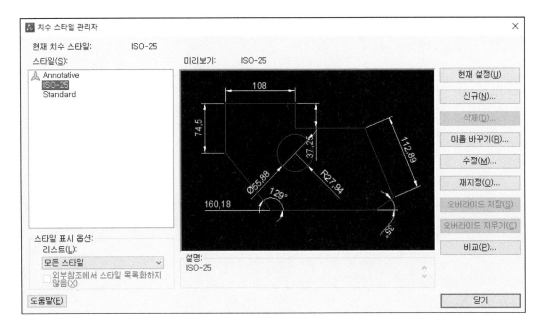

현재 치수 스타일 : 현재 적용되어 있는 치수 스타일이 나타납니다.

스타일(S) : 이 목록에서 작업하고자 하는 스타일을 선택합니다. 스타일 이름 앞에 마크가 있는 스타일은 주석 스타일을 의미합니다.

리스트(L) : 스타일(S)에 표시되는 스타일의 조건을 선택합니다.

현재 설정(U) : 선택한 스타일을 현재 치수 스타일로 설정합니다.

신규(N) : 새로운 치수 스타일을 만들기 위한 새 치수 스타일 대화상자가 나타납니다.

삭제(D) : 불필요한 치수 스타일을 제거할 수 있습니다.

이름 바꾸기(R) : 치수 스타일의 명칭을 변경할 수 있습니다.

수정(M) : 치수 스타일의 설정을 변경합니다.

재지정(O) : 스타일에서 선택한 스타일의 값을 재지정합니다. 재지정에 의해 변경된 값은 치수 스타일에 저장되지 않고 임시로 적용됩니다. 설정 값을 변경할 수 있는 현재 스타일 재지정 대화상자가 나타납니다.

오버라이드 저장(S) : 재지정에서 임시로 저장된 스타일을 치수 스타일로 변경합니다.

오버라이드 지우기(C) : 재지정에서 임시로 저장된 스타일을 이전 지정된 치수 스타일로 변경합니다.

비교(P) : 비교 대상 치수 스타일을 지정하여 각 항목별 설정 값을 표시합니다.

설명 : 선택한 스타일에 대한 설명이 나타납니다.

02 치수 스타일 새로 만들기

치수는 치수선, 치수 문자, 보조선 등으로 이루어지기 때문에 문자 스타일 설정보다 복잡합니다. 치수 스타일을 만드는 새 치수 스타일 대화상자는 7개의 탭으로 구분되어 있으며 각 탭에는 치수 기입과 관련된 상세한 항목들을 설정할 수 있습니다.

1. 치수 스타일 신규 작성 대화상자

치수 스타일 관리자 대화상자에서 〈신규〉 버튼을 클릭하면 새로운 치수 스타일을 만들 수 있는 치수 스타일 신규 작성 대화상자가 나타납니다. 치수 스타일 이름과 기본적인 설정 값을 적용할 치수스타일을 선택한 다음 〈확인〉 버튼을 클릭하면 새로운 치수 스타일의 세부적인 설정을 할 수 있는 새 치수 스타일 대화상자가 나타납니다.

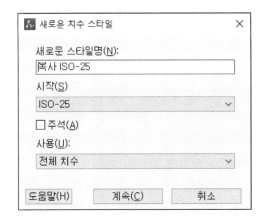

2. 선

치수선과 치수보조선의 색상, 종류 등을 지정합니다.

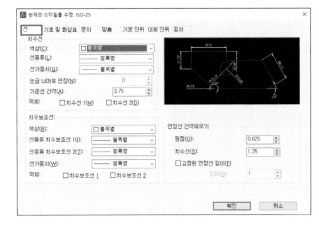

치수선 : 치수선에 관한 세부 내용을 설정합니다.

- 색상(C) : 치수선의 색상을 지정합니다. 직접 지정하지 않으면 기본적으로 현재 도면층의 색상이 적용됩니다.

- 선종류(L) : 치수선의 종류를 지정합니다.

- 선가중치(G) : 치수선의 두께를 설정합니다. 기본적으로는 현재 도면층의 선 두께가 적용됩니다.

- 눈금 너머로 연장(N) : 화살표를 기울인 형태, 또는 화살표를 표시하지 않았을 때 치수보조선을 벗어나는 길이를 설정합니다.

- 기준선 간격(A) : 기준선의 간격을 설정합니다.

- 억제 : 표시하지 않고자 하는 치수선 옵션을 체크하면 화면에 표시되지 않습니다.

치수보조선 : 치수보조선의 세부 내용을 설정합니다.

- 색상(R) : 치수보조선의 색상을 지정합니다. 직접 지정하지 않으면 기본적으로 현재 도면층의 색상이 적용됩니다.

- 선종류 치수보조선 1(I) : 치수보조선 1의 선종류를 지정합니다.

- 선종류 치수보조선 2(T) : 치수보조선 2의 선종류를 지정합니다.

- 선가중치(W) : 치수 보조선의 두께를 설정합니다. 기본적으로는 현재 도면층의 선 두께가 적용됩니다.

- 억제 : 표시하지 않고자 하는 치수보조선 옵션을 체크하면 화면에 표시되지 않습니다.

연장선 간격띄우기 : 객체, 치수선, 치수보조선 사이의 간격을 설정합니다.

- 원점(O) : 객체와 치수보조선 사이의 간격을 지정합니다.

- 치수선(S) : 치수선과 치수보조선의 간격을 지정합니다.

- 고정된 연장선의 길이(F) : 치수 원점의 치수 선에서 시작하는 치수보조선의 총 길이를 설정하는 치수 스타일을 지정할 수 있습니다.

3. 기호 및 화살표

화살표 : 화살표의 형태와 크기를 지정합니다. 화살표 색상은 치수선의 색상이 적용됩니다.

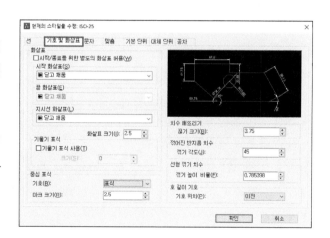

- 시작 화살표(S) : 첫 번째 화살표의 형태를 지정합니다. 사용자가 직접 화살표를 만든 다음 블록으로 만들어 사용할 수도 있습니다.

- 끝 화살표(E) : 두 번째 화살표의 형태를 지정합니다.

- 지시선 화살표(L) : 지시선의 화살표 형태를 지정합니다.

- 화살표 크기(I) : 화살표의 크기를 설정합니다.

- 기울기 표식 : 화살표 표식 중 기울기 표식을 설정합니다.

- 크기(S) : 기울기 표식의 크기를 설정합니다.

중심 표식 : 원의 중심 표식의 기호, 마크 크기를 설정합니다.

- 기호(B) : 중심 표식의 기호를 설정합니다.

- 마크 크기(R) : 중심 표식의 크기를 설정합니다.

PART 08

치수 깨뜨리기 : 치수 깨뜨리기를 사용하면 치수, 치수보조선 또는 지시선이 마치 설계의 일부분인 것처럼 보이는 것을 방지할 수 있습니다.

꺾어진 반지름 치수 : 꺾기 반지름 치수의 표시를 조정합니다. 꺾기 반지름 치수는 종종 원 또는 호의 중심점이 페이지 바깥쪽에 있을 때 작성됩니다.

선형 꺾기 치수 : 선형 치수에 대한 꺾기 표시를 조정합니다. 꺾기 선은 실제 측정이 치수에 의해 정확히 표현되지 않을 때 선형 치수에 추가되기도 합니다. 일반적으로 실제 측정은 필요한 값보다 작습니다.

호 길이 기호 : 호의 기호의 위치를 위, 이전, 억제로 설정합니다.

> **TIP** **치수 화살표 반전 AIDIMFLIPARROW**
> 치수 화살표 반전 기능을 사용하여 치수선 화살표 방향을 반전 할 수 있습니다.

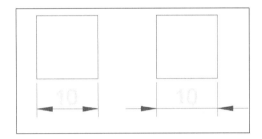

4. 문자

치수 문자 스타일의 색상, 높이와 위치 등을 지정합니다.

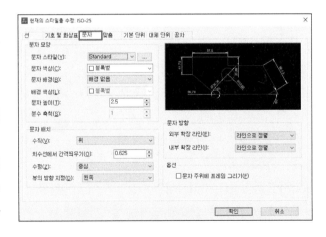

문자 모양 : 치수 문자의 스타일과 색상 등을 설정합니다.

- 문자 스타일(Y) : 치수 문자 스타일을 지정합니다. 미리 설정해 놓은 스타일을 사용할 수 있고 새로운 문자 스타일을 만들어 사용할 수 있습니다.

- 문자 색상(C) : 치수 문자의 색상을 지정합니다.

- 문자 배경(B) : 치수 문자의 배경을 설정합니다.

- 배경 색상(L) : 치수 문자의 배경 색상을 지정합니다.

- 문자 높이(T) : 치수 문자의 높이를 설정합니다. 문자 스타일에서 문자 높이가 설정되어 있다면 여기서 설정하는 높이보다 우선하여 적용됩니다.

- 분수 축척(S) : 1차 단위 탭에서 단위 형식을 분수로 지정하였을 경우 치수 문자에서 분수를 표현할 축척을 설정합니다.

문자 배치 : 치수 문자의 위치를 설정합니다.
- 수직(V) : 수직 방향의 치수 문자 배치를 설정합니다.
- 치수선에서 간격 띄우기(O) : 치수선과 치수 문자 사이의 간격을 지정합니다. 이 설정은 치수 문자가 치수선 중앙에 위치할 때 적용됩니다.
- 수평(Z) : 수평 방향의 치수 문자 배치를 설정합니다.
- 뷰의 방향 지정(D) : 도면내의 치수의 방향을 설정할 수 있습니다.

문자 방향 : 치수 문자의 방향을 설정합니다.
- 외부 확장 라인(E) : 외부 치수 문자의 방향을 설정합니다.
- 내부 확장 라인(I) : 내부 치수 문자의 방향을 설정합니다.

옵션
- 문자 주위에 프레임 그리기(F) : 치수 문자 주변 프레임의 생성을 설정할 수 있습니다.

5. 맞춤

맞춤 옵션 : 문자와 화살표가 치수보조선 내부에 맞지 않는 경우 5가지 방식으로 설정할 수 있습니다. 문자 또는 화살표(최대로 맞춤), 화살표, 문자, 문자와 화살표 모두, 항상 치수보조선 사이에 문자 유지로 설정 가능하며 그 외 옵션으로 화살표가 치수선 내부에 맞지 않으면 화살표를 억제, 화살표가 바깥쪽일 때 치수선 내부에 치수선 표시를 설정할 수 있습니다.

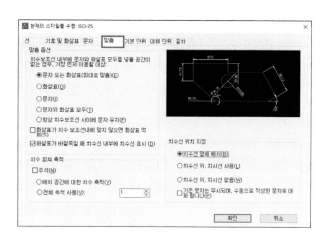

치수 피쳐 축척 : 치수 객체의 축척 또는 도면 공간의 축척을 설정합니다.
- 주석(N) : 치수가 주석임을 지정합니다.
- 배치 공간에 대한 치수 축척(Y) : 모형 탭과 배치 탭의 축척을 기준으로 비율이 설정됩니다.
- 전체 축척 사용(V) : 모든 치수 스타일 설정에 대한 축척을 설정합니다. 이 축척은 치수 측정 값

을 변경하지 않습니다.

치수선 위치 지정 : 치수선의 위치를 3가지 방법으로 설정할 수 있습니다. 치수선 옆에 배치, 치수선 위, 지시선 사용, 치수선 위, 지시선 없음으로 설정 가능 하고 그 외 기존 문자는 무시되며, 수동으로 작성된 문자도 대체로 설정 가능합니다.

6. 기본 단위

치수 단위와 형식, 그리고 치수 문자의 머리말과 꼬리말 등을 지정합니다.

선형 치수 : 선형 치수에 대한 형식과 환경을 지정합니다.

- 단위 형식(U) : 치수 기입 단위를 지정합니다.

- 정밀도(P) : 소수점 자리 수를 지정합니다.

- 분수 형식(M) : 분수의 표현 방법을 설정하며 단위 형식에서 분수로 지정하였을 때만 설정됩니다.

- 소수 구분 기호(C) : 소수점을 표현하는 기호를 지정합니다.

- 반올림(R) : 반올림하고자 하는 자릿수를 입력합니다. '0'은 반올림하지 않고 수치를 입력하면 입력한 수치의 근접한 값으로 반올림됩니다.

- 머리말(F) : 치수 문자 앞에 항상 표시할 내용을 설정합니다. 머리말에는 문자 이외에 조정 코드를 입력할 수 있으며, 조정 코드는 표준 CAD 글꼴에서만 사용할 수 있습니다.

- 꼬리말(X) : 치수 문자 뒤에 항상 표시할 내용을 설정합니다. 꼬리말에는 문자 이외에 조정 코드를 입력할 수 있으며, 조정 코드는 표준 CAD 글꼴에서만 사용할 수 있습니다.

측정 축척 : 측정된 객체 길이의 축척 비율을 설정합니다.

- 축척 비율(S) : 치수를 기입할 때 축척 비율을 설정합니다. 실체 측정된 길이에 입력한 값이 곱해진 치수가 표시됩니다.

- 배치 치수에만 적용(Y) : 배치 탭에서만 축척 비율을 적용합니다.

0 억제 : '0'의 표시 방법을 설정합니다.

- 선행(L) : 소수점 앞에 오는 '0'은 표시하지 않습니다.

- 후행(T) : 소수점 뒤쪽 마지막에 오는 '0'은 표시하지 않습니다.

- 0 피트(F) : 단위를 피트 형식으로 표시하는 경우 피트 길이가 '0' 미만일 때는 표시하지 않습니다.

- 0 인치(I) : 단위를 인치 형식으로 표시하는 경우 인치 길이가 '0' 미만일 때는 표시하지 않습니다.

각도 치수 : 각도 치수 기입 방법을 지정합니다.

- 단위 형식(A) : 각도의 표현 단위 형식을 지정합니다.

- 정밀도(O) : 각도 치수에서 표현할 소수점 자리 수를 지정합니다.

- 0 억제 : 각도 치수에서 '0'의 표시 방법을 설정합니다.

- 선행(E) : 소수점 앞에 오는 '0'은 표현하지 않습니다.

- 후행(G) : 소수점 뒤쪽 마지막에 오는 '0'은 표시하지 않습니다.

7. 대체단위

치수 문자에 기입된 대체 단위 및 형식을 지정합니다.

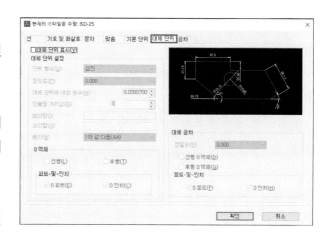

대체 단위 표시(Y) : 옵션 상자에 체크를 하면 대체 단위를 치수 문자에 표시합니다.

대체 단위 설정 : 대체 단위의 형식 및 환경을 설정합니다.

- 단위 형식(U) : 치수 기입의 대체 단위 형식을 지정합니다.

- 정밀도(P) : 대체 단위의 소수점 자리 수를 지정합니다.

- 대체 단위에 대한 승수(M) : 1차 단위 대비 대체 단위의 비율을 설정합니다. (예 : 인치 → 센티미터 : '2.54' 입력)

- 반올림 거리값(R) : 대체 단위의 반올림하고자 하는 자릿수를 입력합니다.

- 머리말(I) : 대체 단위 치수 문자 앞에 항상 표시할 내용을 설정합니다. 머리말에는 문자 이외에 조정코드를 입력할 수 있으며, 조정 코드는 표준 CAD 글꼴에서만 사용할 수 있습니다.

- 꼬리말(X) : 대체 단위 치수 문자 뒤에 항상 표시할 내용을 설정합니다. 꼬리말에는 문자 이외에 조정 코드를 입력할 수 있으며, 조정 코드는 표준 CAD 글꼴에서만 사용할 수 있습니다.

- 배치(N) : 대체 단위의 배치 방법을 설정합니다.

0 억제 : '0'의 표시 방법을 설정합니다.

- 선행(L) : 소수점 앞에 오는 '0'은 표시하지 않습니다.

- **후행(T)** : 소수점 뒤쪽 마지막에 오는 '0'은 표시하지 않습니다.
- **0 피트(E)** : 단위를 피트 형식으로 표시하는 경우 피트 길이가 '0' 미만일 때는 표시하지 않습니다.
- **0 인치(C)** : 단위를 인치 형식으로 표시하는 경우 인치 길이가 '0' 미만일 때는 표시하지 않습니다.

대체 공차 : 대체 단위 공차의 형식을 지정합니다.
- **정밀도(S)** : 대체 공차의 정밀도를 설정합니다.
- **선행 0 억제(D)** : 대체 공차에서 소수점 앞에 오는 '0'은 표시하지 않습니다.
- **후행 0 억제(G)** : 대체 공차에서 소수점 뒤쪽 마지막에 오는 '0'은 표시하지 않습니다.
- **0 피트(F)** : 대체 공차에서 단위를 피트 형식으로 표시하는 경우 피트 길이가 '0' 미만일 때는 표시하지 않습니다.
- **0 인치(H)** : 대체 공차에서 단위를 인치 형식으로 표시하는 경우 인치 길이가 '0' 미만일 때는 표시하지 않습니다.

8. 공차

치수 문자 공차의 표시 형식 및 환경을 설정합니다.

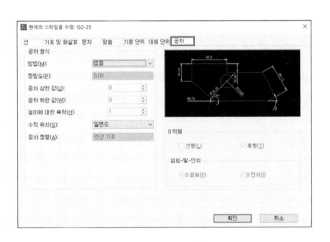

공차 형식 : 치수 문자 공차의 형식을 지정합니다.
- **방법(M)** : 치수 문자 공차의 계산 방법을 지정합니다.
a) **대칭** : 측정된 치수 문자에 단일 편차가 적용되는 공차 표현을 표시합니다.
b) **편차** : 측정된 치수 문자에 양수와 음수의 공차를 표시합니다.
c) **한계** : 한계 치수를 표시하며 최대값과 최소값을 모두 표시합니다.
d) **기준** : 기본적인 치수 문자와 함께 치수 문자의 테두리에 상자를 표시합니다.

- **정밀도(P)** : 공차의 소수점 자리 수를 지정합니다.
- **공차 상한 값(U)** : 공차의 최대값, 또는 상한 값을 설정합니다.
- **공차 하한 값(W)** : 공차의 최소값, 또는 하한 값을 설정합니다.
- **높이에 대한 축척(H)** : 공차 문자의 높이를 설정합니다.
- **수직 위치(S)** : 공차 문자의 자리 맞추는 방법을 지정합니다.
- **공차 정렬(A)** : 스택 사용 시 상위 및 하위 공차 값의 정렬을 조정합니다.

0 억제 : '0'의 표시 방법을 설정합니다.

- **선행(L)** : 공차에서 소수점 앞에 오는 '0'은 표시하지 않습니다.

- **후행(T)** : 공차에서 소수점 뒤쪽 마지막에 오는 '0'은 표시하지 않습니다.

- **0 피트(F)** : 공차에서 단위를 피트 형식으로 표시하는 경우 피트 길이가 '0' 미만일 때는 표시하지 않습니다.

- **0 인치(I)** : 공차에서 단위를 인치 형식으로 표시하는 경우 인치 길이가 '0' 미만일 때는 표시하지 않습니다.

검사 치수 DIMINSPECT

선택한 치수에 대한 검사 정보를 추가하거나 제거합니다. 검사 치수를 사용하여 부품의 치수 값 및 공차가 지정된 범위에 있도록 보장하기 위해 제작 부품을 검사하는 주기를 효과적으로 전달할 수 있습니다.

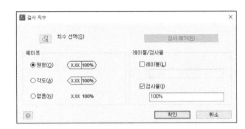

최종 조립 제품에 설치하기 전에 특정 공차나 치수 값을 충족해야 하는 부품에 대한 작업을 할 경우, 검사 치수를 사용하여 부품 테스트 빈도를 지정할 수 있습니다.

검사 치수를 모든 유형의 치수 객체에 추가할 수 있습니다. 이것은 프레임과 문자 값으로 구성됩니다. 검사 치수에 대한 프레임은 두 평행선으로 구성되며 그 끝은 원형 또는 사각형입니다. 문자 값은 수직선으로 구분됩니다. 검사 치수에는 검사 레이블, 치수 값 및 검사 비율 등 최대 3가지 정보 필드를 포함할 수 있습니다.

레이블

검사 치수의 식별에 사용되는 레이블 문자로 검사 치수의 맨 왼쪽에 표시됩니다.

치수 값

표시된 치수 값은 검사 치수가 추가되기 전과 같은 값입니다. 치수 값은 공차, 문자(머리말 및 꼬리말 모두) 및 측정 값을 포함할 수 있습니다. 치수 값은 검사 치수의 중앙에 있습니다.

검사 비율

치수 값 검사 빈도의 전달에 사용되는 문자이며 퍼센트로 표시됩니다. 검사 비율은 검사 치수의 맨 오른쪽에 있습니다.

검사 치수를 모든 유형의 치수에 추가할 수 있습니다. 검사 치수의 현재 값은 특성 팔

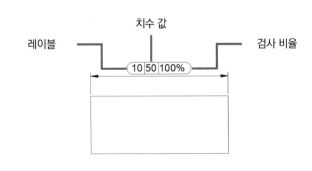

레트의 기타에 표시됩니다. 이 값에는 프레임의 모양을 조정하는 데 사용되는 특성과 레이블 및 검사 비율 값을 나타내는 문자를 포함합니다.

선형 치수 작성 및 편집

01 선형 치수 기입하기

치수 기입 방법 중 가장 많이 사용하고 일반적인 치수 기입 방법이 선형 치수입니다. 선형 치수에는 치수선을 나란히 배열하는 방법과 계단형으로 배열하는 방법, 기준선을 기준으로 입력하는 방법 등 다양한 방법이 있습니다.

1. 선형 치수 DIMLINEAR

가장 보편적인 치수 기입 방법으로 치수선이 수평 방향 또는 수직 방향으로 나란히 배열되는 형식입니다. 치수를 측정할 두 점을 선택한 후 치수선이 위치할 곳을 지정하면 치수선과 치수가 기입됩니다.

■ 메뉴 : 치수 → 선형
■ 명령어 : DIMLINEAR
■ 단축키 : DLI

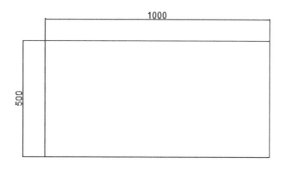

 옵션(OPTION)

- **여러 줄 문자(M)** : 여러 줄의 치수 문자를 입력할 수 있는 문자 입력 상자를 표시합니다.
- **문자(T)** : 명령창에서 사용자가 치수 문자를 입력할 수 있도록 표시합니다.
- **각도(A)** : 치수 문자의 표시 각도를 설정합니다.
- **수평(H)** : 수평 선형 치수를 기입합니다.
- **수직(V)** : 수직 선형 치수를 기입합니다.
- **회전(R)** : 회전된 선형 치수를 기입합니다.

2. 연속 치수 DIMCONTINUE

연속 치수는 이전에 만든 치수를 이용해 연속으로 치수를 기입하는 명령어입니다. 이전에 만들어진 치수가 없다면 사용할 수 없습니다.

- ■ 메뉴 : 치수 → 연속
- ■ 명령어 : DIMCONTINUE
- ■ 단축키 : DIMCONT

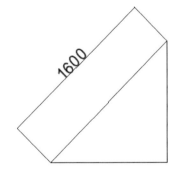

옵션 (OPTION)

- **실행 취소(U)** : 이전 치수 기입 작업을 취소합니다.
- **선택(S)** : 연속 치수의 위치를 적용할 치수를 선택합니다.

> **TIP** 별도의 '선택' 옵션을 설정하지 않는다면 가장 마지막에 작성된 치수가 자동으로 설정되어 연속 치수가 작성됩니다.

3. 정렬 치수 DIMALIGNED

경사진 선형 치수를 입력하는 명령으로 측정된 두 점과 평행한 방향으로 치수선이 기입됩니다.

- ■ 메뉴 : 치수 → 정렬
- ■ 명령어 : DIMALIGNED
- ■ 단축키 : DAL

4. 기준선 치수 DIMBASELINE

이전 치수를 기준으로 선형, 세로 좌표 또는 각도 기준선 치수를 생성합니다.

■ **메뉴** : 치수 → 기준선
■ **명령어** : DIMBASELINE
■ **단축키** : DIMBASE

 옵션(OPTION)

– **실행 취소(U)** : 이전 치수 기입 작업을 취소합니다.
– **선택(S)** : 기준 치수의 위치를 적용할 치수를 선택합니다.

5. 꺾어진 선형 DIMJOGLINE

■ **메뉴** : 치수 → 꺾어진 선형
■ **명령어** : DIMJOGLINE
■ **단축키** : –

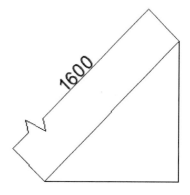

 옵션(OPTION)

– **제거(R)** : 제거할 꺾기 선이 포함된 선형, 정렬 치수를 선택합니다.

01 원형 치수 기입하기

일반적인 선형 치수 외에 원이나 타원, 호와 같이 곡선으로 이루어진 객체의 치수를 입력하는 방법은 조금 복잡합니다. 기입 형태 역시 치수 보조선 대신 지시선을 이용하여 기입합니다.

1. 반지름 치수 DIMRADIUS

원이나 호의 반지름을 표시하는 명령입니다. 객체의 형태에 따라서 중심점이 멀리 위치할 수도 있으므로 중심점 위치에 적합한 치수를 기입하는 것이 중요합니다.

- ■ 메뉴 : 치수 → 반지름
- ■ 명령어 : DIMRADIUS
- ■ 단축키 : DRA

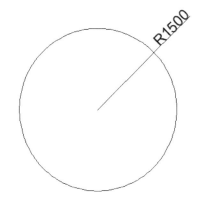

✓ 옵션 (OPTION)

- **여러 줄 문자(M)** : 여러 줄의 치수 문자를 입력할 수 있는 문자 입력 상자가 표시합니다.
- **문자(T)** : 명령창에서 사용자가 치수 문자를 입력할 수 있도록 표시합니다.
- **각도(A)** : 치수 문자의 표시 각도를 설정합니다.

2. 지름 치수 DIMDIAMETER

원이나 호의 지름을 표시하는 명령입니다. 반지름 입력 형태와 같습니다.

■ 메뉴 : 치수 → 지름
■ 명령어 : DIMDIAMETER
■ 단축키 : DIMDIA

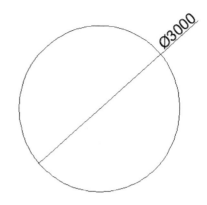

✅ 옵션(OPTION)

– **여러 줄 문자(M)** : 여러 줄의 치수 문자를 입력할 수 있는 문자 입력 상자를 표시합니다.
– **문자(T)** : 명령창에서 사용자가 치수 문자를 입력할 수 있도록 표시합니다.
– **각도(A)** : 치수 문자의 표시 각도를 설정합니다.

3. 중심 표식 DIMCENTER

지정된 호 또는 원에 대한 중심 표식 또는 중심선을 생성합니다. 치수 스타일에서 중심 표식 표시 여부와 크기를 설정할 수 있습니다.

■ 메뉴 : 치수 → 중심 표식
■ 명령어 : DIMCENTER
■ 단축키 : −

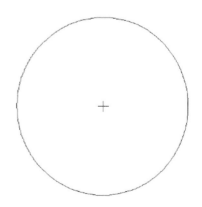

4. 호 길이 치수 DIMARC

호의 길이를 측정하여 표시하는 명령입니다.

■ 메뉴 : 치수 → 호 길이
■ 명령어 : DIMARC
■ 단축키 : –

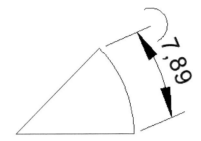

✅ 옵션(OPTION)

– **여러 줄 문자(M)** : 여러 줄의 치수 문자를 입력할 수 있는 문자 입력 상자를 표시합니다.
– **문자(T)** : 명령창에서 사용자가 치수 문자를 입력할 수 있도록 표시합니다.
– **각도(A)** : 치수 문자의 표시 각도를 표시합니다.
– **부분(P)** : 선택한 호의 일부 길이만 측정하여 치수를 표시합니다.
– **리더(L)** : 치수 외에 지시선도 함께 표시합니다.

5. 각도 치수 DIMANGULAR

선택한 두 선의 각도를 표시하는 명령입니다.

■ 메뉴 : 치수 → 각도
■ 명령어 : DIMANGULAR
■ 단축키 : DIMANG

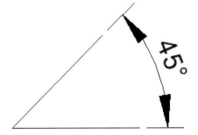

✅ 옵션(OPTION)

– **여러 줄 문자(M)** : 여러 줄의 치수 문자를 입력할 수 있는 문자 입력 상자를 표시합니다.
– **문자(T)** : 명령 프롬프트에서 사용자가 치수 문자를 입력할 수 있도록 표시합니다.
– **각도(A)** : 치수 문자의 표시 각도를 표시합니다.

CHAPTER 04

지시선 작성 및 편집

01 지시선 기입하기

치수나 문자를 직접 표기하기 어려운 좁은 공간에는 지시선을 통해 표기합니다. 지시선의 색상과 표현 방법은 치수 스타일과 별도로 다중 지시선 스타일 관리자를 이용하여 관리합니다.

1. 지시선 LEADER

지시선을 뽑아 주석을 만드는 명령입니다. 엄밀히 분류하면 치수 기입에는 포함되지 않지만 치수선과 유사한 형태로 표시됩니다.

■ **메뉴** : –
■ **명령어** : LEADER
■ **단축키** : LEAD

✅ 옵션(OPTION)

- **주석(A)** : 지시선 끝에 주석을 삽입합니다. 주석에는 공차나 블록, 문자 등을 삽입할 수 있습니다.
- **형식(F)** : 지시선의 형식 및 화살표의 형식을 지정합니다.
- **명령 취소(U)** : 이전 작업을 취소합니다.

스플라인(S) : 지시선을 유연한 곡선으로 그립니다.

직진 (ST) : 지시선을 직선으로 그립니다.

화살표(A) : 지시선의 시작점에 화살표를 만듭니다.

없음(N) : 지시선의 시작점에 그립니다.

2. 신속지시선 QLEADER

설정을 미리 하여 정해진 값으로 신속하게 지시선을 만들어 내는 명령입니다.

■ 메뉴: 치수 → 지시선
■ 명령어: QLEADER
■ 단축키: LE

 옵션(OPTION)

– **설정(S)** : 지시선 설정 대화상자를 표시합니다.

주석 : 지시선의 주석의 형식을 지정
합니다.
- **주석 유형** : 주석 유형을 선택합니다.
여러 줄 문자 : 여러 줄의 치수 문자를
입력할 수 있는 문자 입력 상자가 표
시됩니다.
객체 복사 : 이전에 만들어 놓은 주석
을 복사하여 사용합니다.
공차 : 형상 공차를 사용합니다.
블록 참조 : 미리 만들어 놓은 주석 형식의 블록을 사용합니다.
없음 : 주석을 사용하지 않습니다.

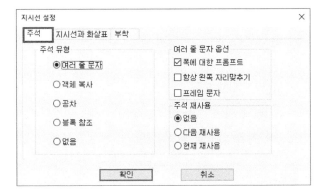

여러 줄 문자 옵션
- **폭에 대한 프롬프트** : 주석 작성 시 미리 설정한 폭에 맞추어 문자가 입력됩니다.
- **항상 왼쪽 자리 맞추기** : 주석 작성 시 문자의 위치 기준이 항상 왼쪽으로 맞춰집니다.
- **프레임 문자** : 주석 작성 시 문자에 프레임이 표시됩니다.

주석 재사용 : 이전에 사용한 주석을 재사용할 수 있는 설정입니다.
- **없음** : 주석을 재사용하지 않습니다.
- **다음 재사용** : 다음 지시선 작성 시 재사용합니다.
- **현재 재사용** : 이전에 작성한 주석을 현재 작업에 재사용합니다.

지시선과 화살표 : 지시선의 형태와 화살표의 형태를 지정합니다.

지시선

- 직진 : 지시선을 직선으로 그립니다.

- 스플라인 : 지시선을 유연한 곡선으로 그립니다.

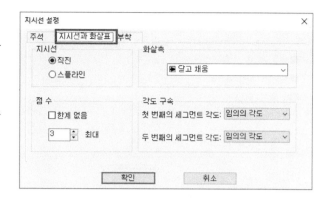

점수 : 지시선이 꺾이는 포인트의 수를 지정합니다. 입력하는 수치만큼 지시선을 꺾을 수 있으며 최대 수치 이내에서는 중간에 멈출 수 있습니다.

화살촉: 지시선 시작점의 화살촉 형태를 지정합니다. ZWCAD에서 제공하는 화살촉을 사용하거나 사용자화 옵션을 통해 사용자가 직접 만들어 사용할 수 있습니다.

각도 구속 : 지시선의 각도를 미리 정하여 구속할 수 있습니다.

부착 : 여러 줄 문자 옵션을 선택한 경우 탭이 활성화됩니다. 주석 문자의 좌우측 위치 기준을 설정합니다.

여러 줄 문자 부착 : 주석 문자의 위치 기준을 설정합니다. 다음과 같은 위치 기준 옵션을 선택할 수 있습니다. (맨 위 행에 밑줄, 맨 위 행의 중간, 여러 줄 문자의 중간, 맨 아래 행의 중간, 맨 아래 행의 아래)

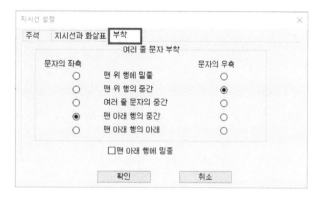

맨 아래 행에 밑줄 : 옵션을 체크하면 맨 아래 행에 밑줄이 표시됩니다.

PART 08

3. 다중 지시선 MLEADER

여러 개의 지시선을 한꺼번에 만드는 명령입니다. 이 명령에 의해 만든 지시선 객체는 일반 선과 화살표, 문자, 블록으로 구성되어 있습니다.

- ■ **메뉴** : 치수 → 멀티 리더
- ■ **명령어** : MLEADER
- ■ **단축키** : MLD

 옵션(OPTION)

설정(S) : 지시선 설정 대화상자를 표시합니다.

4. 다중 지시선 스타일 MLEADERSTYLE

다중 지시선의 연결선, 화살촉, 컨텐츠 등 다중 지시선의 스타일을 작성하거나 수정합니다.

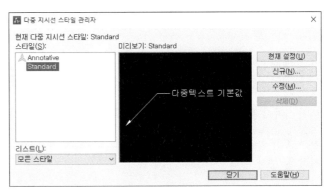

스타일(S) : 현재 도면에 작성된 다중 지시선 스타일 목록이 표시됩니다. 이 목록에서 작업하고자 하는 스타일을 선택합니다. 스타일 이름 앞에 ⚘ 마크가 있는 스타일은 주석 스타일을 의미합니다.

미리보기 : 선택한 스타일의 설정 상태를 이미지로 표시합니다.

리스트(L) : '스타일(S)'에 표시되는 스타일 조건을 선택합니다.

현재 설정(U) : 목록에서 선택한 다중 지시선의 스타일을 현재 스타일로 설정합니다.

신규(N) : "새 다중 지시선 스타일 작성" 대화상자가 표시되면서 새로운 치수 스타일을 작성합니다.

수정(M) : 선택한 스타일을 수정합니다.

삭제(D) : 선택한 스타일을 삭제합니다.

5. 지시선 정렬 MLEADERCOLLECT

블록으로 지정된 여러 다중 지시선을 하나의 블록으로 구성하고 정렬합니다.

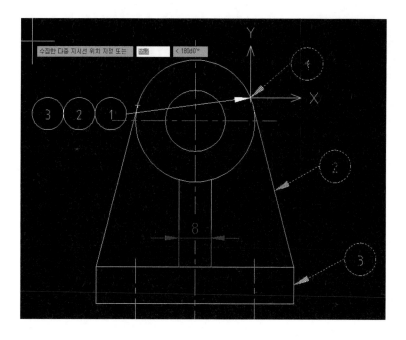

수직(V) : 선택한 블록 다중 지시선을 수직으로 정렬합니다.

수평(H) : 선택한 블록 다중 지시선을 수평으로 정렬합니다.

줄바꿈(W) : 선택한 블록 다중 지시선을 가로 행 단위로 정렬합니다. 최대 블록 수와 최대 폭을 별도로 설정하고 초과하는 지시선은 별도 행에 정렬됩니다.

CHAPTER 05

신속계산(Quickcalc) 작성 및 편집

01 신속계산(Quickcalc) 활용하기

신속 계산기는 수학, 과학, 기하학적 계산과 같은 기본 연산을 적용할 뿐 아니라 매개 변수, 단위 변환, 변수를 모두 포함하여 사용할 수 있습니다.

- **메뉴** : –
- **명령어** : Quickcalc
- **단축키** : Ctrl + 8

 옵션(OPTION)

- **도구막대** : 지우기, 이력 지우기, 명령행에 값 붙여넣기, 좌표 얻기, 2점간의 거리, 2점으로 정의된 선의 각도, 4점으로 정의된 2개의 선의 교차점, 도움 기능 의 아이콘이 있습니다.
- **사용 내역 영역** : 실행했던 내용이 표시됩니다.
- **입력상자** : 계산식을 입력합니다.
- **숫자패드** : 계산을 위한 숫자와 기호를 입력하는 표준 계산기 키패드를 제공합니다.
- **과학** : 삼각함수, 대수, 지수 및 기타표현식을 일반적으로 과학 및 공학 응용프로그램과 연관하여 계산합니다.
- **변수** : 파이(Phi)와 같이 미리 정의한 상수와 함수를 제공하며 변수를 신규로 작성할 수 있습니다.
- **단위변환** : 선택한 단위로부터 다른 단위로 측정 단위를 변환합니다. 차례로 단위 유형(길이, 면적, 각도 등), 변환 기준 단위, 변환할 단위, 기준 단위의 값, 변환된 값을 표시합니다.
- **문자 계산** : 단일 계산, 행 계산, 열 계산, Self 계산, 동일 계산, 연속 추가를 문자로 지정된 문자를 선택하여 계산할 수 있습니다.

MEMO

배치 작성 및 출력

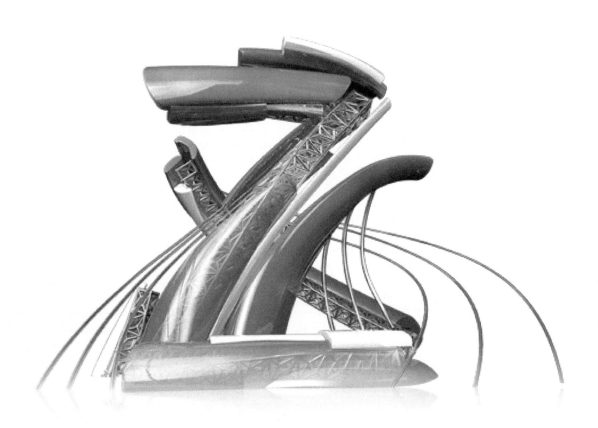

CHAPTER 01

모형 공간과 배치 공간

01 모형 공간과 배치 공간

ZWCAD에서는 2가지 종류의 공간이 있습니다. 작업화면 아래쪽에 일반적으로 모형 탭과 배치 탭이 있습니다. 모형 공간은 객체를 만드는 공간이기 때문에 하나만 존재하지만, 배치 공간은 출력을 위해 객체를 배치하는 공간이기 때문에 필요한 만큼 여러 개를 만들어 사용할 수 있습니다.

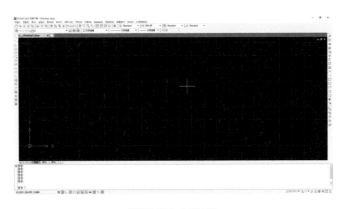

객체를 만드는 모형 공간

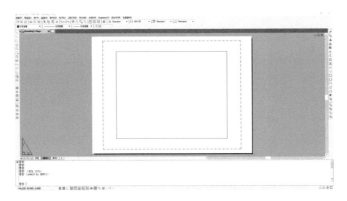

출력을 위해 객체를 배치하는 배치 공간

모형 공간은 객체의 실제 치수이지만 배치 공간에서 단위는 플롯 된 종이 위에서의 거리를 나타냅니다. 즉, 배치 공간과 종이는 1:1 매칭된다고 생각하면 됩니다.

배치 공간은 하나의 도면 안에 축척이 다른 도면을 여러 개 배치할 수도 있고, 여러 개의 뷰를 하나의 도면 안에 배치할 수도 있습니다. 즉, 평면도, 측면도, 등각 투영도를 한 장의 종이에 표현할 수 있습니다. 배치 공간에서 모형 공간의 객체를 사용자가 출력하고자 하는 도면 형태로 재배치하여 다양하게 표현할 수 있습니다.

모형 공간과 배치 공간을 구분할 수 있는 가장 큰 특징은 UCS 아이콘의 형태입니다. 모형 공간에서는 X, Y, Z 방향의 축을 의미하는 UCS 아이콘이 표시되지만 배치 공간에서는 종이에서의 배치를 의미하기 때문에 배치 공간 특유의 UCS 아이콘이 표시됩니다.

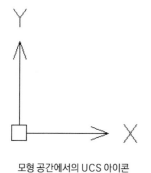

모형 공간에서의 UCS 아이콘

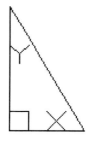

배치 공간에서의 UCS 아이콘

배치 공간은 프린터, 또는 플로터와 같은 출력기기를 이용해서 출력했을 때의 형태를 설정합니다. 배치 공간은 크게 도면 영역과 도면 이외의 영역으로 구분되며, 도면 영역은 다시 출력 영역과 뷰포트 영역으로 구성됩니다.

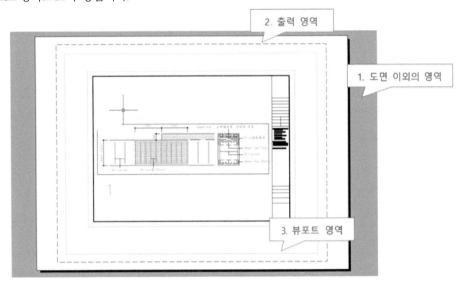

1. 도면 이외 영역

배치 공간은 모형 공간과는 다르게 2개의 테두리가 표시됩니다. 우선 기본적인 설정 환경에서 회색으로 표시되는 부분은 출력 용지의 바깥쪽 영역입니다. 흰색 부분은 용지를 의미합니다. 그러므로 배치 공간에서 배치를 만들 때는 프린터 설정을 통해 사전에 용지 크기를 설정해 두어야 합니다.

2. 출력 영역

흰색 용지 부분에 표시되어 있는 점선은 용지의 출력 영역입니다. 실제 인쇄할 때 출력기기에서 용지를 출력하기 위한 최소 여백이 설정되는데, 배치 공간에서의 점선은 프린터 용지의 여백을 의미합니다. 점선 바깥쪽에 객체를 배치하면 출력이 되지 않을 수 있으므로 점선 안쪽에 객체를 배치해야 합니다.

3. 뷰포트 영역

뷰포트는 객체를 용지(종이 공간) 위에 투영하기 위한 창입니다. 흰색 공간의 실선은 뷰포트 영역입니다. 기본적으로는 1개의 뷰포트가 표시되지만 사용자의 의도에 따라 자유롭게 추가할 수 있습니다.

배치 공간에서 객체를 만드는 작업은 할 수 없지만 새로운 배치를 만드는 작업과 화면을 분할하는 작업을 할 수 있고 배치 공간 전용 도면층을 만들 수 있습니다.

1. 새 배치 공간 만들기

출력용 도면을 배치할 때 하나의 객체를 다양한 형태로 배치할 수 있기 때문에 여러 개의 배치 공간을 만들어 사용할 수 있습니다. 새로운 배치 공간을 만들고자 할 때 도면 공간 아랫부분의 배치 탭을 마우스 오른쪽 버튼으로 클릭한 다음 바로 가기 메뉴에서 〈신규〉를 클릭합니다.

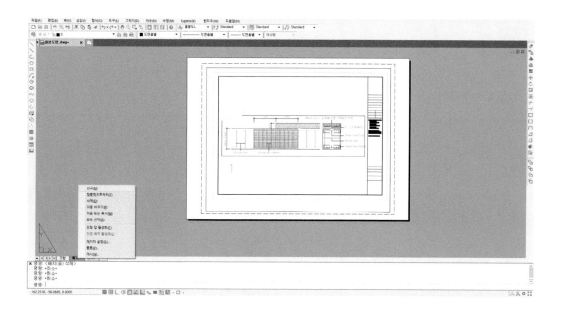

2. 도면 영역 분할하기

배치 공간에서의 영역 분할은 모형 공간에서의 화면 분할과는 다른 성질을 가지고 있습니다. 모형 공간에서의 화면 분할(VIEWPORTS)은 화면을 나누어 여러 개의 뷰를 한 번에 보고자 하는 목적이고 배치 공간에서의 영역 분할(MVIEW)은 출력할 객체를 배치하기 위한 목적입니다. 배치 공간에서 영역을 분할하기 위해서는 〈MVIEW〉 명령을 사용하며, 〈MVIEW〉 명령은 배치 공간에서만 사용할 수 있는 명령입니다.

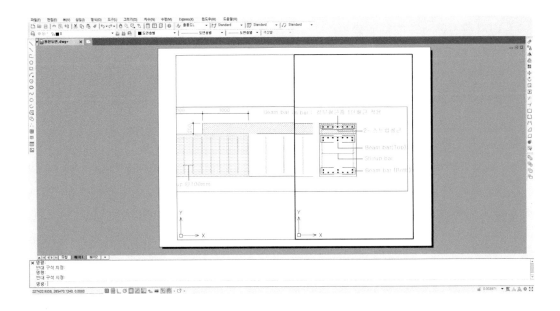

3. 도면층 작업하기

배치 공간에서의 도면층 작업은 특정 객체의 도면층을 숨기거나 선 굵기 등을 변경하고자 할 때 사용됩니다. 배치 공간에서의 도면층 작업은 다양하게 쓰일 수 있습니다.

예를 들어 모형 공간에서 도면의 평면, 천장에 관련된 모든 객체들을 그리고 배치 공간을 평면도, 천장도로 나누어 배치한 후 평면도에는 평면에 관련된 도면층만 사용하고, 천장도에는 천장에 관련된 도면층만 사용하면 도면 관리를 용이하게 할 수 있습니다.

4. 배치 공간에서의 명령 알아보기

배치 공간에서만 사용할 수 있는 명령은 아래와 같습니다.

LAYOUT : 배치 공간을 만들고 수정 또는 삭제합니다.
MODEL : 배치 공간에서 모형 공간으로 전환합니다.
MSPACE : 배치 공간의 도면 공간에서 배치 공간의 모형 공간으로 전환합니다.
MVIEW : 배치 뷰포트를 만들고 편집합니다.
MVIEWSETUP : 배치에서 도면에 제목 블록을 삽입하고 제목 블록 영역에서 배치 뷰포트 세트를 작성할 수 있습니다.
PAGESETUP : 용지의 크기, 출력 영역, 선 굵기 유형 등을 설정합니다.
PSPACE : 배치 공간의 모형 공간에서 배치 공간의 도면 공간으로 전환합니다.
VPLAYER : 배치 공간에서 도면층을 관리합니다.
VPORTS : 배치 공간에서 화면을 분할합니다.

04 배치 작성

기본적으로 모형의 작성은 모형 공간에서 이루어지고 작성된 모형의 출력은 배치 공간에서 이루어집니다. 즉, 모형 공간에서 도형을 작성한 후 배치 공간에서 도면을 배치하여 출력해야 합니다.

1. 새 배치 작성

기본적으로 '배치1', '배치2'를 사용하나 새로운 배치 공간 작성 방법을 위해 새로운 배치를 작성하겠습니다.

'모형' 또는 '배치' 탭에서 마우스 오른쪽 버튼을 클릭하면 바로가기 메뉴가 나타납니다. 바로가기 메뉴에서 〈신규(N)〉를 클릭합니다.

TIP

새 배치 작성 방법

위에서 설명한 방법과 같이 바로가기 메뉴를 이용하여 새로운 배치를 작성하는 방법 외에 아래와 같은 방법으로 새로운 배치를 작성할 수 있습니다.

1) 메뉴막대(클래식 인터페이스)에서 [삽입(I)-배치(L)-새 배치(N)]를 클릭합니다.
2) 'LAYOUT' 명령어로 배치 명령을 실행하여 〈신규(N)〉 옵션을 클릭합니다.

---

2. 배치 이름 바꾸기

배치 공간의 이름을 바꿉니다. 새롭게 작성한 배치 '배치3' 위에 마우스 오른쪽 버튼 클릭 후 바로가기 메뉴에서 '이름 바꾸기'를 클릭합니다. 나타나는 이름 바꾸기 대화상자를 이용하여 이름을 변경합니다.

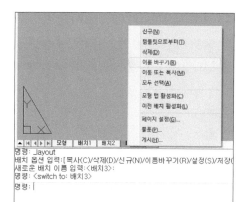

3. 뷰포트 생성

뷰포트는 객체를 용지(종이 공간) 위에 투영하기 위한 하나의 창과 같습니다. 즉, 종이 공간에 배치하고자 하는 도면의 공간을 만듭니다. 배치에서는 뷰포트를 작성하여 각각의 창에 어떻게 표현(보는 각도, 축척 등)을 할 것인지 지정할 수 있습니다.

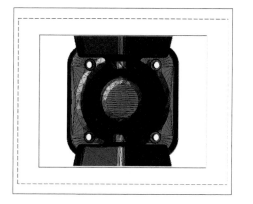

1 **뷰포트 삭제** : 배치 공간으로 이동하면 기본적으로 하나의 뷰포트가 생성됩니다. 기존 뷰포트를 삭제합니다.

2 **뷰포트 작성** : 명령어 'VPORTS'를 입력하여 뷰포트 명령을 실행합니다. 다음과 같은 대화 상자가 표시되며 '표준 뷰포트(V)'에서 '셋: 오른쪽'을 선택한 후 〈확인〉을 클릭합니다.

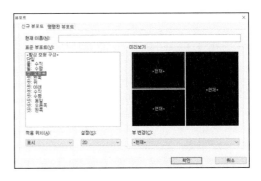

3 **경계 직사각형의 최초 모서리 설정 또는 [화면 맞춤(F)]〈맞춤〉:** 에서 ENTER 또는 맞춤 'F'를 입력합니다. 다음 그림과 같이 화면에 3개의 창이 나타납니다.

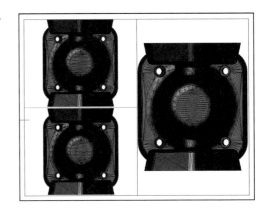

4 **뷰포트 활성화와 뷰의 변경** : 현재 3개의 뷰포트가 동일한 뷰로 설정되어 있습니다. 마우스를 왼쪽 위에 있는 뷰포트 안쪽에 대고 더블 클릭하여 뷰포트 테두리를 굵은 선으로 바꿉니다.

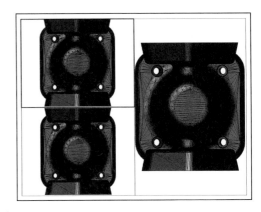

⑤ '뷰(V)' 탭 '뷰' 목록에서 '평면도'를 클릭합니다. 이 후 마우스를 왼쪽 아래 뷰포트에 대고 더블 클릭하여 정면도를 설정합니다.

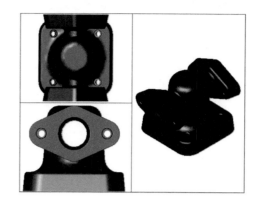

⑥ 이와 같은 방법으로 3개의 뷰포트의 각 뷰에 평면도, 정면도, 남동 뷰를 설정합니다.

⑦ 뷰포트 잠그기 : 뷰포트를 잠궈 표시 범위나 설정한 축척을 고정할 수 있습니다. 사용자의 실수로 인해 설정 환경이 변경되는 것을 방지합니다. 오른쪽 뷰포트에 마우스를 대고 더블 클릭하여 우측 하단의 자물쇠 모양 아이콘을 클릭합니다.

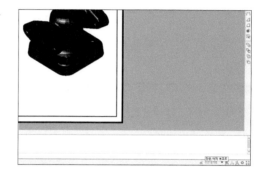

4. 출력 페이지 설정

페이지 설정은 배치에 대해 인쇄 장치, 종이 크기, 축척 등 인쇄 환경을 의미합니다. 기본적으로 하나의 배치에 하나의 페이지 설정을 필요로 하며, 동일한 페이지 설정을 여러 배치에 적용할 수도 있습니다. 페이지 설정을 이용하면 하나의 배치 공간 안에서 다양한 인쇄 장치와, 용지를 통해 적절한 인쇄 환경을 설정할 수 있습니다.

❶ 페이지 설정 : 명령어 PAGESETUP 또는 '내보내기' 탭의 '페이지 설정 관리자'를 선택합니다. 나타나는 페이지 설정 관리자에서 〈수정(M)〉을 클릭합니다.

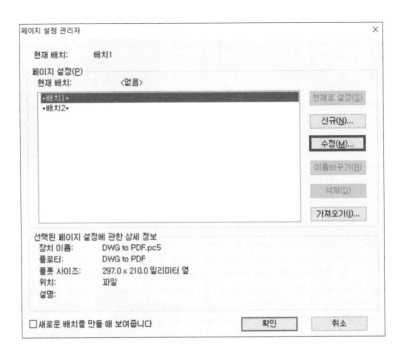

② 다음 그림과 같이 '플롯 설정 대화상자'가 나타납니다. 사용자의 컴퓨터 환경 및 도면 작성 환경에 맞춰 각 항목을 설정합니다. 여기서는 출력할 프린터를 지정하고 'A4'용지, 플롯 영역은 '배치', 플롯 스타일은 'zwcad.ctb', 축척은 '1:1'로 설정합니다.

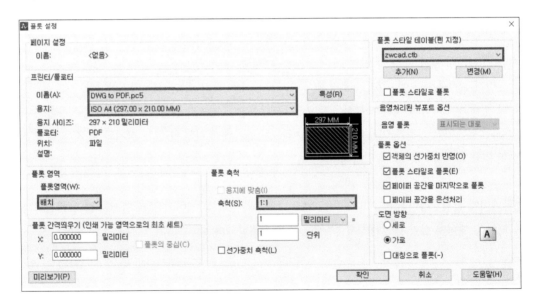

③ 출력 확인 : '플롯 설정' 대화상자에서 〈미리보기〉를 클릭합니다. 출력 상태를 확인한 후 'ESC'를 통해 페이지 설정 대화상자로 다시 돌아갑니다. 페이지 설정 대화상자에서 〈확인〉을 선택하여 페이지 설정을 완료합니다.

05 MVSETUP을 활용하여 뷰포트 조정하기

배치에 있는 제목 블록의 축척과 모형 탭에 있는 도면의 축척 사이의 비율로 전체 축척을 지정할 수 있습니다. 배치에 제목 블록을 추가할 때, '페이지 설정'을 통하여 플롯 환경을 설정해야 합니다.

1. 정렬
뷰포트의 뷰를 초점 이동하여 다른 뷰포트의 기준점에 정렬되도록 합니다. 현재 뷰포트가 다른 점이 이동하는 대상 뷰포트입니다.

각도
뷰포트의 뷰를 지정한 방향으로 초점 이동합니다. 다음 두 개의 프롬프트는 기준점에서 두 번째 점까지의 거리와 각도를 지정합니다.

수평
한 뷰포트의 뷰를 초점 이동하여 다른 뷰포트의 기준점에 수평으로 정렬되도록 합니다. 이 옵션은 두 뷰포트의 방향이 수평인 경우에만 사용해야 합니다. 그렇지 않으면 뷰가 뷰포트의 한계 밖으로 초점 이동될 수 있습니다.

수직 정렬
한 뷰포트의 뷰를 초점 이동하여 다른 뷰포트의 기준점에 수직으로 정렬되도록 합니다. 이 옵션은 두 뷰포트의 방향이 수직인 경우에만 사용해야 합니다. 그렇지 않으면 뷰가 뷰포트의 한계 밖으로 초점 이동될 수 있습니다.

뷰 회전
뷰포트의 뷰를 기준점 둘레로 회전합니다.

2. 생성
객체 삭제
기존 뷰포트를 삭제합니다.

뷰포트 생성
뷰포트를 작성하기 위한 옵션을 표시합니다.

로드할 배치 수

: 뷰포트 작성을 조정합니다.

: 0을 입력하거나 [Enter↵]를 누르면 뷰포트가 작성되지 않습니다.

: 1을 입력하면 다음과 같은 프롬프트에 의해 크기가 결정되는 단일 뷰포트가 작성됩니다.

: 2를 입력하면 지정한 영역을 4등분하여 네 개의 뷰포트가 작성됩니다. 분할할 영역과 뷰포트들 사이의 거리를 확인하는 프롬프트가 표시됩니다.

: 3을 입력하면 X 축과 Y 축을 따라 뷰포트의 행렬이 정의됩니다. 다음 두 개의 프롬프트에서 점을 지정하면 뷰포트 구성이 포함된 직사각형 도면 영역이 정의됩니다. 제목 블록을 삽입한 경우에는 첫 번째 구석 지정 프롬프트에 기본 영역 선택을 위한 옵션도 포함됩니다.

각 방향에 두 개 이상의 뷰포트를 입력하면 다음과 같은 프롬프트가 표시됩니다.

X 방향에서 뷰포트 사이의 거리 지정 〈0.0〉: 거리를 지정합니다.

Y 방향에서 뷰포트 사이의 거리 지정 〈0.0〉: 거리를 지정합니다.

뷰포트의 배열이 정의된 면적에 삽입됩니다.

명령 취소

현재 세션에서 수행한 작업을 되돌립니다.

3. 뷰포트 축척 (확대 축소)

뷰포트에 표시되는 객체의 줌 축척 비율을 조정합니다. 줌 축척 비율은 배치 공간 경계의 축척과 뷰포트에 표시되는 도면 객체의 축척 사이의 비율입니다. 한 번에 하나의 뷰포트를 선택하면 각 뷰포트에 대해 다음과 같은 프롬프트가 표시됩니다.

예를 들어, 1:4 즉 4분의 1 축척인 경우 배치 공간 단위는 1을, 모형 공간 단위는 4를 입력합니다.

4. 옵션

도면을 변경하기 전에 'MVSETUP'의 기본 설정을 합니다.

도면층

제목 블록을 삽입할 도면층을 지정합니다.

한계

제목 블록을 삽입한 다음 도면 범위의 그리드 한계를 다시 설정할지 여부를 지정합니다.

단위

크기와 점의 위치가 인치와 밀리미터 도면 단위 중 어느 것으로 변환될지 여부를 지정합니다.

외부 참조

제목 블록이 삽입될지 외부 참조될지 여부를 지정합니다.

5. 제목 블록

배치 공간을 준비하고, 원점을 설정하여 도면의 방향을 정하며, 도면 경계와 제목 블록을 작성합니다.

객체 삭제

배치 공간에서 객체를 삭제합니다.

원점

이 시트의 원점을 다시 배치합니다.

명령 취소

현재 세션에서 수행한 작업을 되돌립니다.

삽입

제목 블록 옵션을 표시합니다.

  - 로드할 제목 블록

경계와 제목 블록을 삽입합니다. 0을 입력하거나 [Enter]를 누르면 경계가 삽입되지 않습니다. 1에서 13까지를 입력하면 해당 크기의 표준 경계가 작성됩니다. 리스트에는 ANSI 및 DIN/ISO 표준 시트가 포함되어 있습니다.

6. 명령 취소

현재 'MVSETUP' 세션에서 수행한 작업을 되돌립니다.

플롯 환경 설정

01 페이지 설정하기

페이지 설정은 배치에 대한 인쇄 장치, 종이 크기, 축척 등 인쇄 환경을 의미합니다. 기본적으로 하나의 배치에 하나의 페이지 설정을 필요로 하며, 동일한 페이지 설정을 여러 배치에 적용할 수도 있습니다. 페이지 설정을 이용하면 하나의 배치 공간 안에서 다양한 인쇄 장치와 용지를 통해 적절한 인쇄 환경을 설정할 수 있습니다.

1. 페이지 설정 관리자 대화상자

명령어창에 'PAGESETUP'을 입력하면 페이지 설정 관리자 대화상자가 표시됩니다. 여기에서 새로운 페이지를 설정하거나 기존 페이지를 수정하는 작업을 할 수 있습니다.

현재로 설정 : 목록에서 선택한 페이지를 현재 배치 공간에 적용합니다.

새로 만들기 : 새로운 페이지를 작성합니다.

수정 : 선택한 페이지를 수정합니다.

가져오기 : 다른 도면 파일에서 페이지를 가져옵니다.

2. 플롯 설정 대화상자

플롯 설정 대화상자는 페이지 설정 관리자 대화상자에서 새로 페이지를 만들거나 기존 페이지를 수정할 때 표시됩니다.

페이지 설정
- 이름 : 현재 편집 중인 페이지의 이름이 표시됩니다.

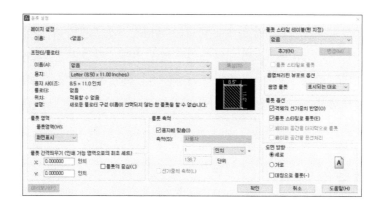

프린터/플로터
- 이름 : 출력할 출력기기를 지정합니다.
- 용지 크기 : 출력할 용지의 크기를 지정합니다.

플롯 영역
- 플롯 대상 : 출력할 영역을 지정합니다.
- 범위 : 화면의 모든 객체가 출력 용지에 최대한 가득 차게 인쇄합니다.
- 창 : 출력할 영역을 윈도우 상자로 지정합니다.
- 한계 : 현재의 배치 공간을 출력합니다.
- 화면표시 : 현재 화면에 표시된 뷰를 인쇄합니다.

플롯 축척
- 용지에 맞춤 : 용지의 크기에 맞게 출력 영역의 축척을 자동으로 맞춥니다.
- 축척 : 미리 설정된 표준 축척을 지정합니다. 입력 상자에 사용자 지정 축척을 직접 입력할 수
도 있습니다.

플롯 스타일 테이블 : 출력 대상에 적용할 플롯 스타일을 선택합니다. 기본적으로 제공되는 플롯
스타일 외에 자신만의 플롯 스타일을 만들어 사용할 수도 있습니다.

도면 방향 : 용지의 출력 방향을 설정합니다. 〈가로〉, 또는 〈세로〉, 〈대칭〉을 지정할 수 있습니다.

플롯 투명도: 투명도 효과가 있는 객체, 도면층 등을 플롯 시에 표시할 수 있습니다.

02 플롯 스타일 테이블 만들기

인쇄에 필요한 설정 값(색상, 선 종류, 선의 굵기 등)을 설정하여 플롯 스타일 파일로 작성할 수 있습니다. 인쇄 스타일에는 두 가지가 있으며, 하나는 '명명된 플롯 스타일'과 '색상 종속 플롯 스타일' 입니다. 명명된 플롯 스타일은 도면 내의 도면층 별로 인쇄 스타일을 선택하여 플롯 스타일의 속성에 따라 출력되는 방식이며 '*.stb' 파일로 저장됩니다. 색상 종속 플롯 스타일은 플롯 스타일의 색상(255개까지 설정 가능)과 동일한 색상을 가진 객체가 동일한 속성으로 출력되며 '*ctb' 파일로 저장됩니다.

1. 새 플롯 스타일 테이블 만들기

플롯 명령어 'PLOT'을 실행하여 플롯 스타일 테이블의 〈새파일(N)〉을 클릭합니다.

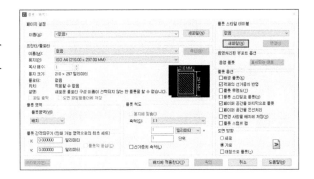

2. 마법사 시작하기

'색상-종속 프린트 스타일 테이블 추가 시작' 대화상자가 표시되면 〈드래프트를 사용해 작성(S)〉을 선택한 후 〈다음〉을 클릭합니다.

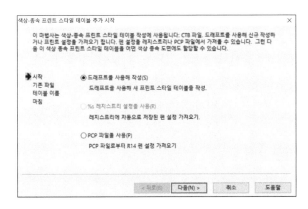

3. 파일 이름 지정하기

프린트 스타일 테이블 파일 이름을 지정한 후 〈다음〉을 클릭합니다.

4. 플롯 스타일 테이블 편집기 표시

'플롯 스타일 테이블 편집기(E)'를
클릭하여 편집기를 실행합니다.

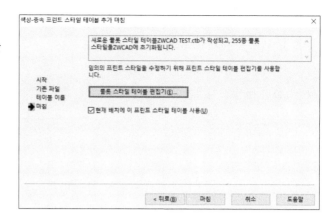

5. 플롯 스타일 테이블 편집

플롯 스타일 테이블 편집기가 표
시되면 도면층마다 사용하는 플롯
스타일에 대한 색상을 지정합니다.

스크리닝에서 투명도를 지정합니다.

선가중치에서 인쇄될 선의 굵기를
지정합니다.

설정이 완료되면 〈확인〉을 클릭
한 후 〈마침〉을 클릭하여 편집기 생
성 대화상자를 닫습니다.

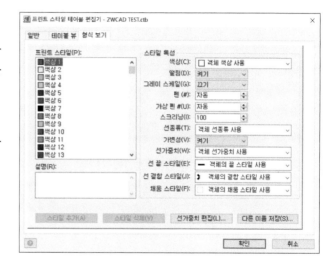

TIP 기존의 플롯 스타일 테이블을 선택하여 내용을 편집하고 〈다른 이름으로 저장〉 버튼을 눌러 새로운 플롯 스타일 테이블을 만
들 수도 있습니다.

[플롯 스타일 테이블 편집기]

플롯 스타일 : 도면 객체의 색상을 지정합니다.

설명 : 선택한 색상에 대한 설명을 입력합니다.

색상 : 출력 색상을 지정합니다.

> **TIP** 〈객체 색상〉을 선택하면 화면에 보이는 색상 그대로 출력이 되며, 〈검은색〉을 선택하면 화면에 보이는 색상이 다르더라도 검은 색으로 인쇄됩니다.

떨림 : 디더링을 사용하여 인접한 색상이 점 패턴을 사용해 혼합되게 함으로써 플로터에서 사용 가능한 잉크 색상보다 많은 색상을 사용하여 플롯한 느낌이 나도록 합니다.

그레이 스케일 : 회색조의 명암 효과를 표현할지 선택합니다.

펜 : 출력기기가 펜 플로터인 경우 색상에 따른 펜 번호를 지정합니다.

가상 펜 : 출력기기가 펜 플로터가 아닌 경우 색상에 따른 펜 번호를 지정합니다.

스크리닝 : 출력 색상의 투명도를 설정합니다.

> **TIP** 스크리닝에서 〈100〉으로 설정하며 선의 색상은 100%로 인쇄됩니다. 〈50〉으로 설정하면 선 색상은 50% 투명하게 표현되어 인쇄됩니다. 해치, 배경 등에 사용 시 용이합니다.

선 종류 : 선택한 색상의 선 종류를 선택합니다.

가변성 : 선 유형에 따른 선 축척을 사용할지 선택합니다.

선가중치 : 선택한 색상의 선 두께를 지정합니다.

선 끝 스타일 : 선 끝의 형태를 지정합니다.

선 결합 스타일 : 선이 연결되는 부위의 형태를 지정합니다.

채움 스타일 : 객체가 솔리드로 채워져 있는 경우 색을 채우는 방법을 지정합니다.

선가중치 편집 : 선 두께를 지정합니다.

다른 이름으로 저장 : 설정한 플롯 스타일 테이블을 다른 이름으로 저장합니다.

저장 및 닫기 : 설정한 플롯 스타일 테이블을 현재 이름으로 저장하고 닫습니다.

03 프린터/플로터

각 플로터 구성에는 장치 드라이버와 모델, 장치가 연결된 출력 포트, 및 다양한 장치 특정 설정 등의 정보가 들어 있습니다. 이 프로그램에서 사용 가능한 구성된 시스템 및 HDI 비시스템 프린터 또는 플로터를 나열합니다. 이 프로그램에서 운영 체제의 시스템 장치와 다르게 기본값을 설정하지 않는 한, 시스템 장치를 구성할 필요가 없습니다.

플로터가 이 프로그램에서는 지원되지만 운영 체제에서는 지원되지 않는 경우 HDI 비시스템 프린터 또는 플로터 드라이버 중 하나를 사용할 수 있습니다. 또한 비시스템 드라이버를 사용하여 포스트 스크립, 래스터 이미지, DWF(Design Web Format) 또는 PDF(Portable Document Format) 파일을 작성할 수 있습니다.

프로그램은 구성된 플롯(PC5) 파일에 매체 및 플로팅 장치에 대한 정보를 저장합니다. 플롯 구성은 이동 가능하며 동일한 드라이버 및 모델에 대한 플롯 구성은 사무실에서 공유하거나 프로젝트에서 공유할 수 있습니다. 시스템 프린터의 플롯 구성은 공유할 수도 있지만 동일한 운영 체제 버전에서 공유해야 합니다. 플로터를 교정할 경우 교정 정보는 교정된 플로터에 대해 작성한 모든 PC5 파일에 부착할 수 있는 플롯 모델 매개변수(PMP) 파일에 저장됩니다.

플로팅과 관련된 용어 및 개념을 이해하면 프로그램에서 처음 해보는 플로팅 작업을 보다 쉽게 수행할 수 있습니다.

1. 인쇄와 플로팅의 차이
인쇄와 플로팅은 CAD 출력에서 교대로 사용할 수 있습니다. 일반적으로 프린터에서는 문자만 생성되고 플로터에서는 벡터 그래픽이 생성됩니다. 프린터가 더욱 강력해지고 벡터 데이터의 고품질 래스터 이미지를 생성할 수 있게 됨에 따라 프린터와 플로터의 차이는 대부분 없어졌습니다.

용지 출력 외에, 여러 도면 시트를 전자 방식으로 전달하는 과정에서는 포괄적인 용어인 게시도 사용됩니다.

2. 플로터 관리자
플로터 관리자는 설치된 모든 비시스템 프린터에 대한 플로터 구성(PC5) 파일이 나열되어 있는 윈도우입니다. Windows에서 사용되는 속성과 다른 기본 속성을 사용하려는 경우, 플로터 구성 파일을 Windows 시스템 프린터용으로 작성할 수 있습니다. 플로터 구성 설정은 해당 플로터 유형에 따른 포트 정보, 래스터 및 벡터 그래픽 품질, 용지 크기, 사용자 특성 등을 지정합니다.

플로터 관리자에는 플로터를 구성하기 위한 기본 도구인 플로터 추가 마법사가 포함되어 있습니다. 플로터 추가 마법사는 설정하려는 플로터에 대한 정보를 입력하도록 프롬프트를 표시합니다.

3. 플로터 추가 마법사
플로터 추가 마법사를 이용해 새 플로터와 프린터를 추가합니다.

플로터 추가 마법사 실행
명령창에 'PLOT'을 입력하여 플롯 대화상자를 띄운 후 '프린터/플로터' 탭의 〈플로터 마법사 추가〉를 클릭합니다.

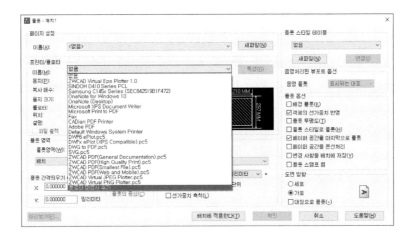

플로터 추가 마법사 시작
'플로터 추가' 대화상자가 나타나면 〈다음〉을 클릭합니다.

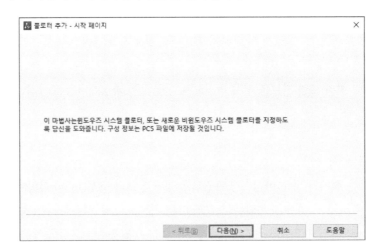

플로터 저장 항목 선택

새로운 플로터 설정을 저장할 공간을 선택하며, 특정 환경이 아닌 경우, '내 컴퓨터'를 선택 후 〈다음〉을 클릭합니다.

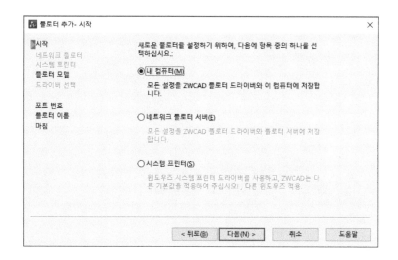

플로터 목록 선택

설치된 장치 드라이브의 플로터와 비시스템 프린터/플로터가 나열됩니다. 추가할 플로터 장치를 선택한 후 〈다음〉을 클릭합니다.

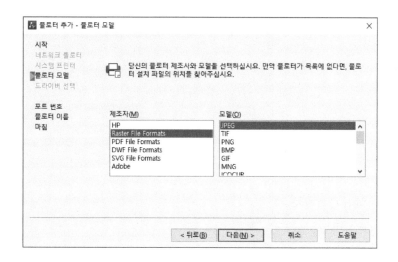

TIP 비시스템 프린터/플로터 목록

래스터 파일 포맷 : JPEG, TIF, PNG, BMP, GIF, MNG, ICOCUR, TGA, PCX, WBMP, JP2, JPC, PGX, RAS, PNM, SKA, EMF

PDF 파일 포맷 : PDF

DWF 파일 포맷 : DWF

SVG 파일 포맷 : SVG

포트 및 파일 플롯 설정

네트워크 프린터/플로터 장치를 사용하는 드라이브의 경우 포트로 플롯(P), 비시스템 플로터 장치를 이용해 파일로 출력하는 경우 '파일을 플롯(F)'을 설정한 후 〈다음〉을 클릭합니다.

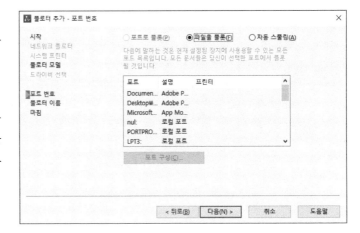

> **TIP** '자동 스풀링(A)' 이란, PC의 CPU 속도를 따라가지 못하는 인쇄속도로 인해 병행하여 작업을 처리하기 위하여 메모리에 플롯 데이터를 저장하여 나중에 플롯하도록 설정하는 기능입니다.

플로터 이름 설정

사용할 플로터의 이름을 설정한 후 〈다음〉을 클릭합니다.

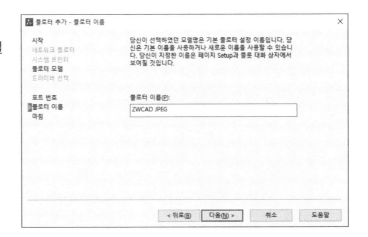

플로터 추가 - 마침

플로터 추가 - 마침 대화상자가 표시되면 〈마침〉 버튼을 클릭해 설정을 마무리합니다.

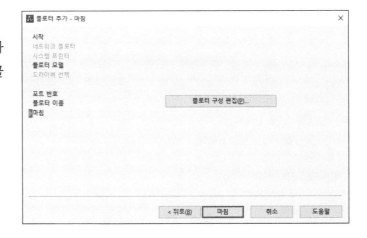

출력하기

---

01 출력 환경 설정 및 출력하기

출력 환경 설정은 작업한 도면을 사용자가 원하는 대로 정확히 출력하기 위해 출력 도면의 크기와 영역, 축척 등을 설정하는 과정입니다.

1. 출력 환경 설정

명령창에 〈PLOT〉을 입력하면 플롯 대화상자가 표시됩니다. 출력 환경은 출력할 때마다 선택할 수도 있지만 하나의 프로젝트에 속해 있는 도면들은 모두 같은 플롯 스타일 테이블을 적용하기 때문에 출력 영역과 축척만 지정하는 경우가 대부분입니다. 그리고 이전에 사용한 출력 환경은 페이지 설정 – 이름에서 〈전회〉를 선택하여 다시 사용할 수 있습니다. 페이지 설정 – 이름에서 선택하는 플롯 스타일은 출력에 관련된 모든 설정이 저장되어 있기 때문에 같은 유형의 도면을 반복해서 출력할 때 빠르고 쉽게 환경 설정이 가능해 매우 편리합니다.

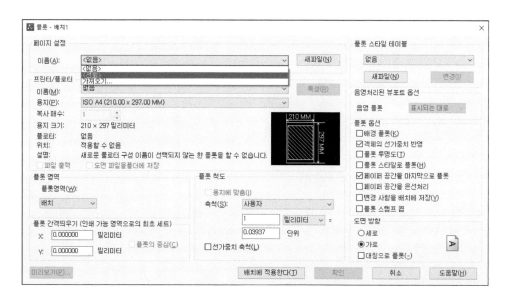

2. 일반적인 출력 과정

플롯 대화상자가 표시된 후 일반적으로 아래와 같은 과정으로 출력을 진행합니다. 그러나 이 과정에 순서가 정해져 있는 것은 아니므로 순서를 바꾸어 설정해도 무관합니다.

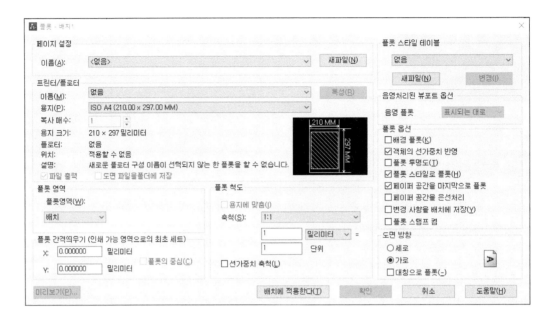

페이지 선택

페이지 설정 – 이름에서 미리 설정해 둔 페이지를 선택하거나 이전에 사용한 〈전회〉를 선택하면 설정해 둔 출력 환경을 불러와 사용할 수 있습니다.

출력기기 선택

프린터/플로터 – 이름에서 출력할 기기를 선택합니다. 출력기기를 선택하면 그 기기에서 출력 가능한 용지가 아래 용지 크기에 자동으로 표시됩니다. 출력할 용지를 선택합니다.

출력 영역 설정

출력 영역을 설정합니다. 윈도우로 지정한 경우 화면에서 윈도우 상자를 사용해 인쇄할 영역을 설정합니다.

축척 설정

출력물의 축척을 설정합니다. 용지에 맞는 정확한 축척을 설정하여 출력했을 때 도면 객체의 모든 내용이 출력됩니다.

플롯 스타일 테이블 선택

객체 색상에 따른 선 유형이나 선 가중치의 변경이 필요한 경우 미리 만들어 놓은 〈플롯 스타일 테이블〉을 선택합니다.

미리 보기

〈미리 보기〉 버튼을 클릭하면 설정해 둔 최종 인쇄 형태가 화면에 표시됩니다. 미리 보기 창에서는 화면 확대 및 축소를 하여 상태를 확인할 수 있으며 〈인쇄〉 버튼을 클릭해 출력을 진행할 수 있습니다.

출력

모든 설정을 완료하고 〈확인〉 버튼을 클릭하면 출력이 실행됩니다.

02 파일 형식으로 출력하기

출력물을 종이에 인쇄하는 방법 외에 다른 파일 형식으로 저장하여 사용하는 경우가 있습니다. 인쇄물 종이 대신 PDF 파일로 가상 출력하여 저장하는 경우가 있고 객체만 이미지화 하여 추후 포토샵 등에서 사용할 수 있는 EPS 파일로 가상 출력하여 저장하는 경우가 있습니다.

1. 파일 출력

PDF 파일로 출력하는 과정에 대한 예시입니다. 파일 출력은 일반적인 과정과 거의 동일합니다.

페이지 선택

페이지 설정 - 이름에서 〈없음〉을 선택합니다.

출력기기 선택

프린터/플로터 - 이름에서 〈DWG To PDF.pc5〉를 선택합니다. 이 경우 가상 출력이므로 모든 크기의 용지가 표시되며, 이 중에서 필요한 용지 크기를 선택합니다.

출력 영역 설정

출력 영역을 설정합니다. 윈도우로 지정한 경우 화면에서 윈도우 상자를 사용해 인쇄할 영역을 설정합니다.

축척 설정

출력물의 축척을 설정합니다. 용지에 맞는 정확한 축척을 설정하여 인쇄하였을 때 도면 객체의 모든 내용이 인쇄됩니다.

플롯 스타일 테이블 선택

객체 색상에 따른 선 유형이나 선 가중치의 변경이 필요한 경우 미리 만들어 놓은 〈플롯 스타일 테이블〉을 선택합니다.

미리 보기

〈미리 보기〉를 클릭하면 설정해 둔 최종 인쇄 형태가 화면에 표시됩니다. 미리 보기 창에서는 화면 확대 및 축소를 하여 상태를 확인할 수 있으며, 〈인쇄〉를 클릭해 인쇄를 진행할 수 있습니다.

출력

모든 설정을 완료하고 〈확인〉을 클릭합니다.

파일 저장하기

플롯 파일 찾아보기 대화상자가 표시되면 파일 저장 경로와 이름을 지정하고 〈저장〉을 클릭해 파일을 저장합니다.

03 스마트 플롯하기

한 파일에 여러 도면을 일반적인 플롯 방법으로 출력하기에는 굉장히 많은 시간이 소요됩니다. 이에 ZWCAD의 다중 출력 기능인 스마트 플롯을 이용하여 한 파일의 여러 도면을 일괄적으로 출력할 수 있습니다. 블록, 도면층, 선을 이용한 다양한 방법으로 DWG 파일, PDF 파일, PLT 일반 플롯 등 일괄적으로 출력할 수 있어 반복 작업을 최소화하여 작업 시간을 단축할 수 있습니다.

1. 스마트 플롯 대화상자

명령창에 'SMARTPLOT' 또는 'ZWPLOT'를 입력하면 다음과 같이 〈ZWCAD 스마트 플롯 대화상자〉가 나타납니다.

플롯 옵션을 통하여 다양한 방법으로 다중 플롯을 진행할 수 있습니다.

프레임 스타일

: 다중 출력을 진행할 도면의 프레임 스타일을 지정합니다.

- 도면층 : 도면층의 닫힌 사각형을 이용한 다중 출력 방법입니다.
- 블록 : 특정 블록(블록 이름)을 이용한 다중 출력 방법입니다.
- 닫힌 선 : 닫힌 사각형 선을 이용한 다중 출력 방법입니다.

블록 및 도면층

: 도면층 또는 블록 프레임 스타일로 지정했을 시 블록 또는 도면층을 지정합니다.

- 도면층 이름 : 도면층으로 지정 시 도면층 객체를 선택하거나 도면층 이름을 기재합니다.
- 블록 이름 : 블록으로 지정 시 블록 객체를 선택하거나 블록 이름을 기재합니다.

플롯 영역

- 플롯하기 : 일반적인 출력 장치를 이용하여 출력합니다.

- 기존 배치 인쇄 : 배치 탭을 이용하여 출력합니다.

- 별도의 DWG로 잘라내기 : 각각의 DWG 파일로 잘라내어 내보냅니다.

- 플롯 스탬프 켬 : 플롯 스탬프를 표시합니다. (도면 이름, 장치 이름, 배치 이름, 용지 크기, 날짜 및 시간, 플롯 축척, 로그인 이름)

플롯 영역

도면 선택 : 출력할 프레임 스타일 객체를 선택합니다.

프린터/플로터

- 장치 이름 : 플롯 장치를 선택합니다.

- 용지 크기 : 용지 크기를 선택합니다.

- 새 플롯 스타일 : 플롯 스타일을 선택합니다.

- 복수 페이지 : PDF 한 면에 여러 페이지를 출력합니다.

 복수 페이지 선택 유무에 따라 여러 파일로 나눠 출력하거나 하나의 파일에 병합하여 플롯할 수 있습니다.

플롯 축척

- 용지에 맞춤 : 선택된 용지에 축척을 자동으로 맞춥니다.

- 축척 : 사용자 지정 축척을 직접 입력합니다.

플롯 간격 띄우기

- 플롯의 중심 : 용지 상하좌우 여백의 중심을 자동으로 맞춥니다.

 오프셋 (간격 띄우기) : 입력한 값만큼 용지 여백의 간격을 띄워 출력합니다.

도면 방향

- 자동회전 : 용지의 출력 방향을 자동으로 맞춥니다.

- 세로 : 용지의 출력 방향을 세로로 맞춥니다.

- 가로 : 용지의 출력 방향을 가로로 맞춥니다.

선택 순서

- 순서대로 : 프레임 선택 순서대로 출력합니다.

- 왼쪽 : 선택한 프레임의 가장 왼쪽 프레임부터 출력합니다.

- 맨위 : 선택한 프레임의 가장 맨위 프레임부터 출력합니다.

- 순서 반전 : 선택한 순서와 반대로 출력합니다.

파일 생성 설정

- 머리말 : 생성될 파일의 머리말을 설정합니다.

- 출력 경로 : 생성될 파일 경로를 설정합니다.

 일반 프린터 출력은 별도의 파일을 생성하지 않으므로 PLT 파일 플롯 및 PDF, EPS, JEPG 등 파일 출력만 해당됩니다.

2. 스마트 플롯 따라하기

스마트 플롯 기능을 이용하여 한 파일의 여러 장의 도면을 일괄적으로 출력할 수 있습니다. 도면층, 블록, 닫힌 선을 이용한 다양한 플롯 방법이 있으나 주로 사용되는 블록을 이용하여 PDF 파일로 일괄적으로 출력해보도록 하겠습니다.

스마트 플롯 활성화

명령창에 'ZWPLOT' 또는 'SMARTPLOT'을 입력하여 〈스마트 플롯 대화상자〉를 표시합니다.

프레임 스타일 옵션 설정

프레임 스타일에서 〈블록〉을 선택한 후 '도면에서 블록 및 도면층 지정' 탭을 선택합니다.

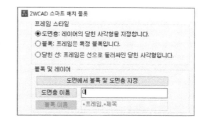

프레임 스타일 지정

도면에서 블록으로 지정된 프레임을 선택하거나 '블록 이름'을 클릭하여 블록을 지정 또는 '블록 이름' 란에 블록 이름을 직접 기입합니다.

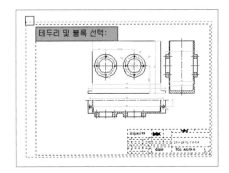

프린터/플로터 지정

프린터/플로터에서 PDF 플롯 장치인 'DWG to PDF.pc5'를 지정하여

용지크기, 플롯 스타일, 복수 페이지를 설정합니다.

용지 옵션 설정

별도의 사용자 설정을 하지 않는 경우 이미지와 같이 플롯 축척, 간격 띄우기, 도면 방향, 선택 순서를 설정합니다.

우기, 도면 방향, 선택 순서를 설정합니다.

플롯 영역 및 도면 선택

플롯하기 선택 및 배치 도면 선택을 클릭하여 출력할 도면을 모두 선택합니다.

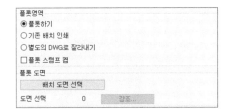

TIP
도면 선택 탭의 〈강조〉를 클릭하면 플롯 도면에 빨간색 X 박스가 표시됩니다. 이 때 X 표기가 없는 도면은 블록 이름이 다른 도면으로 블록을 변경하거나 스마트 플롯을 한 번 더 진행해야 합니다.

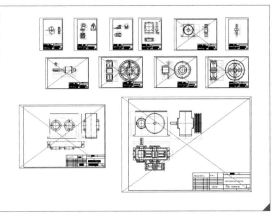

파일 머리말 및 저장 경로 지정

각 파일의 머리말과 파일 저장 경로를 〈찾아보기〉를 통해 지정합니다.

파일 생성 설정

| 머리말: | SmartPlotSample-block |
| 출력 경로: | C:\Users\ZWCAD\Desktop | 찾아보기... |

미리보기 및 파일 플롯

하단의 〈미리보기〉를 클릭하여 출력 도면을 확인한 후 〈플롯〉을 클릭하여 PDF 파일을 출력합니다.

생성 파일 확인

지정한 경로에 PDF 파일이 생성되며 '프린터/플로터' 탭의 복수 페이지 유무에 따라 여러 파일로 나눠서 생성되거나 하나의 파일에 병합되어 생성됩니다.

시트 세트 관리자

01 시트 세트 관리자

1. 시트 세트 관리자

시트 세트는 배치 공간이 생성된 여러 도면을 하나의 시트 세트 관리자로 관리하고 출력할 수 있는 기능입니다. 시트 세트는 생성, 편집, 게시 및 기록할 수 있습니다. 시트 세트는 하나 이상의 도면 파일의 배치 모음이며, 상태 데이터는 DST 파일에 저장됩니다. 시트 세트에서 새 하위 세트 또는 만들어진 시트 파일을 가져와 배치를 관리할 수 있습니다.

시트 세트는 직관적으로 하위 세트 또는 시트 사이의 복잡한 계층 구조를 나타내어 서로 간의 관계를 파악하는 데 도움이 되며, 도면 파일 경로를 빠르게 찾을 수 있도록 지원하므로 도면을 보고 관리하기에 편리합니다. 설계 디자이너는 시트 세트를 서버에 업로드함으로써 상태 데이터에 액세스하고, 업데이트를 받고, 전자 전송으로 통신할 수 있습니다.

2. 시트 세트 관리자 사용하기

시트 세트 생성

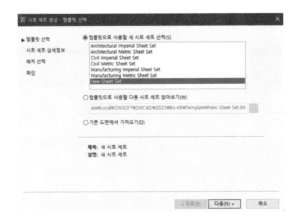

NEWSHEETSET 명령어는 시트 세트를 생성하는데 사용됩니다. 시트 세트를 만드는 방법은 두 가지가 있습니다.

- 시트 세트 템플릿 파일인 DST 파일을 사용합니다. 시트 세트를 만들기 위해 기존 템플릿을 사용할 수 있습니다. 새로 만든 시트 세트는 템플릿의 하위 셋 구조를 상속합니다. 새 하위 세트를 수동으로 만들 수 있습니다.

- 기존 도면을 사용합니다. 컴퓨터의 기존 폴더를 사용하여 도면 파일을 포함하는 하나 이상의 폴더를 지정하여 시트 세트를 만들 수 있습니다. 이때 시트 세트와 그 하위 셋 구조는 폴더 및 하위 폴더 계층 구조에 따라 생성됩니다.

이름, 새 시트 세트의 설명 및 위치를 입력한 후 마침을 클릭하여 시트 세트 관리자에 새로 작성된 시트 세트를 표시합니다.

시트 세트 하위 시트 생성

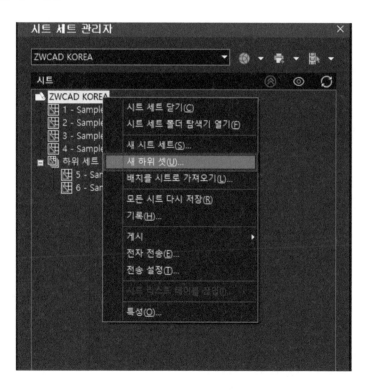

시트 세트 관리자에서 시트 세트 또는 하위 세트를 선택하고 마우스 오른쪽 버튼으로 클릭하여 〈새 하위 셋〉을 선택합니다. 하위 세트 특성 대화 상자에서 하위 세트 이름, 폴더 계층 구조, 게시 설정, 시트 위치, 시트 템플릿 등을 지정하여 확인을 클릭합니다.

시트 세트 기록

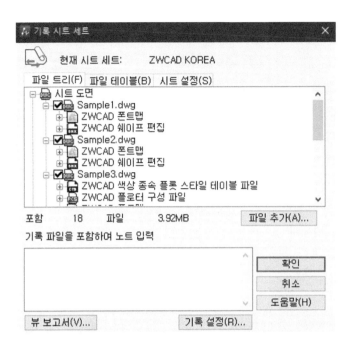

시트 세트에 구성된 관련 파일을 트리 계층 구조 형식으로 패키지(.zip) 파일로 생성합니다. 패키지에 포함된 모든 파일은 파일 이름 옆의 선택 표시로 나타납니다. 파일 표시 영역에서 마우스 오른쪽 버튼을 클릭하여 파일 표시 및 선택 표시 관련한 바로 가기 메뉴가 표시됩니다.

시트 세트 관리자

시트 세트 관리자는 도구 모음과 시트 세트 트리로 구성되며 다음 작업만 수행할 수 있습니다.

- 시트 세트에서 시트 또는 하위 세트를 생성, 삭제하고 하위 세트 또는 시트를 드래그 하여 시트 세트 트리의 위치를 조정합니다.

- 시트 세트를 플로터에 게시하거나 하나 이상의 시트에서 DWF, DWFx 또는 PDF 파일을 만들 수 있습니다. PUBLISH 명령어와 동일한 기능입니다.

- 전자 전송을 사용하여 시트 세트 및 관련 파일을 패키징하고 인터넷을 통해 전달할 수 있습니다. ETRANSMIT 명령어와 동일한 기능입니다.

- 특성 대화 상자를 열어 시트 세트, 하위 세트 또는 시트의 게시 옵션, 템플릿 위치, 도면 위치, 이름 변경 옵션, 사용자 정의 특성 등을 설정할 수 있습니다.

- 시트 정보가 포함된 테이블을 만들고 배치에 삽입할 수 있습니다.

MEMO

캐드의 정석

ZWCAD

부록

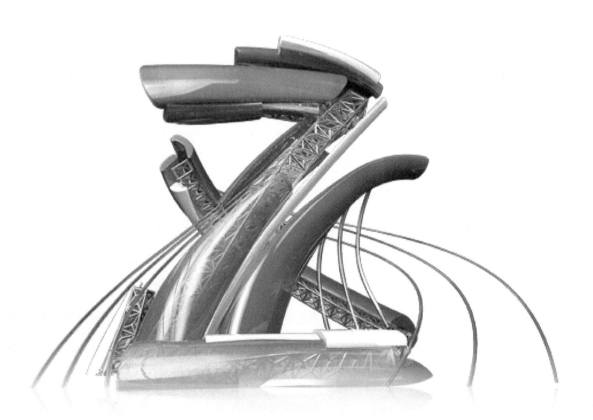

ZWCAD만의 스마트 기능

01 ZWCAD 스마트 기능 소개

　ZWCAD 사용자가 보다 편리하고 효율적으로 작업할 수 있는 스마트 기능을 소개합니다. 스마트 기능은 ZWCAD에서만 사용할 수 있습니다. 앞에서 소개한 스마트 플롯을 비롯하여 스마트 선택, 스마트 마우스, 스마트 음성 기능 등이 있으며, 아래에서 스마트 기능들에 대해 소개합니다.

1. 스마트 선택 (SMARTSEL)

　현재 도면의 유형, 색상, 도면층, 선종류, 선가중치, 블록 이름, 이미지 이름, 외부 참조 이름 등으로 나열하여 객체를 보다 편리하게 선택할 수 있는 기능입니다. 기능 사용 시 활성창으로 나타나지 않고 대화상자 패널 형식으로 기능이 실행되어 도면 설계 작업 간 기능을 실시간으로 사용할 수 있으며, 객체 선택 시 위의 옵션 항목들이 표시되어 즉각적으로 특성의 일부를 확인할 수도 있습니다.

> ■ 메　뉴 : Express(X) → 도구 선택(S) → 스마트 선택(S)
> ■ 명령어 : SMARTSEL

2. 스마트 마우스 (SMARTMOUSE)

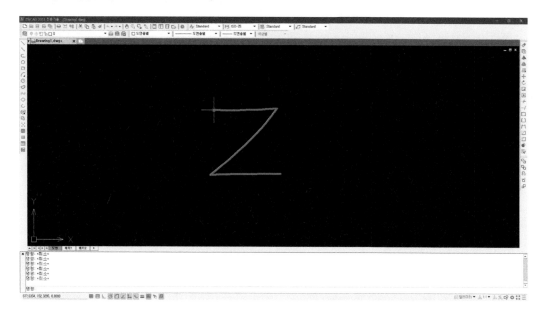

마우스 제스처를 통해 ZWCAD 기능을 손쉽게 사용할 수 있는 기능입니다. 기본적으로 새 도면 열기, 닫기, Undo, Redo, 원, 이동, 블록 등 17가지로 설정되어 있으며, 사용자 정의에 따라 자주 사용하는 명령어를 설정하여 사용할 수 있습니다. 키보드 단축키와 마우스 제스처를 병행하여 설계 작업 효율을 더 극대화할 수 있습니다.

■ 메 뉴 : 도구 → 스마트 마우스
■ 명령어 : SMARTMOUSE

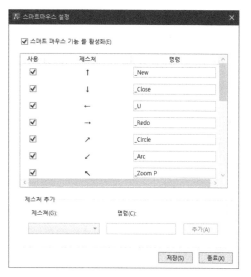

3. 스마트 음성 (SMARTVOICE)

마이크 모양의 음성 아이콘을 원하는 위치에 삽입하여 구름형 수정 기호(REVCLOUD)와 같이 편집할 부분에 대한 음성 표기가 가능합니다. 음성 표기 시 사용자가 마이크 모양의 아이콘을 선택하면 기록된 음성을 스피커를 통해 들을 수 있으며 구름형 수정 기호 표시보다 더 정확한 정보를 음성을 통해 기록하여 도면에 삽입할 수 있어 보다 더 정확한 설계가 가능합니다.

■ 메 뉴 : 도구 → 스마트 음성
■ 명령어 : SMARTVOICE

4. 스마트 플롯 (SMARTPLOT)

일반적인 플롯(PLOT)을 이용하여 여러 장의 도면을 출력할 시 일일이 한 장씩 범위를 선택하여 출력해야 하는 번거로움이 있습니다. 스마트 플롯(SMARTPLOT)은 한 번의 기능 실행으로 한 파일의 여러 장의 도면을 일괄적으로 자동으로 출력할 수 있습니다.

도면층, 블록, 닫힌 선(사각형)을 기준으로 원하는 도면을 선택 또는 전체 도면을 프린터 플롯, PDF 출력, DWG 파일 등으로 출력할 수 있습니다. 스마트 플롯(SMARTPLOT)은 아주 유용한 기능으로 자세한 사용 방법은 PART 9를 참고하시기 바랍니다.

MEMO

02 ZDREAM 소개

CHAPTER 01

부 록

01 ZDREAM이란?

ZDREAM(지드림)은 ZWCAD KOREA에서 자체 개발한 3rd-Party(응용 프로그램) 중 하나로 건축 & 토목 시장에서 사용하는 기능 및 각종 단순 작업 혹은 동일 작업을 효율적으로 작업할 수 있도록 도와주는 유틸리티 기능을 제공하고 있습니다.

대표적인 기능으로 다중출력, 도면층, 문자, 블록, 수정, 조회 유틸리티 등이 있으며 CIVIL, 엑셀 연동, 그 외 유틸리티 등이 있습니다.

02 ZDREAM 설치 가이드

ZDREAM 다운로드는 아래의 과정에 따라 손쉽게 진행할 수 있습니다.

1 http://www.zwsoft.co.kr 홈페이지에 접속합니다.

2 다운로드의 ZWCAD 3rd-party메뉴를 클릭합니다.

3 설계/토목 탭에서 ZDREAM 통합 버전을 다운로드 합니다.

---

03 ZDREAM 설치방법

1 ZDREAM 다운로드가 완료되면 아래의 아이콘을 더블 클릭하여 실행합니다.

(주의 사항 : ZDREAM을 설치하기 전, ZWCAD를 완전히 종료해야 정상적으로 설치됩니다.)

ZDREAM_Set
up.msi

2 ZDREAM 설치 대화상자가 나타납니다.

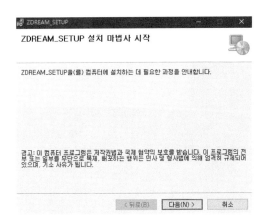

3 다음 버튼을 클릭하면 설치할 경로를 설정할 수 있습니다.

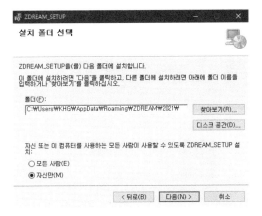

4 정상적으로 설치가 완료되면 설치 완료 대화 상자가 나타납니다.

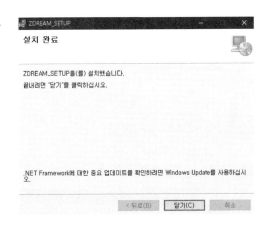

※ ZDREAM 참고 사항

1. ZDREAM은 ZWCAD FULL 버전 이상 사용자만 사용할 수 있습니다.

2. ZDREAM은 자동 업데이트를 통해 주기적으로 새로운 기능을 제공합니다.

3. ZDREAM을 이용하시려면 네트워크 연결(인터넷)이 필요하며, 네트워크 연결이 불가한 경우 ZWCAD KOREA의 안내를 받아 오프라인 유형으로 사용해야 합니다.

4. 자세한 기능 사용 방법은 ZWCAD KOREA 공식 홈페이지에서 ZDREAM 매뉴얼을 참고하시기 바랍니다.

CIVIL

---

01 종단

1) 종단선형 계산

종단 선형을 계산하여 작성합니다.

■ 메뉴 : Z-DREAM → CIVIL → 종단 → 종단선형 계산
■ 명령어 : DLS
■ 아이콘 : ||||||

2) 지형도에서 종단 추출

Z값이 있는 지형도에 그려진 선형을 선택해 종단 추출 후 종단면도를 그립니다.

■ 메뉴 : Z-DREAM → CIVIL → 종단 → 지형도에서 종단 추출
■ 명령어 : GRP
■ 아이콘 : 〰️

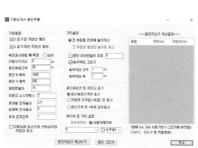

3) 종단 계획고 찾기

종단 선형에서 특정 측점의 종단 계획고를 찾습니다.

■ 메뉴 : Z-DREAM → CIVIL → 종단 → 종단 계획고 찾기
■ 명령어 : GSE
■ 아이콘 : 🔍

4) 종단 GRID 그리기

종단면도에 GRID(모눈)를 작성합니다.

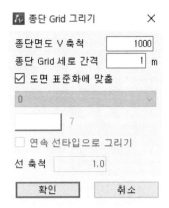

- ■ 메뉴 : Z-DREAM → CIVIL → 종단 → 종단 GRID 그리기
- ■ 명령어 : DLG
- ■ 아이콘 :

---

02 횡단

1) 횡단면도 층따기

횡단면도에 층따기를 그립니다. 설정한 경사 이하 구간은 자동으로 제외합니다.

- ■ 메뉴 : Z-DREAM → CIVIL → 종단 → 횡단면도 층따기
- ■ 명령어 : CUT
- ■ 아이콘 :

2) V형, 산마루 측구 설치

횡단면도에 V형, 산마루 측구를 설치합니다.

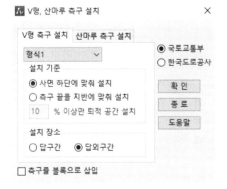

- ■ 메뉴 : Z-DREAM → CIVIL → 횡단 → V형, 산마루 측구 설치
- ■ 명령어 : DVB
- ■ 아이콘 :

3) 횡단 깎기부 라운딩

횡단면도의 깎기부 라운딩을 그릴 때 사용합니다.

■ 메뉴 : Z-DREAM → CIVIL → 횡단 → 횡단 깎기부 라운딩
■ 명령어 : CSR
■ 아이콘 :

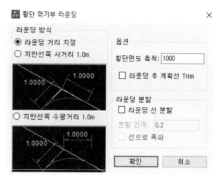

4) 지형도에서 횡단 추출

Z값이 있는 지형도에서 원하는 부분 횡단을 추출해 그립니다.

■ 메뉴 : Z-DREAM → CIVIL → 횡단 → 지형도에서 횡단 추출
■ 명령어 : CFM
■ 아이콘 :

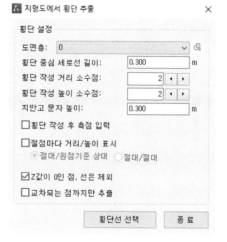

5) 3D 폴리선 횡단 작성

3D 폴리선의 Z값을 높낮이로 하는 횡단을 그릴 때 사용합니다.

■ 메뉴 : Z-DREAM → CIVIL → 횡단 → 3D폴리선 횡단 작성
■ 명령어 : PTCS
■ 아이콘 :

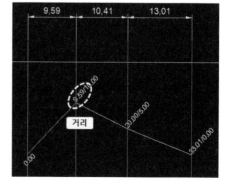

6) 횡단면도 GRID 그리기

횡단면도에 GRID(모눈)를 그립니다.

■ 메뉴 : Z-DREAM → CIVIL → 횡단 → 횡단면도 GRID 그리기
■ 명령어 : DCG
■ 아이콘 :

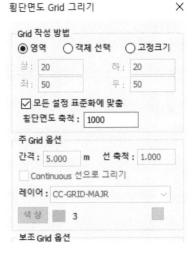

7) 횡단 경계 작성

횡단면도의 경계 폭으로 선형에 경계선을 작성합니다.

■ 메뉴 : Z-DREAM → CIVIL → 횡단 → 횡단 경계 작성
■ 명령어 : CSW
■ 아이콘 :

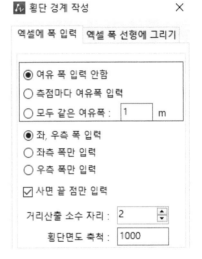

8) 횡단면도 야장으로

선택한 횡단면도를 도면에 표기하거나 RP 종, 횡단 파일로 내보냅니다.

■ 메뉴 : Z-DREAM → CIVIL → 횡단 → 횡단면도 야장으로
■ 명령어 : CFB
■ 아이콘 :

9) 횡단 사면 그리기

횡단면도에 쌓기부와 깎기부 사면을 작성합니다.

- ■ 메뉴 : Z-DREAM → CIVIL → 횡단 → 횡단 사면 그리기
- ■ 명령어 : CSS
- ■ 아이콘 :

10) 깎기부 사면 전개도

다양한 객체(선, 폴리선, 스플라인, 호, 문자, 치수 등) 또는 입력 방법(면적, 계산식 기입)으로 사칙연산이 가능하며 계산식 및 결과값을 복사, 삽입할 수 있습니다.

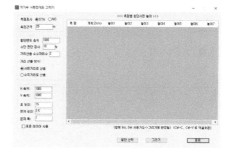

- ■ 메뉴 : Z-DREAM → CIVIL → 횡단 → 깎기부 사면 전개도
- ■ 명령어 : CSR
- ■ 아이콘 :

11) 하천 횡단 레벨 표시

횡단의 좌측, 우측에 E.L 폴대를 작성합니다.

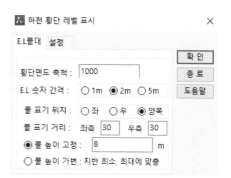

- ■ 메뉴 : Z-DREAM → CIVIL → 횡단 → 하천 횡단 레벨 표시
- ■ 명령어 : DCEM
- ■ 아이콘 :

03 선형

1) 클로소이드

클로소이드 선형을 작성하거나 A값을 찾아 선형을 작성합니다.

■ 메뉴 : Z-DREAM → CIVIL → 선형 → 클로소이드
■ 명령어 : DCLO
■ 아이콘 :

2) 선형에 측점 쓰기

선형에 측점을 작성합니다.

■ 메뉴 : Z-DREAM → CIVIL → 선형 → 선형에 측점 쓰기
■ 명령어 : DSTA
■ 아이콘 :

3) 측점 표기

측점을 표기합니다.

■ 메뉴 : Z-DREAM → CIVIL → 선형 → 측점 표기
■ 명령어 : STT
■ 아이콘 : STA

4) 선형 측점 조회

선형의 측점을 지정하여 조회합니다.

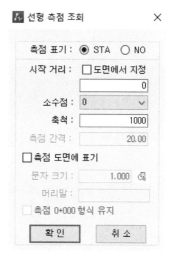

■ 메뉴 : Z-DREAM → CIVIL → 선형 → 선형 측점 조회

■ 명령어 : GST

■ 아이콘 : STA

5) 측점 문자 거리 계산

측점 문자를 선택하여 측점 간의 거리를 계산합니다.

■ 메뉴 : Z-DREAM → CIVIL → 선형 → 측점 문자 거리 계산

■ 명령어 : CST

■ 아이콘 : STA

6) 원곡선 선형 IP

원곡선 선형의 IP와 제원을 작성합니다.

■ 메뉴 : Z-DREAM → CIVIL → 선형 → 원곡선 선형 IP

■ 명령어 : MIP

■ 아이콘 : P=

7) 접선/접원 작성

객체에 접하는 접선과 접원을 간편하게 작성합니다.

■ 메뉴 : Z-DREAM → CIVIL → 선형 → 접선/접원 작성
■ 명령어 : TPL
■ 아이콘 :

객체에 접선, 접원 그리기 ✕

◉ 접선 ○ 수직선 ○ 접하는 원
레이어 : 0
☐ ByLayer
☐ 객체 끊기

확인   취소   도움말

8) 원곡선 반경 찾기

다양한 객체(선, 폴리선, 스플라인, 호, 문자, 치수 등) 또는 입력 방법(면적, 계산식 기입)으로 사칙연산이 가능하며 계산식 및 결과값을 복사, 삽입할 수 있습니다.

■ 메뉴 : Z-DREAM → CIVIL → 선형 → 원곡선 반경 찾기
■ 명령어 : FIR
■ 아이콘 :

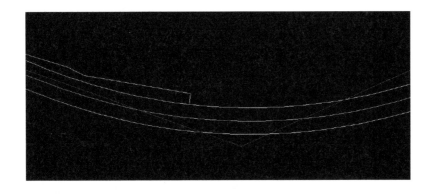

04 사면

1) 계획 사면 그리기

지정한 두 점 사이에 계획사면을 그립니다.

> ■ 메뉴 : Z-DREAM → 사면 → 계획사면 그리기
> ■ 명령어 : DSLO
> ■ 아이콘 :

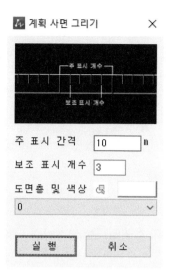

2) 자연 사면 그리기

현황에 자연 사면을 작성합니다.

> ■ 메뉴 : Z-DREAM → 사면 → 자연사면 그리기
> ■ 명령어 : NSLO
> ■ 아이콘 :

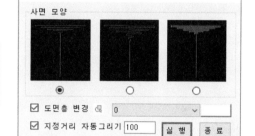

3) 앞성토 사면 그리기

앞성토 사면을 작성합니다.

> ■ 메뉴 : Z-DREAM → 사면 → 앞성토 사면 그리기
> ■ 명령어 : DFB
> ■ 아이콘 :

05 EL

1) 상대 EL 구하기

특정 점의 상대적인 높이를 계산하여 작성합니다.

■ 메뉴 : Z-DREAM → EL → 상대 EL 구하기

■ 명령어 : FE

■ 아이콘 : EL

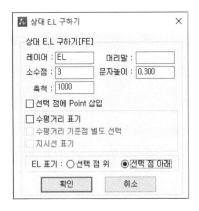

2) 측구 EL 구하기

지시선을 이용하여 선택한 점 높이의 EL을 작성합니다.

■ 메뉴 : Z-DREAM → EL → 측구 EL 구하기

■ 명령어 : FW

■ 아이콘 : EL

3) EL 표시

EL을 찾아 작성합니다.

■ 메뉴 : Z-DREAM → EL → EL 표시

■ 명령어 : FEL

■ 아이콘 : EL

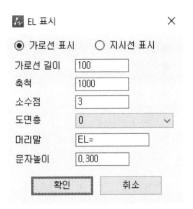

4) 두 점 사이 EL 구하기

두 점의 Z값 사이의 EL을 계산하여 작성합니다.

```
■ 메뉴 : Z-DREAM → EL → 두 점 사이 EL 구하기
■ 명령어 : GEL
■ 아이콘 : EL⌗
```

---

06 그리기

1) 경사선 그리기

도면에 경사선을 작성합니다.

```
■ 메뉴 : Z-DREAM → 그리기 → 경사선 그리기
■ 명령어 : SLL
■ 아이콘 : ✏
```

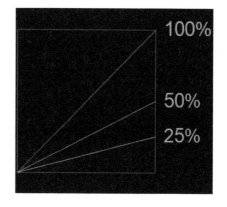

2) 경사 표시

경사선의 경사를 % 또는 1:S로 계산하여 작성합니다.

```
■ 메뉴 : Z-DREAM → 그리기 → 경사 표시
■ 명령어 : SLT
■ 아이콘 : %╱
```

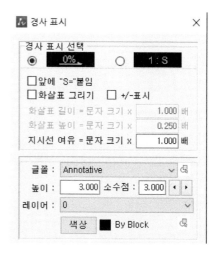

3) 가각 그리기

두 선 사이에 거리를 설정하여 가각을 작성합니다.

■ 메뉴 : Z-DREAM → 그리기 → 가각 그리기
■ 명령어 : COA
■ 아이콘 :

4) 배수관 그리기

배수횡단면도의 횡배수관을 작성합니다.

■ 메뉴 : Z-DREAM → 그리기 → 배수관 그리기
■ 명령어 : DP
■ 아이콘 :

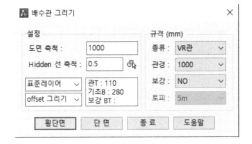

5) 암거 표준도 단면 작성

암거 표준도의 선택 규격에 맞는 횡단면, 평면, 단면을 작성합니다.

■ 메뉴 : Z-DREAM → 그리기 → 암거 표준도 단면 작성
■ 명령어 : DBOX
■ 아이콘 :

6) 옹벽 표준도 단면 작성

옹벽 표준도의 선택 규격에 맞는 좌, 우측 단면을 작성합니다.

■ 메뉴 : Z-DREAM → 그리기 → 옹벽 표준도 단면 작성
■ 명령어 : DRWS
■ 아이콘 :

7) 그리드 그리기

영역 또는 객체 등을 선택하여 원하는 간격의 그리드를 작성합니다.

■ 메뉴 : Z-DREAM → 그리기 → 그리드 그리기
■ 명령어 : DGR
■ 아이콘 :

8) 횡단보도 그리기

두 점을 이용하여 횡단보도를 작성합니다.

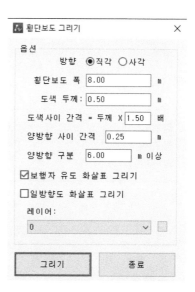

■ 메뉴 : Z-DREAM → 그리기 → 횡단보도 그리기
■ 명령어 : DCW
■ 아이콘 :

9) 갈매기 노면 표시

갈매기 노면표시를 간편하게 작성합니다.

- ■ 메뉴 : Z-DREAM → 그리기 → 갈매기 노면 표시
- ■ 명령어 : DNL
- ■ 아이콘 :

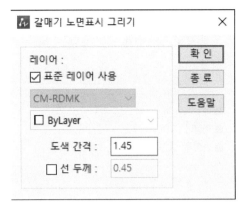

10) 도로 테이퍼 그리기

도로 테이퍼, 좌회전 대기 차로를 작성합니다.

- ■ 메뉴 : Z-DREAM → 그리기 → 도로 테이퍼 그리기
- ■ 명령어 : DTA
- ■ 아이콘 :

11) 평면 길어깨 집수정

평면선형 특정 구간의 좌우 길어깨에 집수정을 배치합니다.

- ■ 메뉴 : Z-DREAM → 그리기 → 평면 길어깨 집수정
- ■ 명령어 : ARCP
- ■ 아이콘 : CP

12) 옹벽 전개도 작성

엑셀 데이터를 이용하여 옹벽 전개도를 작성합니다. 따라서 엑셀 데이터가 미리 작성되어 있어야합니다. 엑셀 데이터는 아래와 같은 양식으로 측점~저판두께 값이 입력되어 있어야합니다.

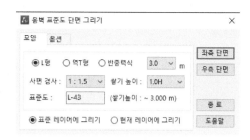

측점	구간연장	지반고	상단계획고	옹벽높이	저판두께

■ 메뉴 : Z-DREAM → 그리기 → 옹벽 전개도 작성
■ 명령어 : DRWD
■ 아이콘 :

13) 버림 콘크리트 그리기

구조물의 버림 콘크리트를 작성합니다.

■ 메뉴 : Z-DREAM → 그리기 → 버림 콘크리트 그리기
■ 명령어 : DRL
■ 아이콘 :

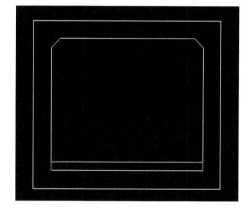

14) 철근 재료표

작성되어 있는 철근 상세도를 선택하여 철근 재료표를 작성합니다.

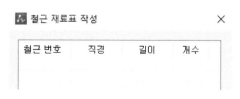

철근 번호	직경	길이	개수

■ 메뉴 : Z-DREAM → 그리기 → 철근 재료표
■ 명령어 : RET
■ 아이콘 :

07 기타

1) 대응 측점 조회

기준 도로에 대응되는 도로의 측점을 조회하여 엑셀에 작성합니다.

> ■ 메뉴 : Z-DREAM → CIVIL → 대응 측점 조회
> ■ 명령어 : GCS
> ■ 아이콘 :

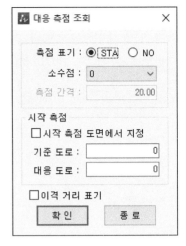

2) 원곡선 제원 쓰기

원곡선(호)의 제원을 도면에 작성합니다.

> ■ 메뉴 : Z-DREAM → CIVIL → 원곡선 제원 쓰기
> ■ 명령어 : ARI
> ■ 아이콘 :

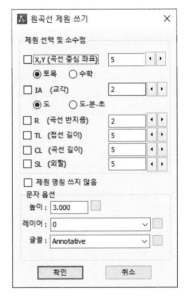

3) 배수 라인 타입

선을 선택하여 배수 라인 타입으로 변경합니다.

> ■ 메뉴 : Z-DREAM → CIVIL → 배수 라인 타입
> ■ 명령어 : DLT
> ■ 아이콘 :

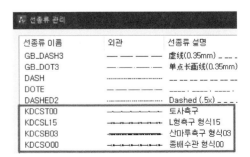

4) 도로 차선 라인 타입

도로 차선에 라인 타입을 작성합니다.

> ■ 메뉴 : Z-DREAM → CIVIL → 도로 차선 라인 타입
> ■ 명령어 : ROADL
> ■ 아이콘 :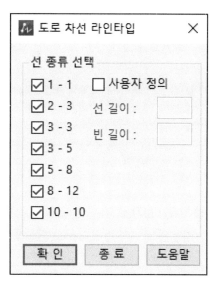

5) 등고선 높이 문자 쓰기

등고선의 높이를 작성합니다.

> ■ 메뉴 : Z-DREAM → CIVIL → 등고선 높이 문자 쓰기
> ■ 명령어 : WCZ
> ■ 아이콘 :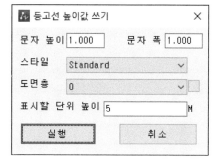

6) 등고선 도면층 분리

등고선을 설정한 높이에 따라 도면층을 분리합니다.

> ■ 메뉴 : Z-DREAM → CIVIL → 등고선 도면층 분리
> ■ 명령어 : DCON
> ■ 아이콘 :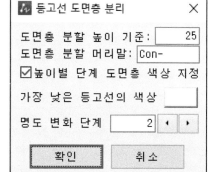

7) 방위각 선 그리기

방위각을 입력해 지정한 거리의 선을 작성합니다.

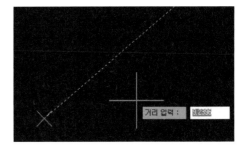

■ 메뉴 : Z-DREAM → CIVIL → 방위각 선 그리기
■ 명령어 : AZL
■ 아이콘 :

8) 방위각 문자 쓰기

지정한 두 점의 방위각을 도면에 작성합니다.

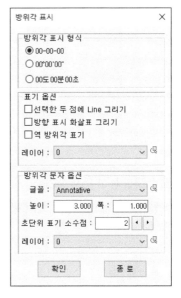

■ 메뉴 : Z-DREAM → CIVIL → 방위각 문자 쓰기
■ 명령어 : AZT
■ 아이콘 :

9) 관측각으로 그리기

기계점에서 후시를 반영 후 각을 적용하여 관측한 점, 선 그리기 등을 작성합니다.

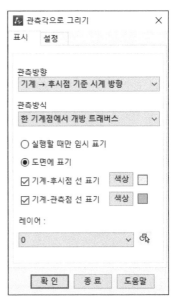

■ 메뉴 : Z-DREAM → CIVIL → 관측각으로 그리기
■ 명령어 : OBL
■ 아이콘 :

10) 문자 내용으로 Z값 점 생성

문자 내용으로 Z값 점을 생성합니다.

■ 메뉴 : Z-DREAM → CIVIL → 문자 내용으로 Z값 점 생성
■ 명령어 : TTP
■ 아이콘 :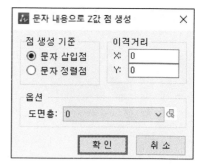

11) Z값 문자쓰기

점을 지정하고 지정한 위치에 문자를 입력하여 입력된
문자에 따라 Z값이 설정됩니다.

■ 메뉴 : Z-DREAM → CIVIL → Z값 문자쓰기
■ 명령어 : ZVT
■ 아이콘 :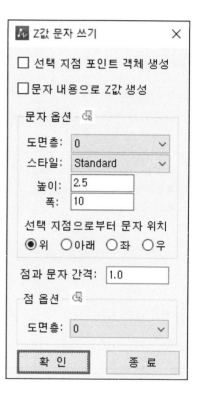

12) Z값 선 그리기

선 또는 폴리선을 연속으로 작성하며 각 점마다 Z값을
입력합니다.

■ 메뉴 : Z-DREAM → CIVIL → Z값 선 그리기
■ 명령어 : ZVL
■ 아이콘 :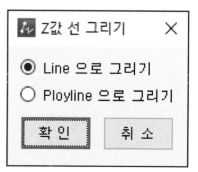

좌표

---

01 좌표

1) XY 좌표 쓰기

선택한 점의 X, Y 좌표를 작성합니다.

- ■ 메뉴 : Z-DREAM → 좌표 → XY 좌표 쓰기
- ■ 명령어 : XY
- ■ 아이콘 : $\frac{X=}{Y=}$

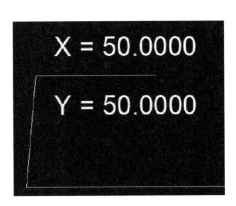

X = 50.0000

Y = 50.0000

2) 좌표 내보내기

객체의 좌표 값을 엑셀 또는 텍스트 파일로 내보냅니다.

- ■ 메뉴 : Z-DREAM → 좌표 → 좌표 내보내기
- ■ 명령어 : CEX
- ■ 아이콘 :

3) 좌표 가져오기

엑셀 또는 텍스트 파일에 저장되어 있는 좌표 값을 가져와 도면에 작성합니다.

■ 메뉴 : Z-DREAM → 좌표 → 좌표 가져오기
■ 명령어 : CIM
■ 아이콘 :

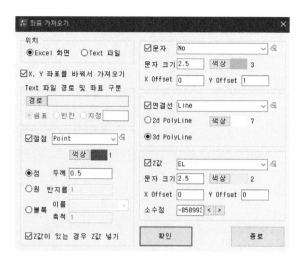

4) 경계 좌표 추출

폴리선 경계의 각 정점의 좌표를 추출하여 표로 작성합니다.

■ 메뉴 : Z-DREAM → 좌표 → 경계 좌표 추출
■ 명령어 : ZBC
■ 아이콘 :

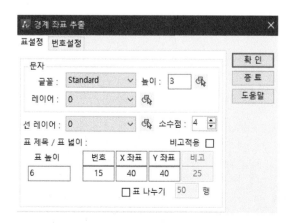

부 록

02

CHAPTER 04

도곽

---

01 도곽

1) 도면 폼에 번호 쓰기

한 도면에 여러 도면 폼이 있을 때, 특정 위치에 번호나 문자를 삽입합니다.

■ 메뉴 : Z-DREAM → 도곽 → 도면 폼에 번호 쓰기
■ 명령어 : ADN
■ 아이콘 :

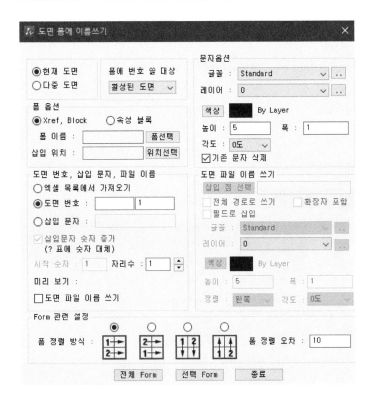

2) 다중 도면 삽입, Xref

한 번에 선택한 여러 장의 도면을 블록으로 삽입 또는 외부참조로 부착합니다.

■ 메뉴 : Z-DREAM → 도곽 → 다중 도면 삽입, Xref
■ 명령어 : MUIN
■ 아이콘 :

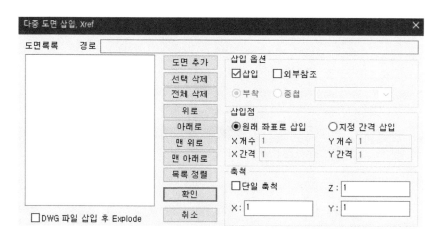

3) 속성 도곽 내용 일괄 수정

속성으로 되어있는 도곽의 내용을 내보내고 수정하여 가져옵니다.

■ 메뉴 : Z-DREAM → 도곽 → 속성 도곽 내용 일괄 수정
■ 명령어 : CALS
■ 아이콘 :

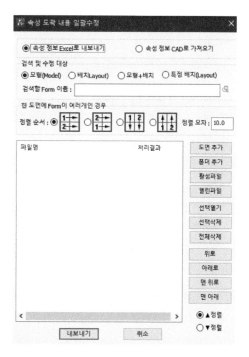

부　록

02

CHAPTER 05

엑셀

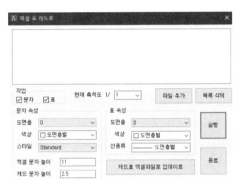

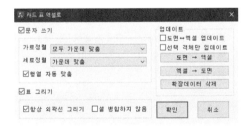

01 엑셀

1) 엑셀 표 캐드로

　엑셀에 정의된 표와 테이블 형식을 도면상에 선과 단일 행 문자 객체로 삽입됩니다.

> ■ 메뉴 : Z-DREAM → 엑셀 → 엑셀 표 캐드로
> ■ 명령어 : ETC
> ■ 아이콘 :

2) 캐드 표 엑셀로

　ZWCAD에서 선과 문자 객체로 작성된 표를 엑셀로 내보냅니다.

> ■ 메뉴 : Z-DREAM → 엑셀 → 캐드 표 엑셀로
> ■ 명령어 : CTE
> ■ 아이콘 :

3) 문자를 엑셀로

ZWCAD의 문자 객체를 엑셀로 내보냅니다.

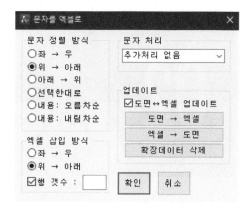

■ 메뉴 : Z-DREAM → 엑셀 → 문자를 엑셀로
■ 명령어 : TTE
■ 아이콘 : A

4) 엑셀 문자로 대체

도면 상의 문자를 엑셀 문자로 대체합니다.

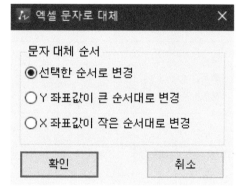

■ 메뉴 : Z-DREAM → 엑셀 → 엑셀 문자로 대체
■ 명령어 : TTC
■ 아이콘 : TEXT

5) 순번 좌표 내보내기

순서대로 선택한 위치의 좌표 값을 엑셀로 내보
냅니다.

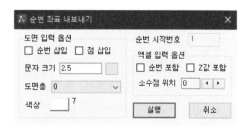

■ 메뉴 : Z-DREAM → 엑셀 → 순번 좌표 내보내기
■ 명령어 : RCE
■ 아이콘 : 123

부 록

02
CHAPTER 06

도면층

---

01 도면층

1) 도면층 필터 삭제

도면 내의 모든 도면층 필터를 삭제합니다.

- 메뉴 : Z-DREAM → 도면층 → 도면층 필터 삭제
- 명령어 : DLF
- 아이콘 :

2) 도면층 객체 삭제

도면층이 꺼져있거나 동결된 객체 또는 선택한 도면층 객체를 삭제합니다.

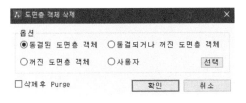

- 메뉴 : Z-DREAM → 도면층 → 도면층 객체 삭제
- 명령어 : DFO
- 아이콘 :

3) 색상-도면층 변환

객체의 색상으로 도면층을 생성하고 선택한 객체를 새로 생성된 도면층으로 변경합니다.

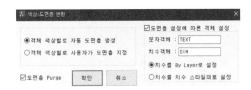

- 메뉴 : Z-DREAM → 도면층 → 색상-도면층 변환
- 명령어 : LC
- 아이콘 :

4) 외부참조 도면층 상태 복원

도면에 부착된 외부참조의 도면층을 참조하는
원본파일의 도면층 상태로 복원합니다.

> ■ 메뉴 : Z-DREAM → 도면층 → 외부참조 도면층 상태 복원
> ■ 명령어 : RXL
> ■ 아이콘 :

5) 외부참조 색상 변경

외부참조의 모든 객체의 도면층 색상을 변경합니다.

> ■ 메뉴 : Z-DREAM → 도면층 → 외부참조 색상 변경
> ■ 명령어 : XFC
> ■ 아이콘 :

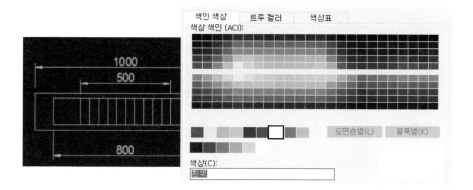

6) 도면층 병합

선택한 도면층(들)을 하나의 도면층으로 병합합
니다.

> ■ 메뉴 : Z-DREAM → 도면층 → 도면층 병합
> ■ 명령어 : LME
> ■ 아이콘 :

7) 도면층 특성 변경

선택한 객체에 적용된 도면층의 속성을 변경합
니다.

■ 메뉴 : Z-DREAM → 도면층 → 도면층 특성 변경
■ 명령어 : LP
■ 아이콘 :

8) 도면층 상태 일괄 적용

도면층 상태(속성)을 저장하여 일괄적으로 여러
도면에 저장합니다.

■ 메뉴 : Z-DREAM → 도면층 → 도면층 상태 일괄 적용
■ 명령어 : MLS
■ 아이콘 :

9) 도면층 이름 변경

도면층 이름을 변경합니다.

■ 메뉴 : Z-DREAM → 도면층 → 도면층 이름 변경
■ 명령어 : REL
■ 아이콘 :

10) 도면층으로 분해

블록을 지정한 도면층으로 변경한 후 분해합니다.

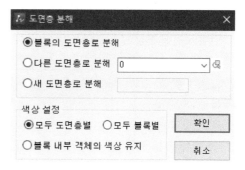

- **메뉴** : Z-DREAM → 도면층 → 도면층으로 분해
- **명령어** : EEL
- **아이콘** :

11) 도면층으로 복사

선택한 객체를 현재 도면층 또는 다른 도면층으로 복사합니다.

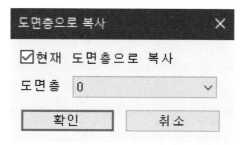

- **메뉴** : Z-DREAM → 도면층 → 도면층으로 복사
- **명령어** : CTL
- **아이콘** :

12) 도면층 끄기

객체를 선택하여 도면층을 끕니다.

- **메뉴** : Z-DREAM → 도면층 → 도면층 끄기
- **명령어** : LOF
- **아이콘** :

13) 모든 도면층 켜기

현재 도면에 꺼진 모든 도면층을 켭니다.

■ 메뉴 : Z-DREAM → 도면층 → 모든 도면층 켜기
■ 명령어 : LON
■ 아이콘 :

14) 선택한 도면층만 켜기

선택한 객체의 도면층만 켭니다.

■ 메뉴 : Z-DREAM → 도면층 → 선택한 도면층만
켜기
■ 명령어 : LOL
■ 아이콘 :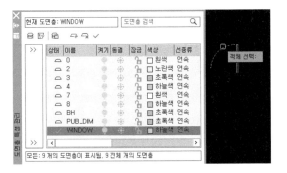

15) 동결된 도면층만 켜기

동결된 도면층을 제외하고 나머지 도면층
은 모두 끕니다.

■ 메뉴 : Z-DREAM → 도면층 → 동결된 도면층만
켜기
■ 명령어 : FLO
■ 아이콘 :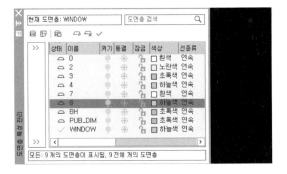

16) 동결, 꺼진 도면층만 켜기

동결되거나 꺼진 도면층만 켜고 다른 도면
층은 모두 끕니다.

■ 메뉴 : Z-DREAM → 도면층 → 동결, 꺼진 도면
층만 켜기
■ 명령어 : FOO
■ 아이콘 :

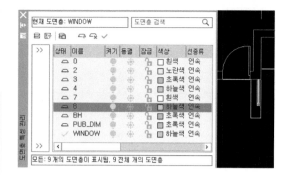

17) 꺼진 도면층만 켜기

도면층이 꺼져있는 도면층은 켜고 켜져있
는 도면층은 끕니다.

■ 메뉴 : Z-DREAM → 도면층 → 꺼진 도면층만
켜기
■ 명령어 : OLO
■ 아이콘 :

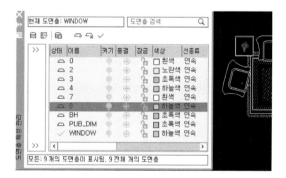

18) 선택 도면층 플롯 안됨

선택한 도면층을 출력 시 플롯이 안되도록
설정합니다.

■ 메뉴 : Z-DREAM → 도면층 → 선택 도면층 플
롯 안됨
■ 명령어 : LPF
■ 아이콘 :

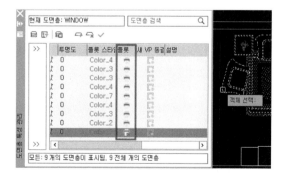

19) 선택 도면층 플롯 가능

"플롯하지 않음"으로 설정된 도면층을 플롯할 수 있도록 변경합니다.

■ 메뉴 : Z-DREAM → 도면층 → 선택 도면층 플롯 가능
■ 명령어 : LPO
■ 아이콘 :

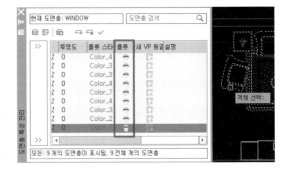

20) 도면층 동결

선택한 객체의 도면층을 동결시킵니다.

■ 메뉴 : Z-DREAM → 도면층 → 도면층 동결
■ 명령어 : LFR
■ 아이콘 :

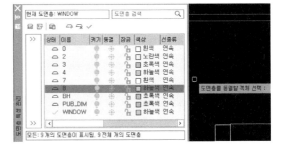

21) 선택 도면층 외 모두 동결

선택한 객체의 도면층을 제외한 나머지 도면층을 모두 동결시킵니다.

■ 메뉴 : Z-DREAM → 도면층 → 선택 도면층외 모두 동결
■ 명령어 : FRE
■ 아이콘 :

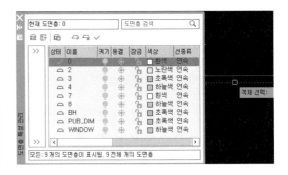

22) 모든 도면층 동결 해제

현재 도면에 동결된 모든 도면층을 동결 해제합니다.

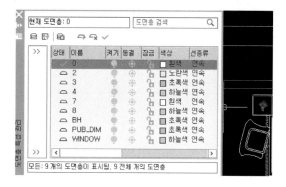

- 메뉴 : Z-DREAM → 도면층 → 모든 도면층 동결 해제
- 명령어 : LTH
- 아이콘 :

23) 도면층 잠금

선택한 객체의 도면층을 잠금 시킵니다.

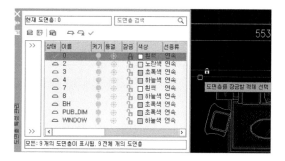

- 메뉴 : Z-DREAM → 도면층 → 도면층 잠금
- 명령어 : LLO
- 아이콘 :

24) 선택 도면층 외 모두 잠금

선택한 객체의 도면층을 제외한 모든 도면층을 모두 잠금 시킵니다.

- 메뉴 : Z-DREAM → 도면층 → 선택 도면층 외 모두 잠금
- 명령어 : LOE
- 아이콘 :

25) 선택 도면층 외 모두 잠금 해제

선택한 객체의 도면층을 제외한 모든 도면층을 잠금 해제합니다.

■ 메뉴 : Z-DREAM → 도면층 → 선택 도면층 잠금 해제
■ 명령어 : LUL
■ 아이콘 :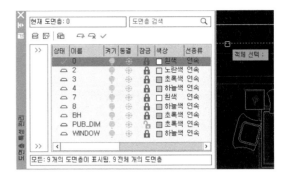

26) 선택 도면층 잠금 해제

선택한 도면층을 잠금 해제합니다.

■ 메뉴 : Z-DREAM → 도면층 → 모든 도면층 잠금 해제
■ 명령어 : ULA
■ 아이콘 :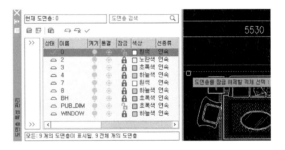

27) 모든 도면층 잠금 해제

현재 도면에 잠금 되어 있는 모든 도면층을 잠금 해제합니다.

■ 메뉴 : Z-DREAM → 도면층 → 모든 도면층 잠금 해제
■ 명령어 : ULA
■ 아이콘 :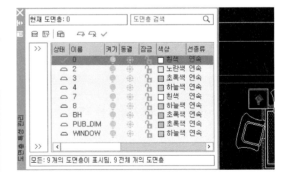

문자

---

1) 문자 일괄 회전

도면 내 모든 문자를 회전합니다.

- ■ 메뉴 : Z-DREAM → 문자 → 문자 일괄 회전
- ■ 명령어 : TAR
- ■ 아이콘 :

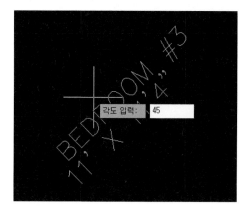

2) 문자 일괄 크기 변경

도면 내 모든 문자의 크기를 변경합니다.

- ■ 메뉴 : Z-DREAM → 문자 → 문자 일괄 크기 변경
- ■ 명령어 : TAS
- ■ 아이콘 :

3) 객체에 맞게 문자 회전

선분으로 이루어진 객체를 기준으로 문자의 각도를 변경합니다.

■ 메뉴 : Z-DREAM → 문자 → 객체에 맞게 문자 회전
■ 명령어 : TER
■ 아이콘 : A

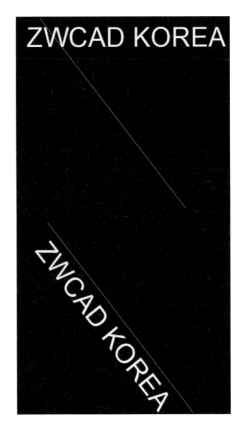

4) 두 점 사이 문자 쓰기

두 점 사이에 문자를 기입합니다.

■ 메뉴 : Z-DREAM → 문자 → 두 점 사이 문자 쓰기
■ 명령어 : TMP
■ 아이콘 : AB

5) 문자 내용 복사

문자 객체의 내용을 다른 문자 객체 내용에 복사합니다.

■ 메뉴 : Z-DREAM → 문자 → 문자 내용 복사
■ 명령어 : TCO
■ 아이콘 : A

6) 문자 내용 서로 바꾸기

첫 번째 선택한 문자 객체와 두 번째 선택한 문자 객체의 내용을 서로 바꿉니다.

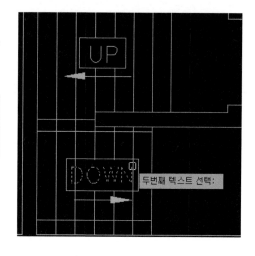

- 메뉴 : Z-DREAM → 문자 → 문자 내용 서로 바꾸기
- 명령어 : TSW
- 아이콘 : A↰B

7) 대소문자 변경

문자의 대소문자를 다양한 방법으로 변환합니다.

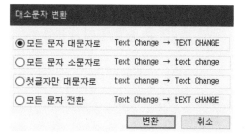

- 메뉴 : Z-DREAM → 문자 → 대소문자 변경
- 명령어 : CTC
- 아이콘 : A↰a

8) 문자 정렬

문자 객체들의 정렬점을 변경하고 X축 또는 Y축을 기준으로 정렬합니다.

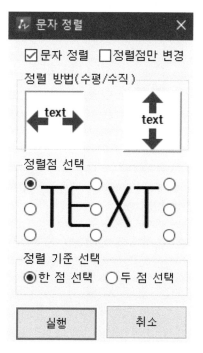

- 메뉴 : Z-DREAM → 문자 → 문자 정렬
- 명령어 : ART
- 아이콘 : |A B

9) 사각형의 가운데로 정렬

문자를 사각형의 중심으로 정렬합니다.

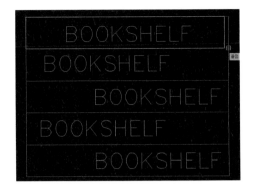

- ■ 메뉴 : Z-DREAM → 문자 → 사각형의 가운데로 정렬
- ■ 명령어 : CR
- ■ 아이콘 : A

10) 문자 머리말/꼬리말

문자 객체의 앞, 중간, 끝에 내용을 추가합니다.

- ■ 메뉴 : Z-DREAM → 문자 → 문자 머리말/꼬리말
- ■ 명령어 : APT
- ■ 아이콘 :

문자 머리말/꼬리말

머리말	확인
중간말	
꼬리말	취소

중간말 입력시
[ ] 번째 문자 뒤에 삽입

11) 숫자 증감

숫자를 일괄적으로 설정한 숫자로 사칙연산(+, -, x, ÷)합니다.

- ■ 메뉴 : Z-DREAM → 문자 → 숫자 증감
- ■ 명령어 : ADD
- ■ 아이콘 : 10.1/10.0±

숫자 증감 ✕

☑ 천 단위 구분기호 삽입(,)

☑ 소수점 삽입   자리수 [2]

사칙연산 선택
◉ +   ○ −   ○ ×   ○ ÷

증감 숫자 : [0]

| 확인 | 취소 |

12) 숫자 반올림, 올림, 내림

숫자의 반올림, 올림, 내림을 설정합니다.

■ 메뉴 : Z-DREAM → 문자 → 숫자 반올림, 올림, 내림
■ 명령어 : RTN
■ 아이콘 : 0.00↑

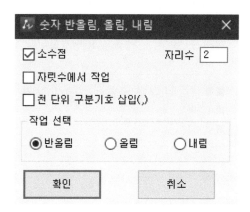

13) 연속 숫자 증가

숫자 또는 문자에 포함된 숫자를 지정한 값만큼 연속적으로 증가시킵니다.

■ 메뉴 : Z-DREAM → 문자 → 연속 숫자 증가
■ 명령어 : TEI
■ 아이콘 : ≛1

14) 천 단위 표기

선택한 문자들에 쉼표(,) 표시로 천 단위 표기합니다.

■ 메뉴 : Z-DREAM → 문자 → 천 단위 표기
■ 명령어 : THP
■ 아이콘 : 1000

15) 문자 찾기/바꾸기

현재 도면에서 문자를 찾고 변경합니다.

■ 메뉴 : Z-DREAM → 문자 → 문자 찾기/바꾸기

■ 명령어 : FTE

■ 아이콘 : ⊕

16) 연속 문자 수정

여러 개의 문자 객체를 연속적으로 내용을 입력하여 수정합니다.

■ 메뉴 : Z-DREAM → 문자 → 연속 문자 수정

■ 명령어 : SED

■ 아이콘 : A⤡

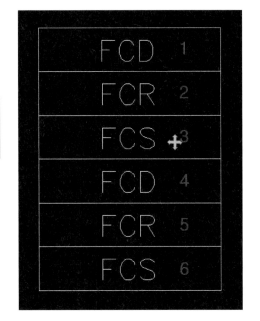

17) 문자 삭제

문자의 내용을 삭제하거나 추가 옵션을 이용하여 문자 내용을 변경합니다.

■ 메뉴 : Z-DREAM → 문자 → 문자 삭제

■ 명령어 : DET

■ 아이콘 : A×

18) 문자 합치기

문자를 다양한 정렬 방식과 공백을 지정하여 병합합니다.

■ 메뉴 : Z-DREAM → 문자 → 문자 합치기
■ 명령어 : TJO
■ 아이콘 : AB

19) 문자 간격 띄우기

문자 객체의 Y축 간격을 입력한 값으로 이동합니다.

■ 메뉴 : Z-DREAM → 문자 → 문자 간격 띄우기
■ 명령어 : TF
■ 아이콘 : A

20) 문자 복사 간격 띄우기

문자 객체의 Y축 간격을 입력한 값으로 복사합니다.

■ 메뉴 : Z-DREAM → 문자 → 문자 복사 간격 띄우기
■ 명령어 : TCF
■ 아이콘 : A

21) 속성 복사

속성 블록의 속성 값을 원본 속성 값으로 복사합니다.

- 메뉴 : Z-DREAM → 문자 → 속성 복사
- 명령어 : ATC
- 아이콘 :

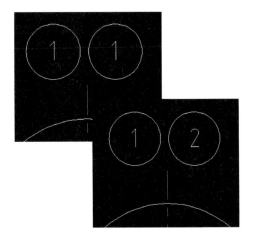

22) 문자 스타일 병합

도면 내의 모든 문자 객체의 정의된 문자 스타일을 변경하고 병합합니다.

- 메뉴 : Z-DREAM → 문자 → 문자 스타일 병합
- 명령어 : MTS
- 아이콘 : A

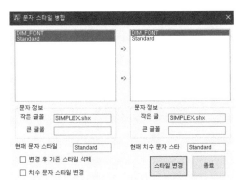

수정

01 수정

1) 객체 참조 회전

지정한 객체를 선분에 참조하여 회전합니다.

■ 메뉴 : Z-DREAM → 수정 → 객체 참조 회전
■ 명령어 : REF
■ 아이콘 :

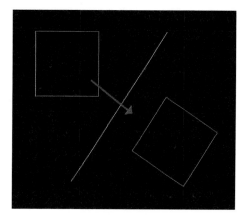

2) 선 객체 폴리선으로

선택한 선을 폴리선, 2D 폴리선, 3D 폴리선으로 변경합니다.

■ 메뉴 : Z-DREAM → 수정 → 선 객체 폴리선으로
■ 명령어 : LTP
■ 아이콘 :

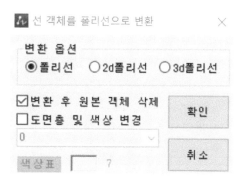

3) 원, 호 객체 폴리선으로

원 또는 호 객체를 폴리선으로 변환합니다.

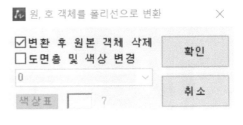

> ■ 메뉴 : Z-DREAM → 수정 → 원, 호 객체 폴리선으로
> ■ 명령어 : CTP
> ■ 아이콘 : 🔍↗

4) 스플라인 to 폴리선

스플라인 특성을 가진 선을 폴리선으로 변경합니다.

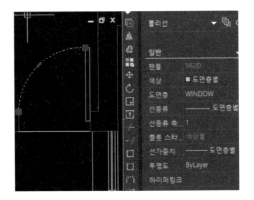

> ■ 메뉴 : Z-DREAM → 수정 → 스플라인 to 폴리선
> ■ 명령어 : STP
> ■ 아이콘 : ⋎

5) 폴리선 방향 변경

폴리선의 진행 방향을 변경합니다. 폴리선의 좌표 순서를 변경하거나 화살표가 포함된 폴리선 방향을 변경할 때에 사용할 수 있습니다.

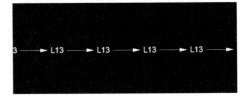

> ■ 메뉴 : Z-DREAM → 수정 → 폴리선 방향 변경
> ■ 명령어 : RC
> ■ 아이콘 : ↔

6) 폴리선 정점 추가

폴리선에 정점을 추가합니다.

■ 메뉴 : Z-DREAM → 수정 → 폴리선 정점 추가
■ 명령어 : AVE
■ 아이콘 :

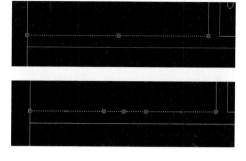

7) 증분 복사

선택한 객체를 증분으로 복사합니다.

■ 메뉴 : Z-DREAM → 수정 → 증분 복사
■ 명령어 : ICO
■ 아이콘 :

8) 선 두께 변경

선택한 선, 폴리선, 호, 원의 선 두께를 일괄적으로 변경합니다.

■ 메뉴 : Z-DREAM → 수정 → 선 두께 변경
■ 명령어 : PW
■ 아이콘 :

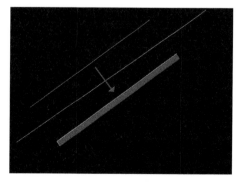

9) Z값 변경

선택한 객체의 Z값을 변경합니다.

> ■ 메뉴 : Z-DREAM → 수정 → Z값 변경
> ■ 명령어 : RZV
> ■ 아이콘 : Z+

10) 해치를 뒤로 보내기

해치 객체가 다른 객체를 가리고 있을 때, 해치 그리기 순서를 뒤로 합니다.

> ■ 메뉴 : Z-DREAM → 수정 → 해치를 뒤로 보내기
> ■ 명령어 : DRH
> ■ 아이콘 :

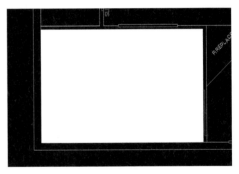

11) 이미지 Draworder

객체의 그리기 순서를 설정합니다.

> ■ 메뉴 : Z-DREAM → 수정 → 이미지 Draworder
> ■ 명령어 : DRI
> ■ 아이콘 :

12) 한 점에서 객체 끊기

선택한 선분 객체를 지정한 한 점에서 끊습니다.

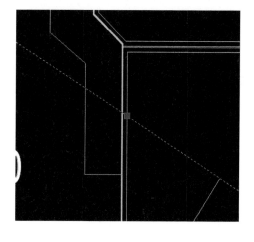

- ■ 메뉴 : Z-DREAM → 수정 → 한 점에서 객체 끊기
- ■ 명령어 : BOP
- ■ 아이콘 :

13) X,Y 축척 다르게 변환

객체를 선택하여 X, Y 축척(가로, 세로, 길이)을 변경합니다.

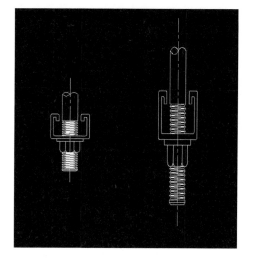

- ■ 메뉴 : Z-DREAM → 수정 → X, Y 축척 다르게 변환
- ■ 명령어 : XYB
- ■ 아이콘 :

14) 간편 DVIEW

DVIEW 명령의 하위 옵션인 "비틀기" 기능을 간편하게 사용할 수 있습니다.

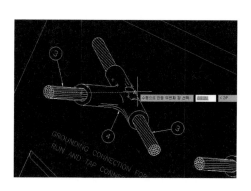

- ■ 메뉴 : Z-DREAM → 수정 → 간편 DVIEW
- ■ 명령어 : EDV
- ■ 아이콘 :

15) 간편 SNAPANG

십자선의 각도를 선분 객체의 각도로 변경합니다.

■ 메뉴 : Z-DREAM → 수정 → 간편 SNAPANG
■ 명령어 : ESN
■ 아이콘 :

16) 두 점으로 UCS 작성

두 점을 지정하여 UCS를 변경합니다.

■ 메뉴 : Z-DREAM → 수정 → 두 점으로 UCS 작성
■ 명령어 : TU
■ 아이콘 :

17) 색상별 객체 켜기/끄기

도면층과 관계없이 선택한 색상을 가진 객체를 끄거나 켭니다.

■ 메뉴 : Z-DREAM → 수정 → 색상별 객체 켜기/끄기
■ 명령어 : VCS
■ 아이콘 :

18) 선택 색상만 켜기

선택한 객체의 색상을 가진 객체를 켭니다.

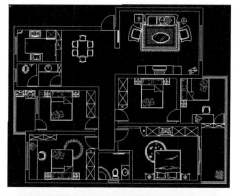

■ 메뉴 : Z-DREAM → 수정 → 선택 색상만 켜기
■ 명령어 : VOL
■ 아이콘 :

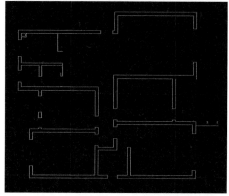

19) 선택 객체만 켜기

선택한 객체만 켜고 다른 객체는 모두 끕니다.

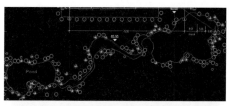

■ 메뉴 : Z-DREAM → 수정 → 선택 객체만 켜기
■ 명령어 : VEL
■ 아이콘 :

20) 모든 객체 켜기

도면에 숨겨진 객체를 모두 표시합니다.

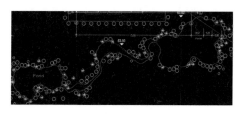

■ 메뉴 : Z-DREAM → 수정 → 모든 객체 켜기
■ 명령어 : VON
■ 아이콘 :

21) 객체 색상 변경

선택한 객체의 색상을 입력한 '0 ~ 256' 숫자의 색상으로 변경합니다.

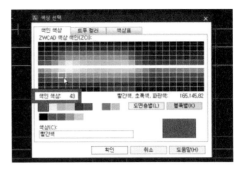

■ 메뉴 : Z-DREAM → 수정 → 객체 색상 변경
■ 명령어 : EC
■ 아이콘 :

22) 객체 축척 일괄 변경

객체 종류에 관계없이 축척을 일괄적으로 변경합니다.

■ 메뉴 : Z-DREAM → 수정 → 객체 축척 일괄 변경
■ 명령어 : MSC
■ 아이콘 :

23) 모든 객체 도면층별

모든 객체의 색상과 선 종류, 선 가중치를 도면층별 정의된 값으로 변경합니다.

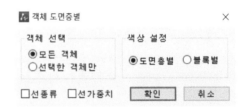

■ 메뉴 : Z-DREAM → 수정 → 모든 객체 도면층별
■ 명령어 : BYL
■ 아이콘 :

02
부 록
CHAPTER 09

치수

---

01 치수

1) 현재 치수 스타일 교체

치수를 선택하여 현재 치수 스타일로 교체합니다.

> ■ 메뉴 : Z-DREAM → 치수 → 현재 치수 스타일 교체
> ■ 명령어 : SCD
> ■ 아이콘 :

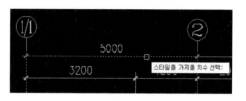

```
명령: SCD
스타일을 가져올 치수 선택:
설정한 스타일 이름 : DIMN75
```

2) 치수 간격 조정

치수선의 간격을 일괄적으로 조정합니다.

> ■ 메뉴 : Z-DREAM → 치수 → 치수 간격 조정
> ■ 명령어 : DSP
> ■ 아이콘 :

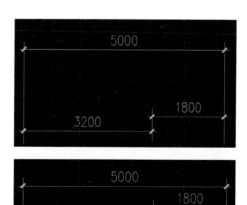

3) 치수선 위치 변경

치수 객체를 선택하여 치수선의 위치를 동일한 위치로 맞추거나 변경합니다.

- ■ 메뉴 : Z-DREAM → 치수 → 치수선 위치 변경
- ■ 명령어 : DLP
- ■ 아이콘 :

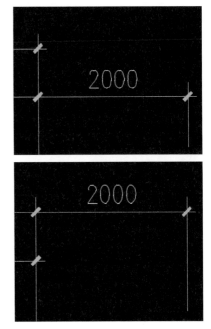

4) 치수 보조선 시작점 정렬

여러 치수 보조선들의 시작점을 동일한 위치로 정렬합니다.

- ■ 메뉴 : Z-DREAM → 치수 → 치수 보조선 시작점 정렬
- ■ 명령어 : DEX
- ■ 아이콘 :

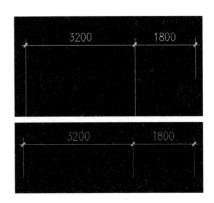

5) 치수 보조선 길이 변경

선택한 치수의 치수 보조선 길이를 변경합니다.

- ■ 메뉴 : Z-DREAM → 치수 → 치수 보조선 길이 변경
- ■ 명령어 : DEXL
- ■ 아이콘 :

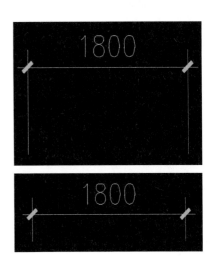

6) 치수 값 초기화

임의로 작성된 치수 값을 초기 값으로 초기화합니다.

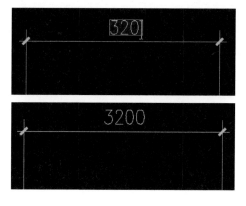

■ 메뉴 : Z-DREAM → 치수 → 치수 값 초기화
■ 명령어 : RDV
■ 아이콘 :

7) 치수 문자 위치 초기화

임의로 변경된 치수 문자의 위치를 초기 값으로 초기화합니다.

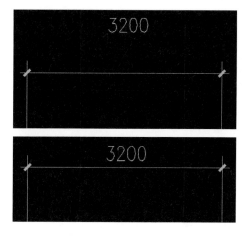

■ 메뉴 : Z-DREAM → 치수 → 치수 문자 위치 초기화
■ 명령어 : RDT
■ 아이콘 :

8) 치수 문자 위, 아래 이동

치수선을 기준으로 치수 문자의 위치를 위 또는 아래로 이동합니다.

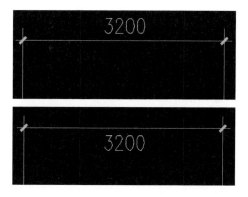

■ 메뉴 : Z-DREAM → 치수 → 치수 문자 위, 아래 이동
■ 명령어 : MDT
■ 아이콘 :

9) 치수 문자 좌우 이동

치수 문자를 치수선의 좌측 또는 우측으로 이동
합니다.

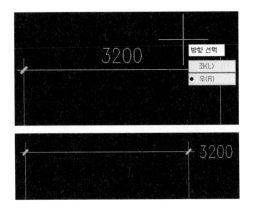

■ 메뉴 : Z-DREAM → 치수 → 치수 문자 좌우 이동
■ 명령어 : MDTH
■ 아이콘 :

10) 치수 문자 양방향 이동

두 개의 치수 문자를 선택하여 치수의 양 끝으로
이동합니다.

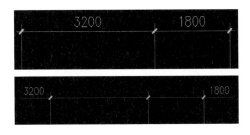

■ 메뉴 : Z-DREAM → 치수 → 치수 문자 양방향 이동
■ 명령어 : MDTE
■ 아이콘 :

11) 치수 문자만 이동

치수 문자를 자유롭게 이동할 수 있습니다. 치수
문자 위치 변경 시 치수선이 함께 움직이지 않으며
치수 문자의 위치만 변경됩니다.

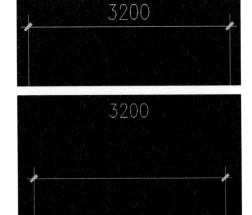

■ 메뉴 : Z-DREAM → 치수 → 치수 문자만 이동
■ 명령어 : MDTF
■ 아이콘 :

12) 치수 나누기

기준 치수에서 원하는 위치를 선택하여 치수를 선택한 지점마다 분할하여 작성합니다.

- ■ 메뉴 : Z-DREAM → 치수 → 치수 나누기
- ■ 명령어 : DID
- ■ 아이콘 :

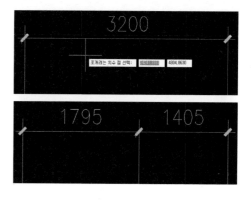

13) 치수 합치기

여러 개로 나누어져 있는 치수를 하나의 치수로 병합합니다.

- ■ 메뉴 : Z-DREAM → 치수 → 치수 합치기
- ■ 명령어 : DIJ
- ■ 아이콘 :

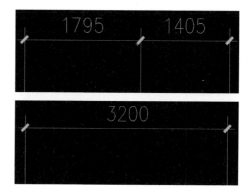

14) 치수 등분

하나의 치수를 지정한 개수로 등분합니다.

- ■ 메뉴 : Z-DREAM → 치수 → 치수 등분
- ■ 명령어 : DIDE
- ■ 아이콘 :

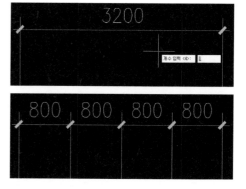

15) 치수 위, 아래 문자 표기

치수선의 위, 아래, 꼬리말, 머리말을 삽입합니다.

■ 메뉴 : Z-DREAM → 치수 → 치수 위, 아래 문자 표기

■ 명령어 : ABD

■ 아이콘 : |ABC|

16) 지시선 EXTEND, TRIM

지시선을 객체에 맞춰 연장 또는 자르기 합니다.

■ 메뉴 : Z-DREAM → 치수 → 지시선

■ 명령어 : EXL

■ 아이콘 :

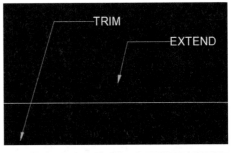

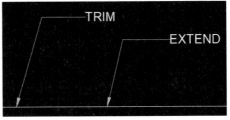

17) 치수, 다중지시선 문자 특성 변경

선택한 치수, 다중 지시선 객체의 문자의 특성을 변경합니다.

■ 메뉴 : Z-DREAM → 치수 → 치수, 다중지시선 문자 특성 변경

■ 명령어 : CHDT

■ 아이콘 :

18) 치수 축척 변경

선택한 치수, 다중 지시선 객체의 축척을 변경합니다.

- **메뉴** : Z-DREAM → 치수 → 치수 축척 변경
- **명령어** : SDS
- **아이콘** :

19) 연속 치수

선택한 치수를 기준으로 연속으로 치수를 작성할 수 있습니다.

- **메뉴** : Z-DREAM → 치수 → 연속 치수
- **명령어** : DIMC
- **아이콘** :

20) 치수 자동 삽입

선택한 선과 폴리선 객체의 치수를 자동으로 작성합니다.

- **메뉴** : Z-DREAM → 치수 → 치수 자동 삽입
- **명령어** : ADI
- **아이콘** :

21) 다중 치수

연속적으로 치수 기준이 되는 점을 선택하여 여러 치수를 작성합니다.

■ 메뉴 : Z-DREAM → 치수 → 다중 치수
■ 명령어 : MDIM
■ 아이콘 :

22) 간편 지시선 그리기

지시선 옵션 미리 설정한 후 간편하게 지시선을 작성합니다.

■ 메뉴 : Z-DREAM → 치수 → 간편 지시선 그리기
■ 명령어 : ELEA
■ 아이콘 :

블록

1) 외부참조 삽입

선택한 외부 참조를 블록 참조로 변경하여 삽입
합니다.

- ■ 메뉴 : Z-DREAM → 블록 → 외부 참조 삽입
- ■ 명령어 : BXR
- ■ 아이콘 :

2) 외부참조 분리

선택한 외부 참조를 도면에서 분리합니다.

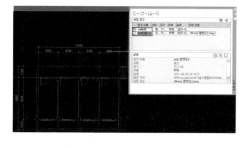

- ■ 메뉴 : Z-DREAM → 블록 → 외부참조 분리
- ■ 명령어 : DXR
- ■ 아이콘 :

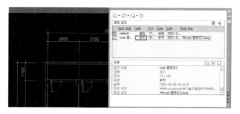

3) 외부참조 언로드

선택한 외부참조를 도면에서 언로드합니다.

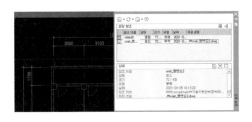

■ 메뉴 : Z-DREAM → 블록 → 외부참조 언로드

■ 명령어 : UXR

■ 아이콘 :

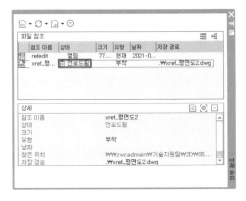

4) 외부참조 객체 복사

부착된 외부참조의 일부 객체를 현재 도면으로 복사합니다.

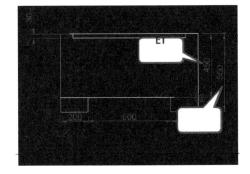

■ 메뉴 : Z-DREAM → 블록 → 외부참조 객체 복사

■ 명령어 : CN

■ 아이콘 :

5) 블록 색상 변경, 대체

외부참조 및 블록의 색상 또는 블록 전체를 변경
합니다.

■ 메뉴 : Z-DREAM → 블록 → 블록 색상 변경, 대체
■ 명령어 : RBC
■ 아이콘 :

6) 블록 이름 변경

선택한 블록의 이름을 변경합니다.

■ 메뉴 : Z-DREAM → 블록 → 블록 이름 변경
■ 명령어 : REB
■ 아이콘 :

7) 블록 기준점 변경

외부참조 및 블록의 기준점을 변경합니다.

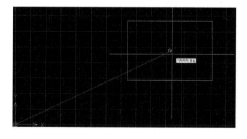

■ 메뉴 : Z-DREAM → 블록 → 블록 기준점 변경
■ 명령어 : RBI
■ 아이콘 :

8) 블록 다른 이름으로 복사

선택한 블록을 다른 이름으로 복사합니다.

■ 메뉴 : Z-DREAM → 블록 → 블록 다른 이름으로 복사
■ 명령어 : BCO
■ 아이콘 :

조회

01 조회

1) 면적 구하기

선택한 지점의 폐합된 면적을 구하고 값을 옵션을 기준으로 문자로 표기합니다.

■ 메뉴 : Z-DREAM → 조회 → 면적 구하기
■ 명령어 : ARE
■ 아이콘 : m²

2) 건축 슬래브 면적 테이블

선택한 객체의 개별 면적을 표로 작성합니다.

■ 메뉴 : Z-DREAM → 조회 → 건축 슬래브 면적 테이블
■ 명령어 : SLAT
■ 아이콘 : w×h

3) 면적 분할

폴리선으로 작성된 다각형을 지정된 개수로 등분하거나 면적으로 분할합니다.

> ■ 메뉴 : Z-DREAM → 조회 → 면적 분할
> ■ 명령어 : DIVA
> ■ 아이콘 :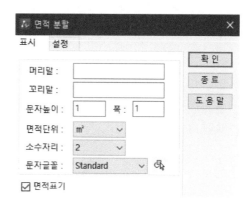

4) 선의 내부 길이 측정

기준선으로부터 선택하는 거리까지의 길이를 연속해서 표기합니다.

> ■ 메뉴 : Z-DREAM → 조회 → 선의 내부 길이 측정
> ■ 명령어 : CD
> ■ 아이콘 :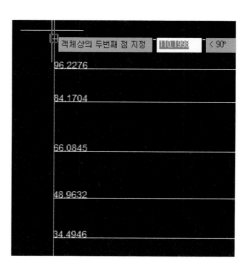

5) 축척이 적용된 거리

축척을 적용하여 거리 값을 계산합니다.

> ■ 메뉴 : Z-DREAM → 조회 → 축척이 적용된 거리
> ■ 명령어 : SD
> ■ 아이콘 :

6) 축척이 적용된 수평거리

축척을 적용하여 수평 거리 값을 계산합니다.

■ 메뉴 : Z-DREAM → 조회 → 축척이 적용된 수평거리
■ 명령어 : HSD
■ 아이콘 :

축척이 적용된 수평거리 옵션 설정   x

첫말 :

끝말 :

문자높이 : 1   소수점 : 3 ⌄

Scale : 1200

☑ 도면 표시   ☐ 선

설정 저장   취소   도움말

7) 축척이 적용된 수직거리

축척을 적용하여 수직 거리 값을 계산합니다.

■ 메뉴 : Z-DREAM → 조회 → 축척이 적용된 수직거리
■ 명령어 : VSD
■ 아이콘 : v

축척이 적용된 수직거리 옵션 설정   x

첫말 :

끝말 :

문자높이 : 1   소수점 : 3 ⌄

Scale : 166.6666666667

☑ 도면 표시   ☐ 선

설정 저장   취소   도움말

8) 거리 문자로 쓰기

기준점으로부터 선택하는 거리까지의 길이를 문자로 표기합니다.

■ 메뉴 : Z-DREAM → 조회 → 거리 문자로 쓰기
■ 명령어 : DIT
■ 아이콘 :

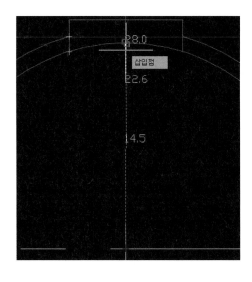

9) 객체 길이 쓰기

선택한 객체의 길이를 지정한 위치에 삽입합니다.

■ 메뉴 : Z-DREAM → 조회 → 객체 길이 쓰기
■ 명령어 : CL
■ 아이콘 :

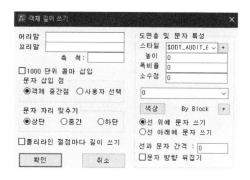

10) 블록 수량 집계

도면 내의 블록 수량을 집계합니다.

■ 메뉴 : Z-DREAM → 조회 → 블록 수량 집계
■ 명령어 : CBL
■ 아이콘 :

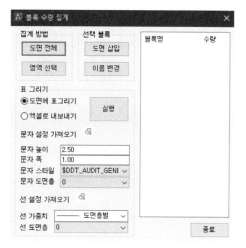

11) Form 축척 조회

도곽(Form)의 축척을 조회합니다.

■ 메뉴 : Z-DREAM → 조회 → Form 축척 조회
■ 명령어 : DFS
■ 아이콘 :

12) 현재 도면 경로 열기

현재 도면의 경로를 윈도우 탐색기로 나타냅니다.

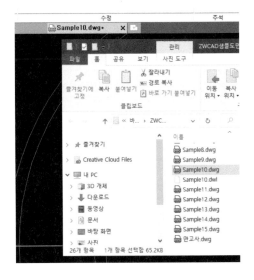

- ■ 메뉴 : Z-DREAM → 조회 → 현재 도면 경로 열기
- ■ 명령어 : ETD
- ■ 아이콘 : DWG

13) 색상 정보 확인

선택한 객체들의 색상 정보 값이 명령행에 나타
납니다.

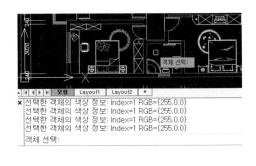

- ■ 메뉴 : Z-DREAM → 조회 → 색상 정보 확인
- ■ 명령어 : OCO
- ■ 아이콘 :

부 록

02

CHAPTER 12

그리기

---

1) 지정거리 수직선 그리기

선택한 객체와 수직선을 작성하거나 블록을 삽입합니다.

- ■ 메뉴 : Z-DREAM → 그리기 → 지정거리 수직선 그리기
- ■ 명령어 : PEL
- ■ 아이콘 : ⌐⌐

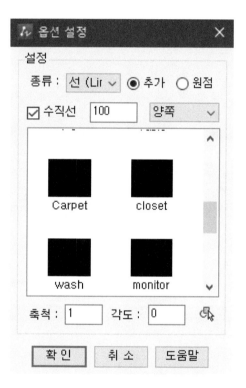

2) 구름형 수정 기호

구름형 수정 기호를 그립니다.

- ■ 메뉴 : Z-DREAM → 그리기 → 구름형 수정 기호
- ■ 명령어 : REVC
- ■ 아이콘 : ⚡

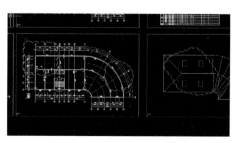

3) 선 분할

선택한 선 객체를 지정 간격으로 분할 후 분할 점에 수직선을 그립니다.

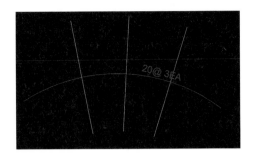

- ■ 메뉴 : Z-DREAM → 유틸리티 → 선 분할
- ■ 명령어 : DIP
- ■ 아이콘 :

4) 간편 객체 가리기

선택한 객체를 객체 가리기(WIPEOUT) 기능으로 그립니다.

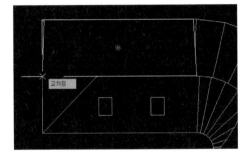

- ■ 메뉴 : Z-DREAM → 그리기 → 간편 객체 가리기
- ■ 명령어 : EWI
- ■ 아이콘 :

부 록

02

CHAPTER 13

유틸리티

01 유틸리티

1) 캐드 계산기

입력 또는 객체 선택으로 사칙 연산이 가능하고
계산식, 결과 값 복사 및 삽입할 수 있습니다.

■ 메뉴 : Z-DREAM → 유틸리티 → 캐드 계산기
■ 명령어 : CALC
■ 아이콘 :

2) 이미지 다중 삽입

선택한 이미지 파일을 일괄적으로 도면에 삽입합
니다.

■ 메뉴 : Z-DREAM → 유틸리티 → 이미지 다중 삽입
■ 명령어 : MINI
■ 아이콘 :

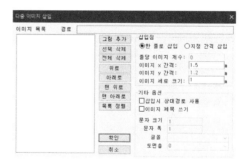

3) 다중 플롯

여러 도곽이 작성된 파일 또는 여러 도면 파일을
일괄적으로 출력할 수 있습니다.

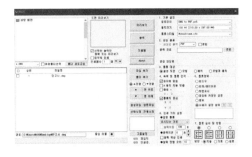

■ 메뉴 : Z-DREAM → 유틸리티 → 다중 플롯
■ 명령어 : MPL
■ 아이콘 :

4) 범위 오리기

특정 범위를 비율로 확대, 축소하여 삽입, 삭제
또는 파일로 저장합니다.

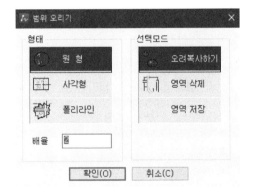

■ 메뉴 : Z-DREAM → 유틸리티 → 범위 오리기
■ 명령어 : DDD
■ 아이콘 :

5) 화면 배경색 전환

도면의 배경색을 기본 색과 흰색으로 전환합니다.

■ 메뉴 : Z-DREAM → 유틸리티 → 화면 배경색 전환
■ 명령어 : BG
■ 아이콘 :

6) 중복 객체 삭제

같은 위치에 삽입된 중복 객체를 삭제합니다.

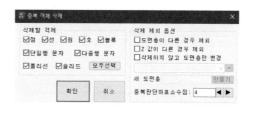

■ 메뉴 : Z-DREAM → 유틸리티 → 중복 객체 삭제
■ 명령어 : DDE
■ 아이콘 :

7) 유령 객체 삭제

도면 파일에는 저장되어 있으나 실제로 도면상에 그려지지 않은 객체 및 내부 데이터(유령 객체)를 삭제합니다.

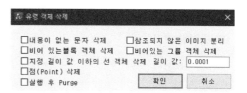

■ 메뉴 : Z-DREAM → 유틸리티 → 유령 객체 삭제
■ 명령어 : DEE
■ 아이콘 :

8) 도면 일괄 처리

도면을 열지 않고 여러 개의 도면 파일이 가지고 있는 정보(저장 버전, 문자 속성, 참조 블록 등)을 일괄적으로 통일합니다.

■ 메뉴 : Z-DREAM → 유틸리티 → 도면 일괄 처리
■ 명령어 : MDWG
■ 아이콘 :

9) 필터 객체 선택

도면 전체 또는 지정 범위 안에서 필터로 구분하
여 객체를 선택합니다.

- ■ 메뉴 : Z-DREAM → 유틸리티 → 필터 객체 선택
- ■ 명령어 : FSE
- ■ 아이콘 :

10) 명령어 변경

ZDREAM의 단축 명령어를 사용자 지정으로 변
경합니다.

- ■ 메뉴 : Z-DREAM → 유틸리티 → 명령어 변경
- ■ 명령어 : ZDCMD
- ■ 아이콘 :

명령어 편집기

단축 명령 더블 클릭 수정	명 령 수정 불가	설 명
MPL	_CT_MPL	다중 플롯
DLS	_CTW_DLS	종단선형 계산
DLG	_CT_DLG	종단 GRID 그리기
GSE	_CTW_GSE	종단 계획고 찾기
GRP	ZGRP	지평도에서 종단 추출
DRP	_CTW_DRP	엑셀 값으로 종단 그리기
CUT	_CT_CUT	횡단면도 숨따기
DVB	_CTW_DVB	V원, 산마루 측구 설치
CSR	_CT_CSR	횡단 깎기부 라운딩
CFM	_CT_CFM	지평도에서 횡단 추출
PTCS	_CTW_PTCS	3D 폴리선 횡단
DCG	_CT_DCG	횡단면도 GRID 그리기
CSW	_CTW_CSW	횡단 경계 작성
CFB	_CTW_CFB	횡단면도 아장으로

검색 (입력 후 엔터)

기 능
적 용
내보내기
가져오기
PGP 열기
초기화

부 록

02

CHAPTER 14

간격 띄우기

---

01 **간격 띄우기**

1) 여러 번 간격 띄우기

입력한 거리만큼 객체를 지정한 방향으로 여러 번 간격
띄우기 합니다.

> ■ 메뉴 : Z-DREAM → 간격 띄우기 → 여러 번 간격 띄우기
> ■ 명령어 : RF
> ■ 아이콘 :

2) 증분 간격 띄우기

입력한 거리만큼 증분하면서 객체를 간격 띄우기 합니다.

> ■ 메뉴 : Z-DREAM → 간격 띄우기 → 증분 간격 띄우기
> ■ 명령어 : IOF
> ■ 아이콘 :

3) 양쪽 증분 간격 띄우기

선택한 객체의 좌, 우, 양방향으로 입력한 값으로 간격 띄
우기 합니다.

> ■ 메뉴 : Z-DREAM → 간격 띄우기 → 양쪽 증분 간격 띄우기
> ■ 명령어 : BSF
> ■ 아이콘 :

아키오피스 & Xpress Tools 사용하기

부 록

03

CHAPTER 01

01 아키오피스 & Xpress Tools 소개

아키오피스 & Xpress Tools이란 한국건축정보기술에서 개발한 3rd-Party로 건축을 포함하여 구조/토목/조경/기계/선반컷팅/인쇄소 분야 등의 기능을 포함하고 있으며, 방대한 양의 기능이 조합되어 있는 TOOL로서 사용자의 업무향상과 편의성을 제공합니다.

주요 특징으로는 직관적인 뷰로 처음 사용자도 불편하지 않게 사용 가능하며, DWG로 작성된 CAD 파일을 다양한 파일 포맷(WMF/EXCEL/TEXT)으로 저장할 수 있도록 지원합니다. 또한 측량 및 토목에서 많이 사용하는 경사도 분석 및 표고분석 기능으로 손쉽게 필요로 하는 데이터 및 서류를 출력할 수 있습니다.

대지 구적도를 삼각분할 형식으로 작성하는 기능입니다.

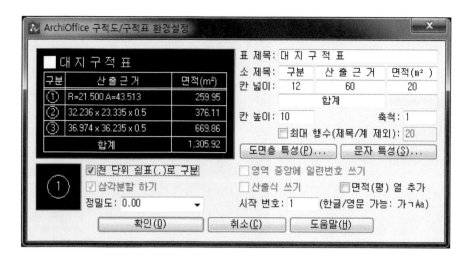

각층 면적을 클릭하면 면적표를 자동으로 작성하고 값을 계산하여 입력하는 기능입니다.

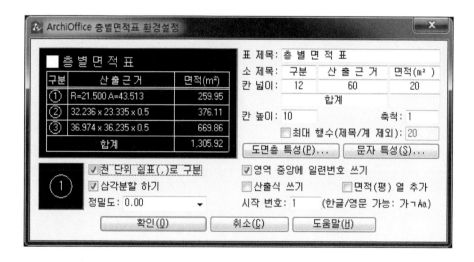

보 리스트 / 기둥 리스트를 그리는 기능입니다.

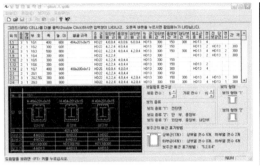

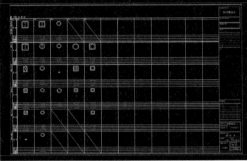

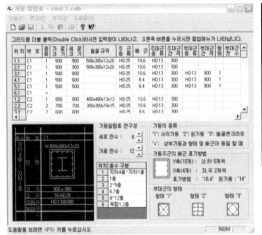

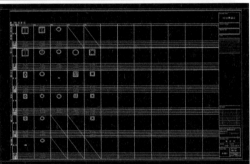

조경 모듈을 손쉽게 그리는 기능입니다. 명령어를 입력하면 다음과 같은 대화상자가 나타납니다.

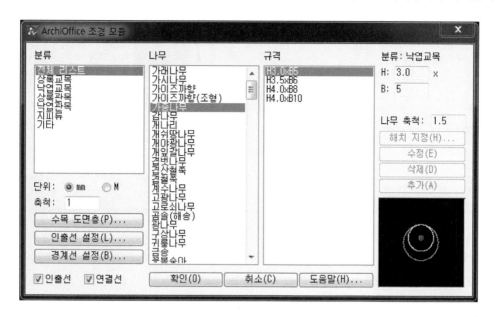

150여 개의 다양한 수목 라이브러리를 제공하고 있으며, 수목 별로 분류되어 있어 손쉽게 볼 수 있습니다.

또한 수목을 작성한 뒤에 수량 산출까지 가능하며 표, 문자, 엑셀로도 목록화가 가능합니다.

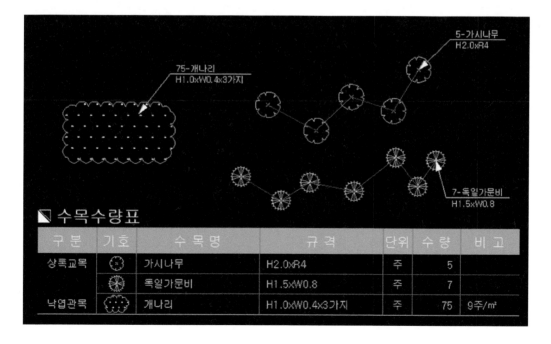

구 분	기 호	수 목 명	규 격	단위	수 량	비 고
상록교목	⊙	가시나무	H2.0×R4	주	5	
	※	독일가문비	H1.5×W0.8	주	7	
낙엽관목	※	개나리	H1.0×W0.4×3가지	주	75	9주/㎡

여러 종류의 형강을 손쉽게 그리는 기능입니다. 형강에 대한 단면, 평면, 입면을 그릴 수 있습니다.

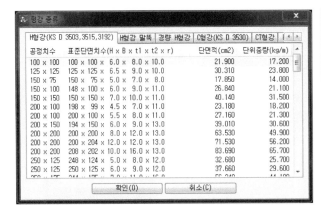

"X편심", "Y편심" 옵션으로 기둥 중심선을 기준으로 X, Y편심 값을 작성할 수 있으며, "그리기 종류"에서 선택한 뷰 방향으로 도면에 손쉽게 그릴 수 있습니다.

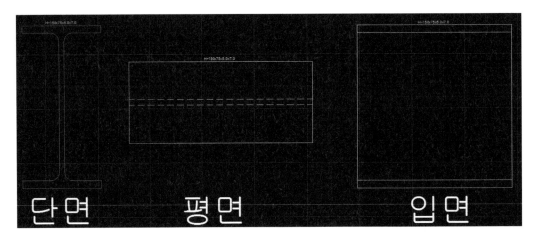

'H150x75x5.0x7.0 형강'

명령어를 실행하면 도면내 객체 및 이미지를 다양한 형태로 클립복사 하는 기능입니다.

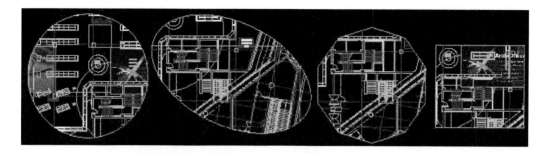

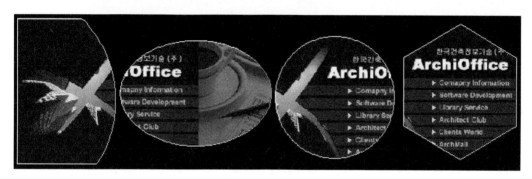

명령어를 실행하면 EXCEL과 CAD의 테이블을 연동시켜 주는 모듈로서, 도면내의 모든 표를 EXCEL로 관리할 수 있습니다.

명령어를 실행하면 아래와 같은 대화상자가 나타납니다.

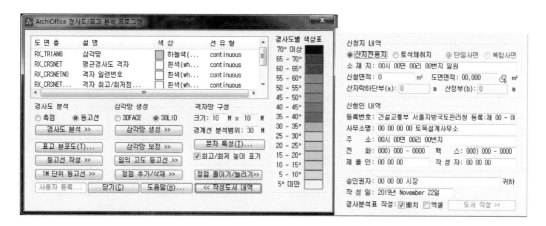

"등고선 작성"을 클릭하여 도면의 측점이나 측점 데이터 파일(XLSX, XLS, DAT, TXT)을 이용하여 등고선을 작성할 수 있습니다.

두 등고선 사이에 1M 단위 등고선을 작성하고 싶으면 "1M 단위 등고선"을 클릭하여 두 등고선 사이에 1M 단위로 등고선을 만들 수 있습니다. 추가로 별도로 등고선의 정점을 수정하고 싶으면, "정점 추가/삭제"를 통하여 등고선의 정점을 추가하여 삼각망 분석의 정밀도를 높일 수 있습니다.

"경사도 분석"을 클릭 후 경계선을 선택하면 자동으로 격자망을 구성하여 경사도별 색상으로 표현됩니다. 경사도 분석이 완료되면, 신청지 내역에서 도서 작성이 활성화되며, "도서 작성 >>"을 클릭하면, 조사서, 분석도(A4), 삼각망 구성도, 산출근거, 분석표, 분석도(A3) 등의 배치 탭이 생성됩니다.

❶ 평균경사도 조사서 및 평균경사 분석도(A4)

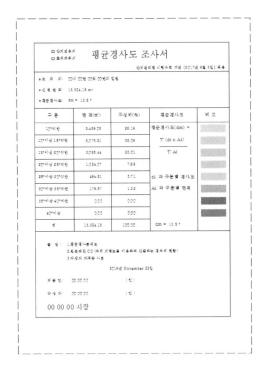

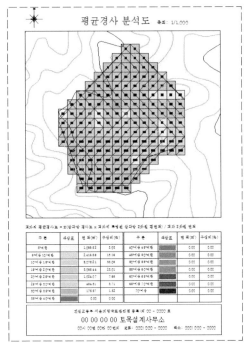

❷ 삼각망 구성도 및 경사도 산출근거

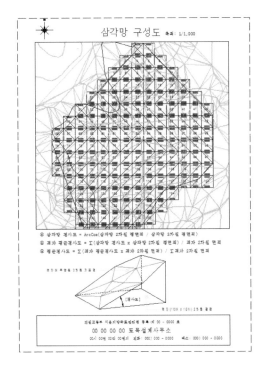

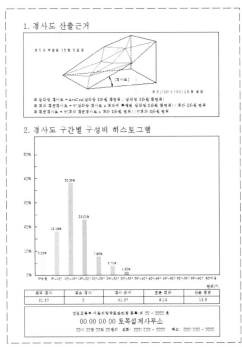

❸ 경사 분석표 및 평균경사도 분석도(A3)

경사 분석표(1/4)

NO.	높이(m) 최고	높이(m) 최저	∑(에 x el)	2D 면적(㎡)	경사도(°)	비 고
1	124.00	121.42	50.72	47.80	37.86	
2	122.81	118.90	24.37	48.81	27.12	
3	122.36	120.42	14.85	48.30	8.50	
4	122.26	115.26	51.34	88.62	17.9	
5	121.42	118.78	58.78	88.88	22.18	
6	115.80	115.76	52.55	47.44	18.54	
7	124.10	120.42	51.00	42.54	17.78	
8	122.20	120.00	17.84	88.21	10.08	
9	120.00	118.86	51.55	100.00	16.21	
10	118.26	118.00	27.24	100.00	18.80	
11	118.76	111.70	54.54	88.85	26.80	
12	115.76	110.00	26.58	48.00	28.84	
13	128.55	134.70	42.65	42.88	26.22	
14	128.88	122.20	55.26	88.82	18.37	
15	124.26	120.42	28.18	100.00	24.45	
16	122.06	118.86	51.18	100.00	17.28	
17	120.23	118.00	26.84	100.00	18.82	
18	118.00	111.70	28.48	100.00	18.8	
19	115.12	120.00	24.91	88.52	18.28	
20	121.84	100.00	18.11	42.87	7.80	
21	128.52	126.21	58.15	86.42	21.15	
22	126.55	126.86	52.88	88.57	18.71	
23	128.88	124.82	27.18	100.00	18.88	
24	124.62	122.86	21.88	100.00	12.85	
25	122.85	120.25	21.42	100.00	12.21	
26	125.51	118.00	47.40	100.00	27.17	
27	117.85	125.12	51.18	100.00	17.97	
28	118.24	113.84	24.55	100.00	28.20	
29	118.00	111.42	52.88	88.81	25.87	
30	118.00	111.40	28.24	42.55	18.74	
31	126.82	122.20	24.57	88.18	18.88	
32	126.48	120.20	54.75	88.28	18.82	
33	126.48	125.21	54.15	100.00	18.88	
34	126.88	122.20	21.24	100.00	12.25	
35	124.82	120.28	58.84	100.00	20.88	
36	122.88	117.88	52.12	100.00	15.18	
37	125.51	118.78	15.42)	100.00	15.88	
38	117.85	118.28	28.88	100.00	14.52	
39	118.58	118.00	1.82	100.00	0.1	
40	118.00	118.00	0.00	100.00	0	

격자 표기: 10 M x 10 M   el: 음과상 경사표   el1: 표과비 측정된 음과상 2등원 경방표

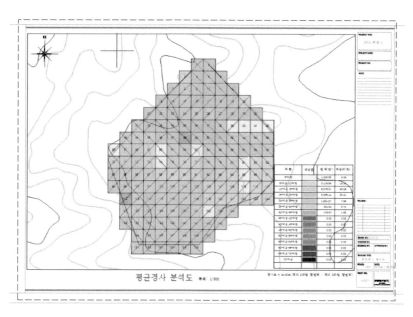

평균경사 분석도   축척: 1/800

경사도 = ar오tan(표거 2등원 경방표 / 표거 2등원 경방표)

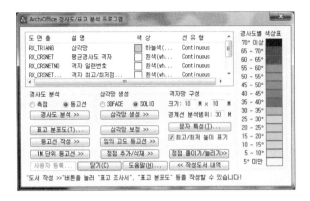

명령어 실행 후 위 대화상자에서 "표고 분포도"를 클릭하여, 작업경계선을 선택하면 자동으로 표고분포도가 작성됩니다. 단 경계선은 원, 타원, 폴리선 등으로 설정해야만 합니다.

표고 색상표에 따라 표고 별로 분류할 수 있습니다.

분석이 완료되면 아래와 같이 배치 탭에 표고 조사지와 표고 분포도가 생성됩니다.

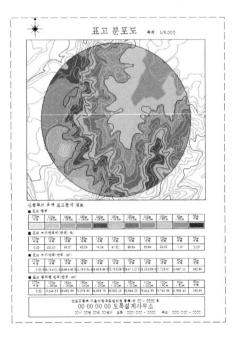

MechClick CMB 2D 활용하기

01 MechClick(멕클릭) 소개

　MechClick(멕클릭)은 기계설계업무를 지원하는 응용프로그램으로서, 부품을 자동으로 작도하는 것을 도와줄 뿐만 아니라 자재 내역서나 부품표, 부품 번호를 자동으로 기입하는 BOM 기능을 지원하여 자재 산출까지 자동으로 처리하도록 도와주는 작도 종합 툴(Tool)입니다.

　주요 특징은 모든 기능에 동일한 인터페이스를 지원하여 손쉽게 사용이 가능하며, 빠르게 적용할 수 있도록 도와줍니다. 또한 직관적인 선택 대화상자로 설계 초보자나 제품을 처음 접하는 사용자도 수월하게 사용할 수 있습니다. 유틸리티 기능은 치수나 공차, 출력 등의 번거로운 작업을 간단한 명령으로 즉시 실행할 수 있습니다.

도면영역 기능이란, 한 파일 내 모든 도면의 도면양식의 크기에 따라 치수, 선 등의 스케일이 각각 적용되어 있는 것을 도면영역 기능을 통하여 도면양식의 크기에 따라 치수, 선 등 다양한 스케일이 자동으로 인식되는 기능입니다.

도면영역을 등록하면 3가지의 기능을 사용할 수 있습니다.

1 스케일 자동 인식

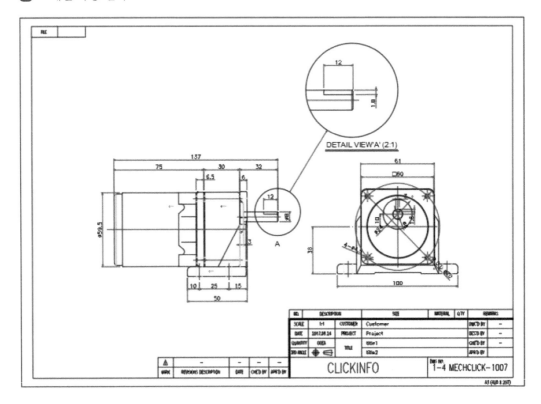

이 기능은 도면양식 크기에 맞는 스케일을 자동 인식하여 BOM, 심벌기호, 상세도, 중심선 등의 모든 스케일 비율을 조정할 수 있습니다.

2 도면 관리

도면영역은 각 영역을 인식하여 도면을 관리할 수 있도록 도와줍니다. 각 도면영역마다 메모 이력을 남길 수 있으며, 수천장의 도면을 관리할 수 있는 바로가기 기능, 도면 양식 실시간 변경 등 다양한 관리 기능을 제공합니다.

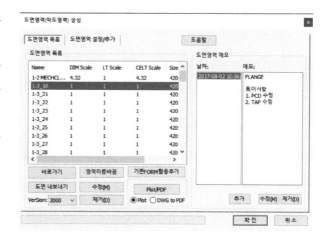

3 일괄 출력 기능

도면 관리 기능을 통해 전체 도면을 일괄 출력할 수 있습니다.

한 파일 내 모든 도면을 각 개별 파일로 변환할 수 있으며, 사용자가 직접 도면을 선택할 수 있는 영역 선택 출력, 도면을 열지 않고 출력할 수 있는 배치 플롯 기능 등의 총 3가지 방식의 출력 기능을 제공하고 있습니다.

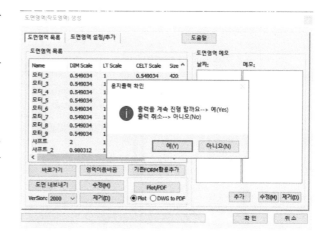

도면영역 기능을 이용하기 위해서는 별도의 등록과정을 거쳐야 합니다. 등록 방법에 대하여 3가지 방법으로 등록 가능합니다.

도면영역에 직접 등록

가장 정석인 방법으로 사용자가 가지고 있는 도면양식을 멕클릭 기능인 '도면영역'에 등록하여 사용할 수 있는 방법입니다. 가장 안정적이며, 도면영역과 관련된 모든 기능을 사용할 수 있습니다. 다만 기존의 도면양식을 활용하기에 앞서 아래의 사항들에 맞도록 재설정을 해야 합니다.

- 영역의 외곽 사이즈가 용지 사이즈와 정확히 맞아야 합니다.
- 삽입점, 도면 데이터가 있는 경우 도면 양식 범위 내로 작성되어야 합니다.
- 영역 좌측하단의 좌표를 (0, 0)에 위치해야 합니다.

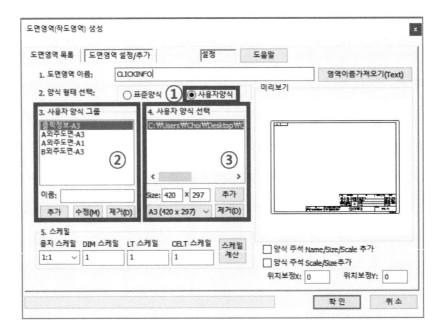

❶ 사용자 양식을 선택합니다.(= 사용자 도면 등록)

❷ '이름' 칸에 그룹명을 입력한 뒤 '추가' 버튼을 클릭합니다.

❸ 앞서 재설정한 도면양식을 추가합니다.

기존 Form 활용하기

　[기존 Form 활용추가] 기능은 블록화된 객체를 멕클릭의 도면영역으로 전환하여 사용할 수 있는 기능입니다.

　앞서 설명한 절차가 아닌 사용 중인 도면에서 도면양식을 빠르게 등록하고자 할 때 사용되는 기능입니다.

　다만 등록하기에 앞서 도면 외곽이 블록으로 설정되어 있어야 합니다.

1 도면영역 생성 기능을 실행하면 다음과 같은 대화상자가 나타납니다.

2 나타난 대화상자에서 '기존 FORM 활용추가' 버튼을 클릭하여 블록 객체를 선택합니다.

3 블록 객체를 선택하면 다음과 같은 '블록활용 도면영역 변환' 대화상자가 나타납니다.

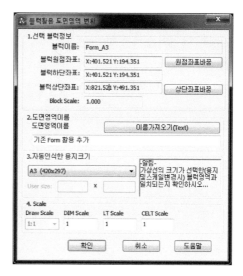

④ 등록한 영역의 정보(영역이름 및 용지 사이즈)를 설정 후 '확인' 버튼을 클릭합니다.

⑤ 멕클릭 도면영역 목록에 작도영역이 추가된 것을 확인할 수 있습니다.

템플릿(.dwt) 파일 등록하기

　[도면영역 생성] [기존 FORM 활용추가]를 이용하여 사용자 환경에 맞는 도면영역을 설정하여 템플릿(.dwt) 파일로 저장하고 빠른 새 도면으로 연동하여 사용하는 방법입니다.

　즉, 도면영역의 활용 방법입니다.

① 생성한 도면영역 파일을 '다른 이름 저장' 기능을 통하여 템플릿 파일로 저장합니다.

② 캐드 상에 'Options' 명령어를 입력한 뒤, '파일' 탭의 '템플릿 도면 파일 경로'에 템플릿으로 저장한 파일의 경로를 넣어줍니다.

③ 빠른 새 도면을 실행하면 도면영역을 바로 사용할 수 있습니다.

대부분의 사용자들은 부품의 사양 별로 사용자가 직접 파일을 정리하여 사용해 왔습니다.

따라서 도면 관리 및 부품 도면을 사용하고자 할 때 불필요한 작업이 발생됩니다.

멕클릭은 기계설계표준편람에서 제공되는 기계요소를 기본적으로 제공하고 있으며, 설계 시 사양에 따라 부품도면을 실시간으로 변경해가며 사용할 수 있습니다.

멕클릭에서 제공되는 [라이브클릭]이라는 기능은 사용자가 수집해 놓은 혹은 사내 부품을 사용자가 직접 등록하여 사내 설계자들과 공유하여 사용할 수 있습니다. 또한 블록화된 파일은 사용자가 도면을 열지 않아도 실시간으로 사용할 수 있습니다.

부품 라이브러리 종류를 간단하게 소개하면 다음과 같습니다.

1 볼트류

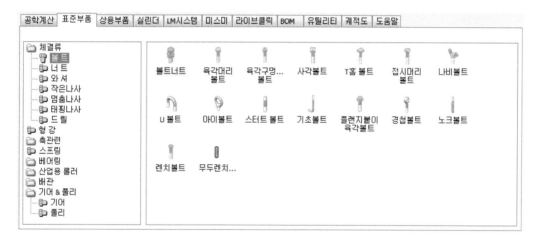

2 너트류

❸ 베어링

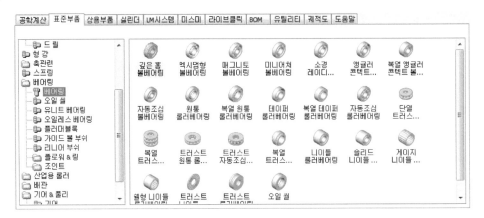

❹ 배관

❺ SMC공압 : 표준 실린더

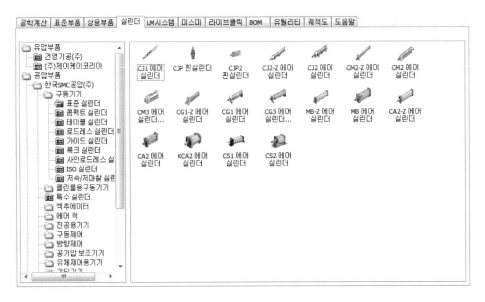

05 BOM(Bill Of Material) 작성

멕클릭의 BOM 기능은 자동으로 부품번호와 부품표를 생성할 수 있으며, 이와 관련된 다양한 편집 작업 및 관리 기능을 지원합니다.

또한 멕클릭으로 생성된 BOM은 사용자가 가지고 있는 문서양식에 맞게 직접 셀, 행, 시트를 지정할 수 있습니다. 그리고 작성된 모든 BOM의 엑셀 일괄 변경도 가능합니다.

BOM이 생성되는 과정은 다음과 같이 진행됩니다.

❶ 정보점 생성

멕클릭에서 제공하는 모든 부품라이브러리는 정보점이 자동으로 생성됩니다.

❷ 부품번호 삽입

생성된 정보점을 이용하여 부품번호를 삽입하면 정보가 멕클릭에 등록됩니다.

❸ 부품표 작성

부품번호 삽입 시 데이터가 멕클릭에 등록되며, 부품표를 작성할 수 있게 됩니다.

❹ 부품표 문서 내보내기

부품번호 삽입 시 데이터가 멕클릭에 등록되며, 부품표를 문서화할 수 있게 됩니다.

멕클릭에서 제공하고 있는 부품라이브러리 뿐만 아니라, 사용자가 데이터를 입력하여 즉시 부품번호와 부품표를 자동 생성할 수도 있습니다. 수동으로 생성할 수 있는 방법에 대하여 소개합니다.

부품번호 삽입 : 단품 작성 시

❶ BOM 탭에 'BOM생성' 폴더를 클릭한 뒤 '부품번호 삽입' 버튼을 클릭합니다.

2 부품번호 삽입 내 [부품정보 탭]을 이용하여 사용자가 부품정보를 직접 입력할 수 있습니다.

비슷한 부품이 반복적으로 있는 경우 '정보점BOM선택' 버튼을 클릭하여 내용을 불러올 수 있습니다.

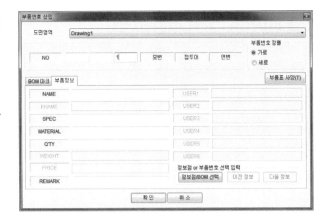

부품정보 LIST 편집 : 다품 생성 시

1 BOM 탭에 'BOM편집' 폴더를 클릭한 뒤 '부품정보 LIST 편집' 버튼을 클릭합니다.

2 [부품정보 LIST 편집]은 BOM 편집 및 생성에 관한 전반적인 작업을 할 수 있도록 도와줍니다.

사용자가 직접 부품내용을 생성할 수 있으며, 부품번호로 생성할 수 있습니다.

3 'ADD' 버튼을 클릭하여 부품정보를 기입할 수 있습니다.

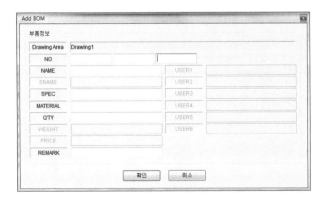

정보점 생성 : 부품정보 등록하여 사용하기

　　사용하는 부품이 정해져 있는 경우 사용자가 직접 정보점을 생성하여 사용하는 것이 좋습니다.

　　정보점 생성은 사용자가 폴더를 구분하여 등록할 수 있고, 생성된 정보점을 입력하여 일괄적으로 부품번호를 생성할 수 있습니다.

❶ BOM 탭에 'BOM생성' 폴더를 클릭한 뒤 '정보점 생성' 버튼을 클릭합니다.

❷ '정보점 생성' 버튼을 클릭하면, 아래의 그림과 같이 '기초 정보 리스트' 대화상자가 나타납니다.

❸ '메인 폴더'의 마우스 오른쪽 버튼을 클릭한 뒤, '새 폴더 추가'를 클릭합니다.

4 폴더를 추가한 뒤, 오른쪽 화면에서 다시 마우스 오른쪽 버튼을 클릭합니다.

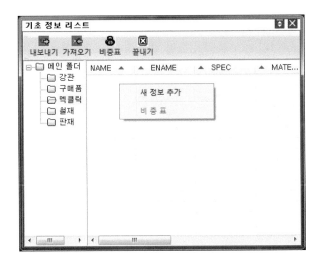

5 '새 정보 추가'를 클릭하면 'BOM 정보' 대화상자가 나타납니다.

'BOM 정보' 대화상자에는 부품에 대한 정보들을 기입한 뒤, '확인' 버튼을 클릭합니다.

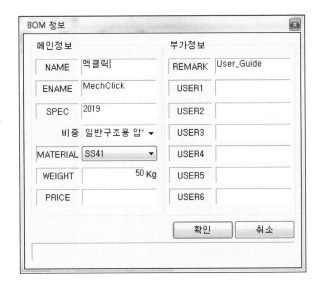

6 정보점에 대한 정보가 정상적으로 생성됐는지 확인합니다.

　라이브클릭이란 사용자 도면을 체계적으로 관리할 수 있는 기능으로, 주로 4가지 이점을 가질 수 있습니다.

❶ 부품 라이브러리 제공

　라이브클릭은 시중에 제공되고 있는 도면들이 등록되어 있습니다. 멕클릭과 마찬가지로 사용자가 옵션을 설정하여 실시간으로 작도할 수 있습니다.

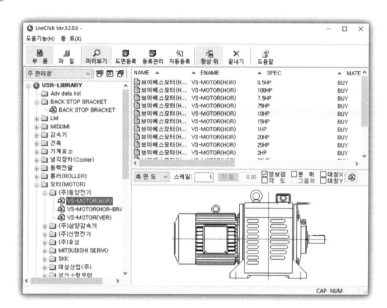

❷ 사용자 라이브러리

　사용자가 보유하고 있는 도면을 직접 등록하여 관리할 수 있습니다.

　블록화된 데이터는 도면을 열지 않아도 사용할 수 있습니다.

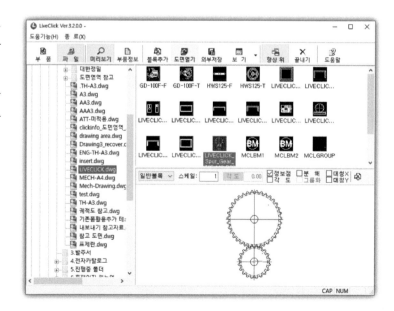

❸ 도면관리 및 공유

사내 설계자들과 도면을 공유하여 사용할 수 있으며, 파일별로 도면을 관리할 수 있습니다.

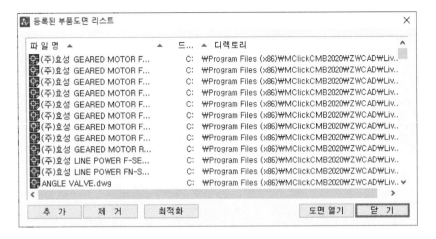

❹ BOM 자동화

라이브러리를 구축하는 과정에서 사용자는 도면에 정보를 생성할 수 있습니다. 생성된 정보를 활용하여 멕클릭 BOM 기능과 연계하여 사용할 수 있습니다.

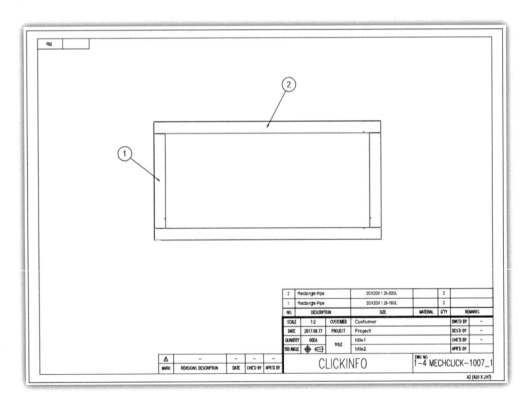

사용자 라이브러리 사용하기

　사용자 라이브러리란 기존에 자회사에서 가지고 있는 라이브러리를 멕클릭에 등록하여 손쉽게
라이브러리 객체를 불러올 뿐만 아니라 블록 데이터에 정보를 입력할 수 있으며, 정보가 등록된
도면을 관리창에 추가할 수 있습니다. 생성된 라이브러리에 정보점이 추가되며, BOM 작성시에도
연계하여 활용할 수 있습니다.

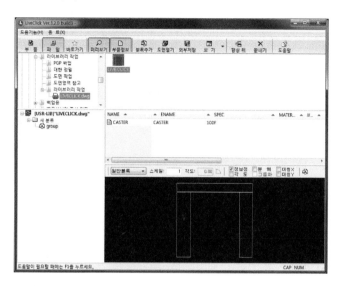

❶ 분류 및 부품 데이터 생성

　라이브러리화할 도면을 클릭하면 해당 도면에 있는 블록 객체들이 나타납니다.

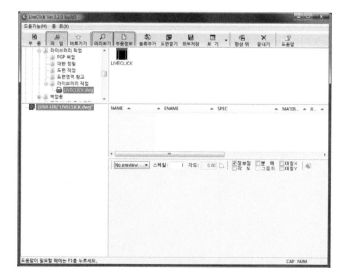

왼쪽 하단의 도면 리스트에서 마우스 오른쪽 버튼을 클릭합니다.

위와 같은 이미지처럼 옵션을 선택할 수 있으며, 처음으로 '새 분류 추가'를 클릭합니다.

'새 분류'가 생성된 후 다시 마우스 오른쪽 버튼을 클릭하여 '부품 데이터 추가'를 클릭합니다.

'부품 데이터 추가'를 클릭하면 아래와 같은 대화상자가 나타납니다.

기본적으로 그룹 및 NAME, ENAME, SPEC에 값을 입력한 뒤 '추가' 버튼을 클릭합니다.

모든 작업이 완료되었으면 아래와 같은 그림으로 생성됩니다.

2 부품 데이터 추가 및 수정

생성된 부품 데이터를 추가 및 수정할 수 있습니다.

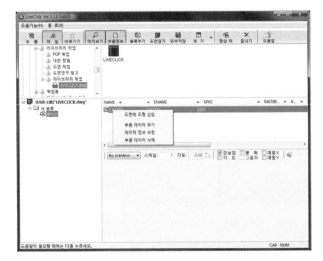

3 도면 데이터 등록

등록할 블록 도면을 생성된 부품 데이
터에 드래그하여 위치시킵니다. 그러면 정
면도, 측면도, 평면도 등 다양한 작도 상
태로 등록할 수 있습니다.

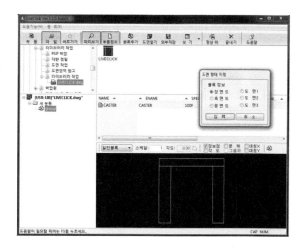

4 관리창에 등록하기

등록할 관리창을 먼저 선택한 후 부품
데이터가 생성된 도면 파일을 마우스 오
른쪽 버튼을 클릭하여 관리창에 추가합
니다.

5 등록된 데이터 확인하기

[부품] 창에서 관리창을 확인하여 도면
이 정상적으로 등록됐는지 확인합니다.

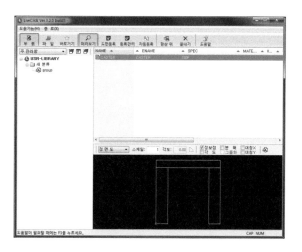

03 CADPOWER PREMIUM 활용하기

부 록

CHAPTER 03

01 CADPOWER 소개

CADPOWER는 건축/인테리어 업무를 지원하는 응용프로그램으로서, 업무 환경상 경험할 수 있는 반복 작업과 소모성 작업을 획기적으로 줄여 주고 국내 환경에 맞는 설계 표준화, 생산성 향상, 설계 정보 관리 등의 다양한 설계 지원 기능을 탑재하고 있습니다.

주요 특징으로 반복으로 작업해왔던 일들을 몇 번의 설정으로 자동으로 그릴 수 있으며, 건축에서 많이 사용하는 심벌이나 라이브러리를 별도로 가지고 다닐 필요 없이 손쉽게 작업 도면에 작성할 수 있습니다.

또한 건축 실무자들이 많이 필요로 하는 자동 플롯 및 면적 산출, 길이 산출 등의 여러 유틸리티를 보유하고 있습니다.

건축 분야에 종사하시는 사람이라면, 동일한 부품을 매 프로젝트마다 그리거나 혹은 이전에 사용하던 부품이 변경되어 다시 그리는 일이 종종 있습니다.

CADPOWER의 자동화 그리기를 통하여, 간단한 설정만으로 손쉽게 여러 객체를 작성할 수 있습니다.

그 중 많이 그리게 되는 벽체 및 문, 계단에 대한 설명입니다.

벽체 그리기(명령어 : WAL)

❶ 메뉴상에 '설계/그리기' → '벽체 그리기' → '벽체 그리기 1'을 클릭합니다.

❷ 중심선 위치를 '벽체 중심', 그리기 방법을 '포인트 지정'으로 선택한 후 '확인' 버튼을 누릅니다.

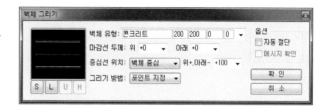

❸ 그림과 같이 추가한 중심선을 기준으로 벽을 작성 후 'Enter'를 눌러 명령을 종료합니다.

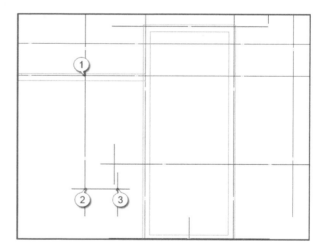

4 그림과 같이 추가한 중심선을 기준으로 벽을 작성 후 'Enter'를 눌러 명령을 종료합니다.

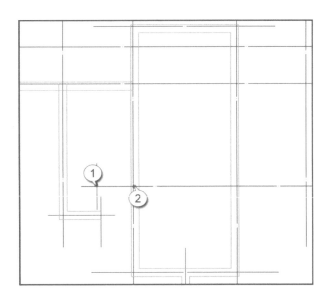

문 그리기(명령어 : DOD)

1 메뉴상에 '설계/그리기' → '평면 문/창 그리기' → '평면 문 그리기'를 클릭합니다.

2 아래와 같은 대화상자가 나타나면 이미지를 클릭합니다.

3 문 유형 대화상자가 나타나며 총 12가지의 유형을 제공합니다.

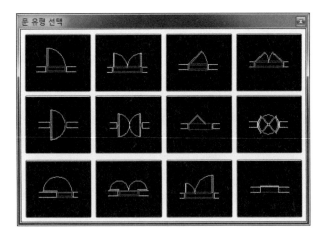

❹ 'S' 버튼을 클릭하여 문에 대한 설정 값을 변경하고 '확인' 버튼을 클릭하면 처음 나타난 '문 그리기' 대화상자로 되돌아갑니다.

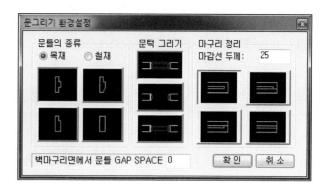

❺ 문을 삽입할 벽체를 선택하고 마우스 왼쪽 버튼을 클릭합니다.

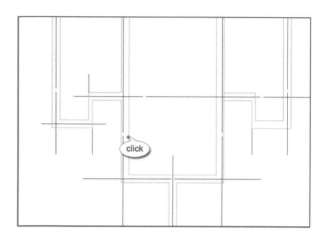

❻ 반대쪽에도 같은 방법으로 문을 작성합니다.

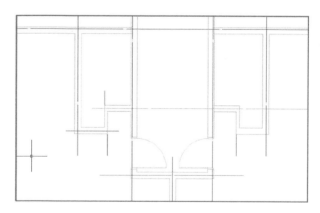

계단 그리기(명령어 : STD)

1 메뉴상에 '설계/그리기' → '기둥/기초/계단/램프 그리기' → '계단 그리기'를 클릭합니다.

2 '계단 그리기' 대화상자가 나타나면 이미지를 클릭합니다.

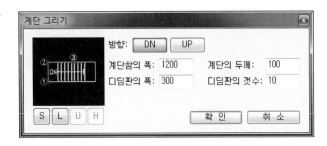

3 선택할 수 있는 계단 유형들이 표시됩니다.

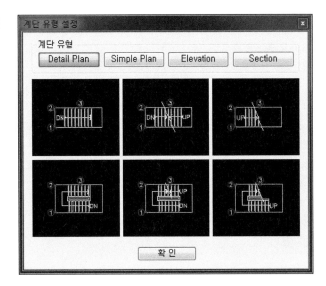

4 원하는 계단 유형을 선택한 뒤 '확인' 버튼을 클릭합니다.

5 'S' 버튼을 누르면 '계단 그리기 환경 설정' 대화상자가 나타납니다. 해당 대화상자에서는 층계참 및 핸드레일/논슬립, 문자 등의 설정을 할 수 있습니다.

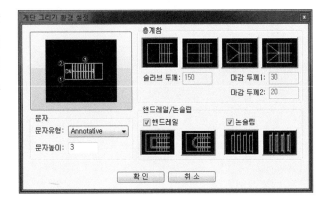

⑥ 설정을 완료한 뒤, 처음 나타난 '계단 그리기' 대화상자로 되돌아갑니다.

⑦ '확인' 버튼을 클릭한 뒤, 다음 그림과 같이 시작점, 끝점, 방향의 순으로 클릭합니다.

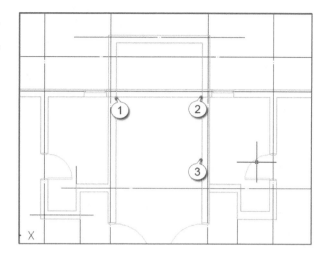

⑧ 다음과 같이 계단이 선택한 방향으로 작성되는 것을 볼 수 있습니다.

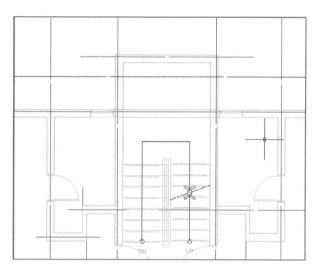

CADPOWER에서는 건축 분야에서 사용하는 각종 심볼 및 라이브러리를 약 2000개 이상 지원하고 있습니다.

대표적인 라이브러리의 종류로 문, 창문, 화장실, 가구, 주방시설 등이 있으며, 심볼의 종류로 도면 부호와 조명 기호 등을 제공합니다.

심볼 및 라이브러리를 도면상에 그리는 방법은 매우 간편하게 넣을 수 있으며, 3가지 방식으로 라이브러리를 작성할 수 있습니다.

라이브러리 그리기

메뉴상에 '블록/삽입' → '평면-문' → '여닫이문…'을 클릭하면 아래 그림과 같이 대화상자가 나타납니다.

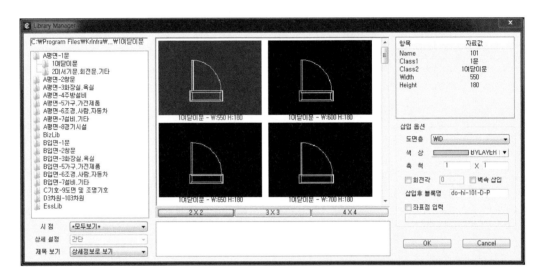

도면상에 작성하고자 하는 라이브러리를 선택하면 다음과 같은 메시지가 나타납니다.

```
명령: Library
>> 라이브러리 분류별 삽입 (Library)...
분류 코드 입력 <P-do/hi>: P-do/hi
다중(M)/배열(A)/<삽입점 지정>:
명령:
```

1 단일 그리기

기본으로 설정되어 있으며, 바로 삽입 점을 클릭하면 라이브러리가 도면상에 작성됩니다.

2 다중 그리기

'M' 값을 기입 후 연속으로 삽입할 수 있도록 기능이 변경됩니다.

3 배열 그리기

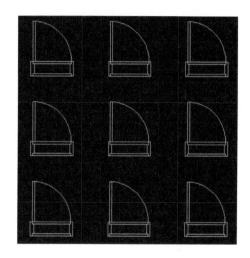

'A' 값을 기입 후 기준점, 행, 열, 가로 간격, 세로 간격을 입력하면 다음 그림과 같이 라이브러리가 작성됩니다.

라이브러리 종류

1 여닫이문

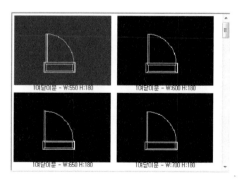

2 미서기창

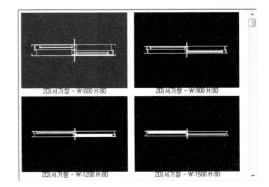

3 세면대

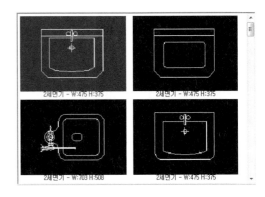

4 가스레인지

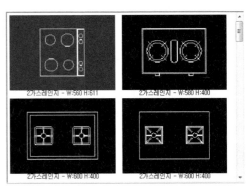

5 책상

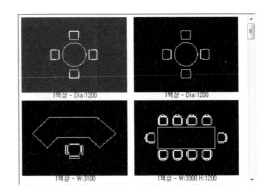

04 건축 유틸리티 기능

CADPOWER에서 건축에서 필요로 하는 여러 유틸리티 기능들을 지원하고 있습니다.

1 멀티 면적 산출(명령어 : CAPY)

다중 객체를 선택하여 면적을 산출할 수 있습니다. 산출 값에는 정밀도 조정, 문자 및 레이어 설정, 문자 주위 프레임 표시를 할 수 있습니다.

산출된 면적 값은 객체의 중심에 문자로 표현됩니다.

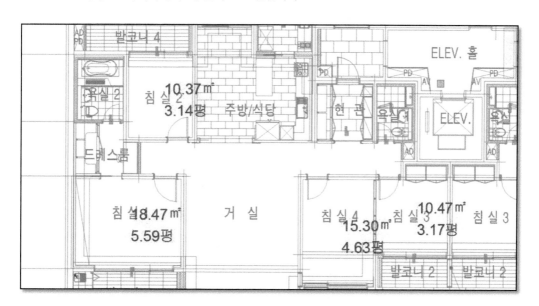

2 멀티 길이 합(명령어 : CSL)

선택한 다중 객체의 길이 합을 구하여 문자로 표현이 가능합니다.

합을 나타낼 문자 레이어, 색상, 문자 유형, 문자 크기를 변경하는 옵션을 제공합니다.

기능 실행 후 객체를 선택하면 ZWCAD 하단의 명령창에 길이가 산출되며, 문자 삽입 여부를 묻는 대화상자가 나타납니다.

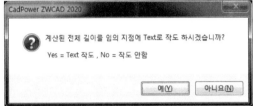

'예(Y)' 버튼을 클릭하면, 전체 길이에 대한 문자를 삽입할 수 있습니다.

3 폰트 복원(명령어 : CRF)

도면에 폰트가 '?'로 뜨는 경우는 도면에서 필요한 폰트파일이 해당 PC에 없을 때 발생합니다.

이러한 경우 폰트 복원 기능으로 한번에 모든 문자스타일들의 폰트 파일을 일괄적으로 변경할 수 있습니다.

? ? ?				[??:mm]
??	? ?	? ?	??	??	??
①	????????	DC-W 58SQ	M	M	
②	CNCV ???	22.9KV 60SQ	M		
③	???????		EA	3	
④	?????	60SQ	KIT	6	
⑤	?????	90×90×9×1800	EA	6	
⑥	?????????	???	EA	2	
⑦	?????????	???	EA	2	
⑧	???	300mm	EA	2	
⑨	??????	125×3.2×2M	EA	6	
⑩	?????????	40×1200(2B-1200)	EA	6	
⑪	???????	130×3.2×333mm	?	2	
⑫	??	???	EA	1	

자 료 표				[단위:mm]
번호	품 명	규 격	단위	수량	비고
①	수밀형접연동전선	DC-W 58SQ	M	M	
②	CNCV 케이블	22.9KV 60SQ	M		
③	케이블헤드카바		EA	3	
④	케이블헤드	60SQ	KIT	6	
⑤	녹전용관금	90×90×9×1800	EA	6	
⑥	케이블헤드지지금구	상부용	EA	2	
⑦	케이블헤드지지금구	하부용	EA	2	
⑧	크리트	300mm	EA	2	
⑨	전주용입상관	125×3.2×2M	EA	6	
⑩	케이블지지용강볼트	40×1200(2B-1200)	EA	6	
⑪	조립식반활강관	130×3.2×333mm	조	2	
⑫	전주	한전용	EA	1	

03 Pyramid Pro 활용하기

부 록
CHAPTER 04

01 Pyramid Pro 소개

Pyramid Pro는 건축 분야의 평면도에서부터 단면도, 입면도를 비롯한 배치도와 구조 도면에 이르기까지 건축설계사무소에서 도면을 제작하는데 필요한 모든 기능을 포함하는 건축 전용 응용 프로그램입니다.

Pyramid Pro는 단순한 건축설계 제작도구에서 벗어나 건축 도면이 평면도를 기준으로 모든 도면이 연관되어 있는 점을 감안하여 도면을 그릴 때 다른 도면간의 정보를 최대로 활용할 수 있도록 프로그램 구조를 구성하였습니다.

02 초기 작업 설정

 사용자는 초기 작업 설정 풀다운 메뉴에 있는 명령을 이용하여 새로운 프로젝트를 작업하기 이전에 여러 가지 도면에서 공통적으로 사용되는 사항들을 미리 설정함으로써 작업의 효율을 높일 수 있습니다.

 사용자는 초기 작업 설정 풀다운 메뉴의 여러 가지 설정 명령들을 사용하여 도면을 직접 작도하면서 필요에 따라 즉각 설정 내용을 변경하거나 추가 또는 삭제할 수 있습니다.

축척 용지 설정

 최초 도면 또는 사용하는 도면에 축척 용지를 설정하는 명령입니다.

 이 명령에서 설정된 내용은 평면도와 단면도 전용 명령인 실명 및 마감 표기 명령에서 나타나게 됩니다.

1 축척 : 도면의 축척을 설정합니다.

2 새 용지로 줌하기 : 삽입된 도면을 줌하도록 합니다.

3 용지 기준점 : 삽입될 도면의 기준점
   [x] 버튼을 클릭하면, 기준점을 0, 0으로 변경합니다.
   [...] 버튼을 눌러 새로운 삽입 점으로 변경합니다.

4 템플릿 설정 : 새로운 도면을 만들 때 사용하는 템플릿입니다.
   템플릿이 되는 도면은 사이즈와 관계가 없습니다.

5 레이어 : 레이어를 지정합니다.

6 확인 : 확인 후 템플릿 도면이 사이즈에 맞도록 삽입됩니다.

축척 설정

현재 도면의 축척을 설정하는 명령입니다.

실명 및 마감 설정

실명 및 마감 설정 명령은 평면도와 단면도 그리고 실내재료 마감표에서 사용할 실명 마감 및 마감재료를 미리 설정하는 명령입니다.

따라서 이 명령에서 설정된 내용은 평면도와 단면도 전용 명령인 실명 및 마감표기 명령에서 나타나게 됩니다.

1 재료사전

- 실명 하단에 그려질 마감재료를 마감재료 항목에서 직접 입력하지 않고 재료사전에서 선택하는 기능이며, 건물의 용도에 따라 자주 사용되는 마감재가 다르므로 공동주택과 일반용도로 분리하여 2가지의 사전으로 선택할 수 있도록 만든 기능입니다.
- 공동주택 : 재료사전에서 공동주택 마감사전에서 마감재료를 선택하도록 설정합니다.
- 일반용도 : 재료사전에서 일반용도 마감사전에서 마감재료를 선택하도록 설정합니다.

2 형식

- 대화상자의 슬라이드를 선택하여 그려질 실명의 형식을 결정하는 기능입니다. 슬라이드를 클릭하면 아래의 대화상자가 나타나게 됩니다.

- 사용자는 아래의 대화상자에서 작성하고자 하는 실명 형식을 선택하고 그림에 표시된 부분의 크기를 결정한 다음 확인 버튼을 누르면 실명 형식이 선택됩니다.

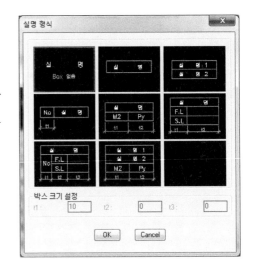

- t1 : 선택한 실명의 t1 크기를 입력합니다.
- t2 : 선택한 실명의 t2 크기를 입력합니다.
- t3 : 선택한 실명의 t3 크기를 입력합니다.
- 실명 1, 2 : 실명 1, 2 버튼을 누르면 저장된 실명을 선택할 수 있도록 다음의 대화상자가 나타나게 됩니다.
- 사용자가 대화상자에서 원하는 내용을 선택 후 확인 버튼을 누르면 다시 이전의 실명 및 재료 표기 대화상자로 돌아오게 되며, 선택한 내용이 오른쪽의 에디트 박스에 나타나게 됩니다.
- 버튼을 눌러서 실명을 선택하기가 번거로운 경우에는 사용자가 실명을 에디트 박스에 직접 입력하여 사용할 수 있습니다.

실명 버튼을 선택 후 수정 및 삭제 버튼을 통해 수정 및 삭제를 할 수 있으며, 자주 사용되는 실명은 추가 버튼을 통하여 추가할 수 있습니다.

❸ 마감재료

실명의 마감재료를 설정하는 기능입니다. 각 마감재 버튼을 누르면 아래의 대화상자가 나타나 마감재 사전에서 마감재를 선택할 수 있습니다.

- 바닥 : 바닥 마감재를 선택하는 기능입니다.
- 걸레받이 : 걸레받이 마감재를 선택하는 기능입니다.
- 벽체 : 벽체 마감재를 선택하는 기능입니다.
- 천정 : 천정 마감재를 선택하는 기능입니다.

위의 재료사전 대화상자에서 정렬 버튼을 누르면 사전 내부의 마감재 리스트가 가나다순으로 정렬되어 나타납니다.

마감재를 선택 후 수정 및 삭제 버튼을 누르면 선택한 마감재가 수정 및 삭제되며, 마감재 추가 버튼을 눌러서 앞으로 계속 사용될 마감재를 추가하여 사용할 수 있습니다.

❹ 주의사항

- 걸레받이와 같이 마감재료가 없는 경우에도 재료사전에서 '없음'을 선택하여야 합니다. 직접 입력을 하는 경우에도 '없음'이라고 입력해야 합니다.
- 마감재료를 바탕과 마감을 (+) 기호로 구분하여 입력합니다.
- 마감재료의 문자열이 길거나 재료 표기상 줄 바꿔 쓰기를 해야 하는 경우 역슬래시(\)) 기호를 문자열과 문자열 사이에 입력합니다. 역슬래시(\) 기호는 표준 키보드 자판의 (←) Backspace 키 좌측의 역슬래시(\) 키를 쉬프트를 누른 상태에서 누르면 됩니다.

❺ 실명 저장

실명 및 마감재료를 선택 후 실명 저장 버튼을 누르면 오른쪽 실명 리스트 박스에 현재 설정된 실명을 나타나게 하며 마감재료 정보를 저장하는 기능입니다.

6 실명

저장된 실명을 리스트화하여 표현해주는 기능이며 리스트에서 실명을 선택하면 선택한 실명의 정보 설정 값이 대화상자에 설정됩니다.

- 삭제 : 선택한 실명을 리스트에서 삭제합니다.

벽체 정보 설정

벽체선 정보 설정 명령은 평면도와 단면도에서 사용할 벽체선을 미리 설정하는 명령이며, 설정된 벽체선 리스트가 평면도와 단면도의 벽체선 그리기 명령에서 나타나게 됩니다.

1 정의

선택한 벽체선에 번호를 지정하는 기능입니다. 또한 이미 번호가 부여되어 저장된 벽체선을 수정할 때에 번호를 직접 입력하거나 슬라이드 바를 움직여서 설정한 번호의 벽체선과 설정 값이 대화상자에 나타나도록 하는 경우에도 사용할 수 있습니다.

2 저장

사용자가 설정한 벽체선의 종류와 재료의 두께를 벽체선 번호에 저장하는 기능입니다. 저장 버튼을 누르면 설정된 벽체선 번호가 왼쪽의 벽체선 번호 리스트 박스에 나타나게 됩니다.

3 벽체 리스트

정보가 저장된 벽체선의 번호를 리스트화하여 나타내 주는 기능입니다. 리스트에서 벽체 번호를 선택하면 선택한 벽체 번호의 종류와 재료별 두께가 대화상자에 나타나게 됩니다. 선택한 벽체

번호에 해당하는 벽체의 종류와 재료별 두께의 수정이 필요한 경우는 대화상자에서 수정 후 다시 저장 버튼을 눌러 수정된 정보를 저장할 수 있습니다.

❹ 벽체선

선택한 벽체선을 그림으로 나타내는 기능이며, 그림에 나타난 벽체선의 유형에서 여러 가지 재료의 두께를 박스 오른쪽의 화살표를 눌러서 나타난 팝업리스트에서 사용자가 원하는 벽체선의 두께를 선택할 수 있습니다. 사용자가 원하는 벽체선의 두께가 팝업 리스트에 없는 경우에는 아래에 설명하는 벽체선의 종류와 두께설정 기능으로 추가할 수 있습니다.

- 재료 : 선택한 벽체선의 재료를 표시합니다.

❺ 종류

사용자가 설정하고자 하는 벽체선을 조적, 옹벽, 조적+옹벽, 파넬 4가지 중 하나의 버튼을 눌러서 벽체 선을 선택하는 기능입니다. 버튼을 누르면 아래와 같은 대화상자가 나타나 각 벽체선의 재료 종류에 해당하는 벽체선의 유형을 선택할 수 있습니다.

6 벽체선 두께

사용자가 위의 종류에서 설정한 벽체선의 두께를 수정하거나 추가를 원하는 경우 사용하는 기능으로 다음의 대화상자를 통해 벽체선의 재료별 두께를 각각 수정하거나 추가를 할 수 있습니다.

- 수정 : 수정 버튼을 누르면 종류에서 선택한 벽체선의 두께를 재료별로 수정할 수 있는 대화상자가 위의 대화상자처럼 나타나게 되며, 사용자가 각 재료의 두께를 수정하고 확인 버튼을 누르면 벽체선의 두께가 수정되어 설정됩니다.

- 추가 : 추가 버튼을 누르면 종류에서 선택한 벽체선의 두께를 재료별로 설정할 수 있는 대화상자의 재료 항목이 비어서 나타나게 되며, 사용자가 각 재료의 두께를 입력하고 확인 버튼을 누르면 벽체선의 두께가 추가됩니다.

- 삭제 : 선택한 벽체선 두께를 삭제합니다.

7 몰탈선

- 벽체선의 몰탈선 유무 및 몰탈선 두께를 설정하는 기능입니다. 선택한 벽체선에 따라서 내부와 외부 부분이 활성화 또는 비활성화 됩니다.

- 내부 : 내부 몰탈선을 작도시 토글 버튼을 선택하고 두께를 입력합니다.

- 외부 : 외부 몰탈선을 작도시 토글 버튼을 선택하고 두께를 입력합니다.

03 평면도 작업 기능

평면도 전용의 여러 가지 명령을 이용하여 사용자는 평면도의 중심선과 벽체, 문, 창호 그리고 기둥을 비롯한 여러 가지 평면 요소를 쉽고 편리하게 작도할 수 있습니다.

중심선 자동 그리기 I

중심선 자동 그리기 명령은 대화상 자에서 중심선의 간격을 연속으로 입력하여 중심선을 치수와 함께 한번에 자동으로 그리는 명령입니다.

❶ 간격 입력
- 켜기 : 중심선 간격을 대화상자에서 콤마로 분리해서 입력하는 방법입니다.
- 끄기 : 중심선 간격을 명령창에서 연속되는 질문으로 입력하는 방법입니다.

❷ 치수선
중심선을 작성한 뒤 치수 기입 여부를 결정하는 기능입니다.
- 켜기 : 중심선을 작성한 뒤 자동으로 치수와 기둥 번호를 기입합니다.
- 끄기 : 중심선만 작성하고 치수는 기입하지 않습니다.

❸ 기둥 번호
기둥 번호의 종류와 그려질 방향을 결정합니다.

- 위쪽 : 중심선 위쪽 방향의 기둥 번호 기입 여부와 종류를 결정합니다.
- 왼쪽 : 중심선 왼쪽 방향의 기둥 번호 기입 여부와 종류를 결정합니다.

- 오른쪽 : 중심선 오른쪽 방향의 기둥 번호 기입 여부와 종류를 결정합니다.

　　- 아래쪽 : 중심선 아래쪽 방향의 기둥 번호 기입 여부와 종류를 결정합니다.

4 중심선 간격

위쪽, 왼쪽, 오른쪽, 아래쪽의 중심선 간격을 차례대로 입력합니다. 간격 사이는 콤마로 구분하고 콤마를 하나 찍은 경우는 2단 치수가 기입되며, 연속해서 두 개를 찍게 되면 3단 치수를 기입합니다. 합계는 중심선 간격의 합을 나타냅니다.

5 기둥 번호 유형

기둥 번호가 그려질 때의 유형을 결정합니다.

　　- 상세 : 상세화된 기둥 번호를 기입합니다.

　　- 단순 : 단순화된 기둥 번호를 기입합니다.

〈 상 세 〉　　　　　〈 단 순 〉

6 중심선 연장

중심선이 그려진 후 교차되는 끝부분의 중심선의 연장 길이를 설정하는 기능입니다.

7 실행 과정

'확인' 버튼을 누른 후, 중심선이 그려질 상단 점을 클릭하면 오른쪽과 같이 그려집니다.

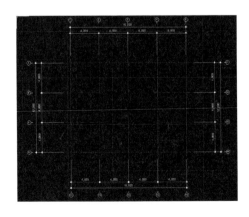

벽체선 그리기

벽체선 그리기 명령은 도면에 여러
형태의 벽체선을 자동으로 그려주는
명령으로, 벽체선 그리기 명령을 실행
하면 다음 그림과 같은 대화상자가
나타납니다. 벽체선을 그리기 이전에
'초기 작업 설정' 메뉴에서 벽체 정보
를 미리 기입해야 합니다.

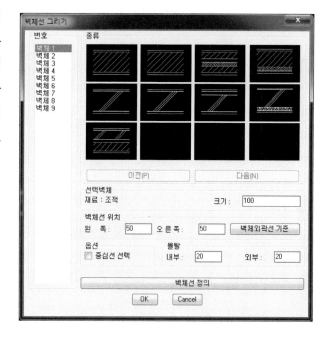

1 번호

벽체선 정의 명령에서 정의한 벽체가 순서대로 리스트박스 내부에 나타나게 됩니다.

2 종류

좌측의 리스트박스의 벽체선 리스트가 번호 순서대로 아이콘으로 표시됩니다. 사용자는 현재
작성하고자 하는 벽체를 아이콘에서 모양과 두께를 확인하고 선택하면 됩니다.

- 이전 : 벽체의 정의된 개수가 현재 아이콘 화면을 초과하여 다음 화면으로 넘어간 경우에 이
전 화면의 벽체선을 선택할 수 있도록 하는 기능의 버튼입니다.
- 다음 : 현재 화면 다음에 정의된 벽체선을 선택할 수 있도록 하는 기능의 버튼입니다.

3 선택 벽체

번호 리스트 또는 아이콘에서 선택한 벽체선의 재료와 재료별 두께를 나타내는 기능입니다.
사용자는 아이콘에서 선택한 벽체선의 정보를 이곳을 통하여 확인할 수 있습니다.

4 벽체선 위치

벽체선의 중간 위치로부터의 편심을 설정하는 기능입니다. 여러 재료로 조합된 벽체의 경우 벽
체 전체 두께의 1/2이 중간 지점이 됩니다. 벽체가 중간 지점보다 우측이면 + , 좌측이면 - 값을

입력합니다. 벽체선이 그려지는 방향은 시계방향을 기준으로 정의되어 있으므로 벽체선의 위치는 일반적으로 외벽방향으로 편심이 있을 때 +인 경우가 됩니다.

5 옵션

중심선 선택 옵션이 켜지면 벽체선의 교차점에 점을 찍어서 벽체를 그리는 방식이 아닌 옵셋 명령처럼 벽체선을 작성할 수 있습니다. 중심선 선택 옵션은 중심선을 선택하고 외벽의 방향을 지정하여 벽체선을 그리는 방식의 기능입니다. 따라서 벽체선이 스플라인 커브 등의 불규칙 라운드로 이루어진 경우에 유용하게 사용할 수 있습니다.

6 몰탈

벽체선 정의 명령에서 설정된 벽체선의 몰탈 유무와 두께를 나타내는 기능입니다.

7 벽체선의 정의

벽체선 정의 버튼을 누르면 초기작업설정 풀다운 메뉴의 벽체선 정의 명령이 실행되게 되는데, 이 명령을 사용하여 다음 그림처럼 벽체선을 재질에 따라 추가로 정의 또는 삭제를 하거나 이미 정의된 벽체의 수정을 할 수 있습니다. 벽체선 정의의 확인 버튼을 누르면 다시 벽체선 그리기 명령으로 되돌아 갑니다.

8 실행 과정

확인 버튼을 클릭하면 다음과 같이 작업과정을 진행합니다.

- 첫째 점을 찍으시오. 〈int,end of〉: ⓐ 지점에 점을 찍습니다.
- 닫기(C)/마감(F)/취소(U)/다음 점을 찍으시오. 〈int,end of〉: ⓑ 지점에 점을 찍습니다.
- 닫기(C)/마감(F)/취소(U)/다음 점을 찍으시오. 〈Int,end of〉: ⓒ 지점에 점을 찍습니다.

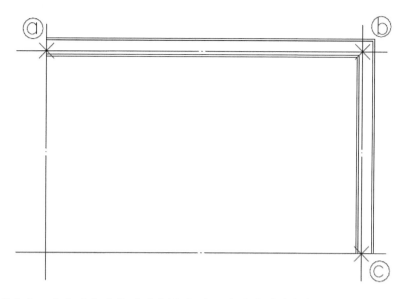

다음은 벽체선 그리기 명령 진행 시 사용할 수 있는 옵션의 설명입니다.

- 닫기(C) : 시작점과 끝점을 연결하는 기능입니다.
- 마감(F) : 벽체선의 시작점 또는 끝점의 마감을 하는 기능입니다.
- 취소(U) : 끝으로 그려진 벽체를 취소하는 기능입니다.

문 그리기

문 그리기 명령은 도면에 여러 형태
의 문을 자동으로 그려주는 명령으
로 명령을 실행하면 아래의 그림과
같은 대화상자가 나타납니다. 문을
그리기 이전에 '초기 작업 설정' 메뉴
에서 벽체 정보를 미리 기입해야 합
니다.

1 문 리스트

초기 환경설정 풀다운 메뉴의 문 정보 설정 명령에서 저장한 문의 정보를 확일할 수 있습니다. 문 리스트에서 문을 선택하면 대화상자 오른쪽 부분의 모든 정보가 설정된 값으로 나타나게 되며 대화상자에 설정된 문이 도면에 그려집니다.

2 문 번호 선택

문 리스트에서 문을 선택하면 선택한 문의 번호를 표시해주는 기능입니다. 또한 문 번호 선택 기능은 초기 환경설정의 문 정보 설정을 하지 않고 도면에 문을 그리면서 문 번호를 저장하고자 할 때 사용할 수 있습니다. 이러한 경우에는 현재 도면에 그려진 문이 대화상자에 나타난 문 번호 로 자동으로 정보가 저장됩니다.

따라서 문 그리기 명령이 벽체선 그리기와 다른 점은 미리 문 정보 설정을 하지 않더라도 도면에 성공적으로 그려진 문은 리스트 박스에 작성됩니다.

3 정보 설정

정보 설정 버튼을 누르면 초기 환경 설정의 문 정보 설정 명령이 실행되어 문 추가 및 이미 설정된 문의 정보를 수정할 수 있습니다. 확인 버튼을 누 르면 다시 문 그리기 명령으로 되돌아 옵니다.

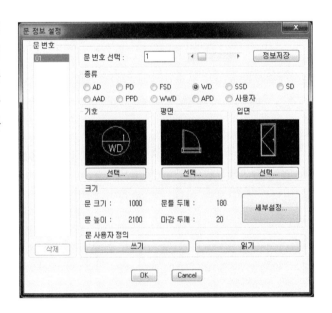

4 기호

그려질 문의 기호를 선택하는 기능입니다.

- 선택 : 선택 버튼을 누르면 아래의 대화상자가 나타납니다. 사용자가 대화상자에서 작성하고 자 하는 문의 기호를 선택하고 원 크기 및 문자 크기를 설정 후 확인 버튼을 누르면 다시 문 그리 기 대화상자로 돌아오게 되며, 이때 선택한 문 기호가 나타납니다.

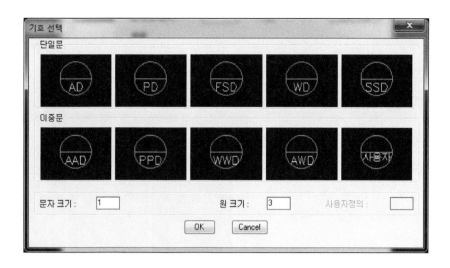

5 평면

평면에 작성하고자 하는 문을 선택하는 기능입니다.

- 선택 : 선택 버튼을 누르면 사용자가 기호에서 선택한 종류의 문이 아래의 대화상자처럼 나타납니다. 평면 문을 선택하고 확인 버튼을 누르면 다시 이전의 대화상자로 되돌아갑니다.

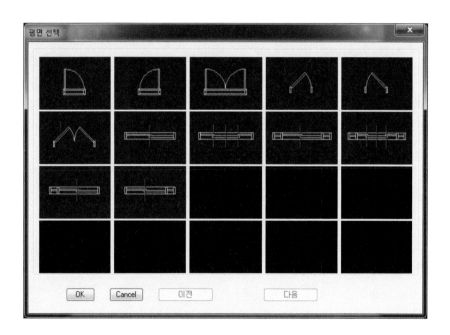

6 입면

3차원 도면으로의 전환을 위해 평면 작도 시 입면 문을 평면에서 설정하는 기능입니다. 3차원으로의 전환을 고려하지 않는다면 입면 문 설정은 하지 않아도 무방합니다.

- 선택 : 선택 버튼을 누르면 평면에서 선택한 문의 종류에 해당하는 입면의 문이 아래의 대화상자처럼 나타납니다. 입면 문을 선택하고 확인 버튼을 누르면 다시 이전의 대화상자로 되돌아 갑니다.

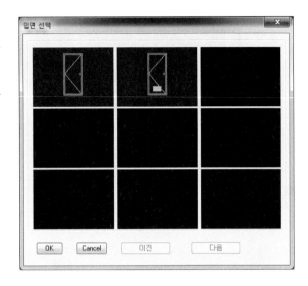

7 크기

문 리스트에서 선택한 문의 부재 크기 또는 설정보기에서 수정한 사항을 표시해 주는 기능입니다.

- 문 크기 : 설정한 문 크기를 표시합니다.
- 문틀두께 : 설정한 문틀 폭을 표시합니다.
- 문 높이 : 설정한 문 높이를 표시합니다.
- 마감두께 : 설정한 마감두께를 표시합니다.

8 나머지 옵션 설정 및 실행 과정

도면 상황에 맞게 옵션을 설정한 뒤, 'OK' 버튼을 클릭한 뒤 다음 절차를 따르면 문 객체가 그려집니다.

- 내벽 끝에 점을 찍으시오. 〈Nea
of〉: ⓐ 지점에 점을 찍습니다.
- 기호를 넣을 지점에 점을 찍으시오 : ⓒ 지점에 점을 찍습니다.

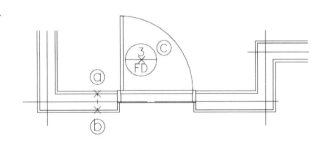

단면도 기능을 이용하여 사용자는 단면도의 벽체와 문과 창호 그리고 보, 슬라브를 비롯한 여러 가지 단면 요소를 쉽고 편리하게 작도할 수 있습니다.

문 그리기

단면도에 사용되는 문을 그리는 명령으로, 다음 대화상자에서 문의 종류와 크기 등을 설정하여 단면도의 벽체선에 문이 그려질 위치를 선택하면 벽체선의 정리와 함께 문이 자동으로 그려지는 명령입니다.

1 단면문 선택

단면문 선택 버튼을 누르면 다음과 같이 단면문의 종류를 선택할 수 있도록 아이콘이 나타나게 되며, 이때 작성하고자 하는 문을 선택하고 확인 버튼을 누르면 다시 문 그리기 명령으로 되돌아옵니다. 사용자는 자신이 선택한 문의 종류에 해당하는 문의 크기 및 기타 여러 가지 내용을 설정할 수 있습니다.

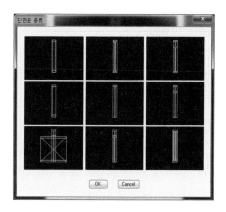

2 문틀위치 및 벽체 외부에 그리기

벽체선을 기준으로 선택한 단면문의 그려질 위치를 설정하는 기능입니다. 바깥쪽과 안쪽은 단면 문을 그릴 때 사용자가 직접 정의할 수 있도록 질문이 나옵니다.

- 바깥쪽 : 벽체의 바깥쪽에 문틀이 위치하게 그리는 기능입니다.
- 중간 : 벽체의 중간에 문틀이 위치하게 그리는 기능입니다.
- 안쪽 : 벽체의 안쪽에 문틀이 위치하게 그리는 기능입니다.
- 벽체외부 : 벽체선의 수정 없이 문만 작성하고자 할 때 그리는 기능입니다.

❸ 문 크기

선택한 단면문의 크기를 설정하는 기능이며 종류에 따라 문 크기 항목이 자동으로 바뀌어 나타
납니다.

- 문 높이 : 문 전체의 높이를 설정하는 기능입니다.
- 고정문 높이 : 문에서 고정문의 높이를 설정하는 기능으로 문 종류에 따라 비활성화되어 사용
할 필요가 없는 경우도 있습니다.
- 미서기 높이 : 문에서 미서기 부분의 높이를 설정하는 기능으로 문 종류에 따라 비활성화되거
나 여닫이 높이로 변경되어 나타나기도 합니다.

❹ 문틀

선택한 단면문의 문틀크기를 설정하는 기능입니다.

- 문틀 높이 : 문틀의 높이를 설정하는 기능입니다.
- 문틀 너비 : 문틀의 너비를 설정하는 기능입니다.

❺ 슬라브와 문틀 간격

층고 중심선으로부터 문틀바닥과의 이격 거리를 입력하는 기능입니다. 문틀이 슬라브 바닥과
접한 경우에는 0으로 설정하면 됩니다.

❻ 실행 과정

- 문이 그려질 내벽 하단부에 점을 찍으시
오.〈Nea of〉: ⓐ 지점에 점을 찍습니다.
- 문이 그려질 외벽 하단부에 점을 찍으시
오.〈Nea of〉: ⓑ 지점에 점을 찍습니다.

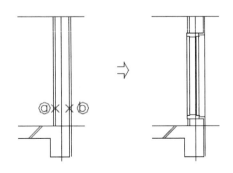

내벽과 외벽이 바뀌어 찍히면 문 위치가 반대로 그려지게 되므로 반드시 내벽과 외벽을 구분하여 점을 찍어야 합니다. 먼저 찍는 점이 내벽으로 인식됩니다.

창문 그리기

단면도에 사용되는 창문을 그리는 명령으로, 아래의 대화상자에서 창문의 종류와 크기 등을 설정하여 단면도의 벽체선에 창문이 그려질 위치를 선택하면 벽체선의 정리와 함께 창문이 자동으로 그려지는 명령입니다.

1 단면창 선택

단면창 선택 버튼을 누르면 다음과 같이 단면창의 종류를 선택할 수 있도록 아이콘이 나타나게 되며, 이때 작성하고자 하는 창문을 선택하고 확인 버튼을 누르면 다시 창문 그리기 명령으로 되돌아옵니다. 사용자는 자신이 선택한 창문의 종류에 해당하는 창문의 크기 및 기타 여러 가지 내용을 설정할 수 있습니다.

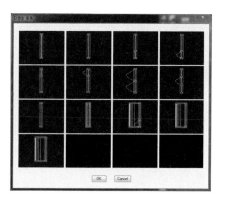

2 창틀위치 및 벽체 외부에 그리기

벽체선을 기준으로 선택한 단면문의 그려질 위치를 설정하는 기능입니다. 바깥쪽과 안쪽은 단면문을 그릴 때 사용자가 직접 정의할 수 있도록 질문이 나옵니다.

- 바깥쪽 : 벽체의 바깥쪽에 창문 틀이 위치하게 작성하는 기능입니다.
- 중간 : 벽체의 중간에 창문 틀이 위치하게 작성하는 기능입니다.

- 안쪽 : 벽체의 안쪽에 창문 틀이 위치하게 작성하는 기능입니다.
- 벽체외부 : 벽체선의 수정 없이 창문만 작성하고자 할 때 그리는 기능입니다.

❸ 창문크기

선택한 단면창문의 크기를 설정하는 기능이며 종류에 따라 창문 크기 항목이 자동으로 바뀌어 나타납니다.

- 창문 높이 : 창문 전체의 높이를 설정하는 기능입니다.
- 고정창 높이 : 창문에서 고정창의 높이를 설정하는 기능으로 창문종류에 따라 비활성화되거나 미닫이 또는 미서기 높이로 변경되어 나타나기도 합니다.
- 미닫이 높이 : 창문에서 미닫이 부분의 높이를 설정하는 기능으로 창문종류에 따라 비활성화되거나 여닫이 또는 고정창 높이로 변경되어 나타나기도 합니다.

❹ 창틀

선택한 단면창문의 창틀크기를 설정하는 기능입니다.

- 창틀 높이 : 창틀의 높이를 설정하는 기능입니다.
- 창틀 너비 : 창틀의 너비를 설정하는 기능입니다.
- 돌출 거리 : 창문 종류 중에 벽체 외부로 창의 일부가 돌출되는 창문을 선택한 경우에 나타나는 항목으로 창틀에서 외부로 돌출되는 거리를 고정 창의 거리를 설정하는 기능입니다.

❺ 슬라브와 창틀 간격

층고 중심선으로부터 창틀바닥과의 이격 거리를 입력하는 기능입니다. 창틀이 슬라브 바닥과 접한 경우에는 0으로 설정하면 됩니다.

❻ 실행 과정

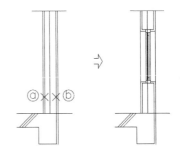

- 창문이 그려질 내벽 하단부에 점을 찍으시오.〈Nea of〉 : ⓐ 지점에 점을 찍습니다.
- 창문이 그려질 외벽 하단부에 점을 찍으시오.〈Nea of〉 : ⓑ 지점에 점을 찍습니다.

점을 찍을 때 내벽과 외벽이 바뀌면 창문위치가 반대로 그려지게 되므로 반드시 내벽과 외벽을 구분하여 점을 찍어야 합니다. 먼저 찍는 점이 내부로 인식됩니다.

05 입면도 작업 기능

입면도 기능을 이용하여 사용자는 입면도의 중심선을 비롯한 문과 창호 등의 입면 요소를 쉽고
편리하게 작도할 수 있습니다.

문 그리기

입면도에 사용되는 문을 그리는 명령으로, 아래
의 대화상자에서 문의 종류와 크기 등을 설정하여
문이 그려질 위치에 점을 찍으면 문이 자동으로 그
려지는 명령입니다.

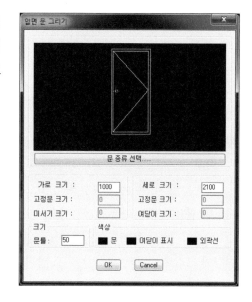

1 입면문 선택

문 종류 선택 버튼을 누르면 다음과 같이 입면문
의 종류를 선택할 수 있도록 아이콘이 나타나게 되
며 이때 작성하고자 하는 문을 선택하고 확인 버튼
을 누르면 다시 문 그리기 명령으로 되돌아옵니다.
선택한 문의 종류에 해당하는 문의 크기 및 기타 여
러 가지 내용을 설정할 수 있습니다.

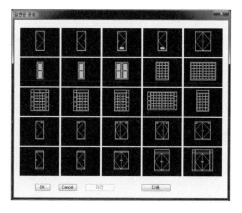

2 문 크기

선택한 입면문의 크기를 설정하는 기능이며 종류에 따라 문 크기 항목이 자동으로 바뀌어 나타납니다.

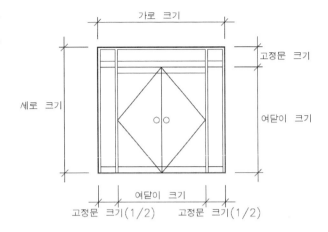

3 가로 크기

- 가로 크기 : 문 전체의 가로 길이를 설정하는 기능입니다.

- 고정문 크기 : 문에서 고정문의 가로 길이를 설정하는 기능으로 문종류에 따라 비활성화되어 사용할 필요가 없는 경우도 있습니다.

- 미서기 크기 : 문에서 미서기 가로 길이를 설정하는 기능으로 문 종류에 따라 비활성화되거나 여닫이 크기로 변경되어 나타나기도 합니다.

4 세로 크기

- 세로 크기 : 문 전체의 세로 길이(높이)를 설정하는 기능입니다.

- 고정문 크기 : 문에서 고정문의 세로 길이(높이)를 설정하는 기능으로 문 종류에 따라 비활성화 되어 사용할 필요가 없는 경우도 있습니다.

- 여닫이 크기 : 문에서 여닫이 세로 길이(높이)를 설정하는 기능으로 문 종류에 따라 비활성화되거나 미서기 크기로 변경되어 나타나기도 합니다.

5 문틀

선택한 입면문의 문틀크기를 설정하는 기능입니다.

- 문틀 크기 : 문틀의 높이를 설정하는 기능입니다.

6 실행 과정

- 왼쪽 하단 점을 찍으시오. : ⓐ 지점에 점을 찍습니다.

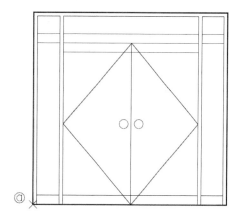

창문 그리기

입면도에 사용되는 창문을 그리는 명령으로, 문 그리기와 마찬가지로 아래의 대화상자에서 창문의 종류와 크기 등을 설정하여 창문이 그려질 위치에 점을 찍으면 창문이 자동으로 그려지는 명령입니다.

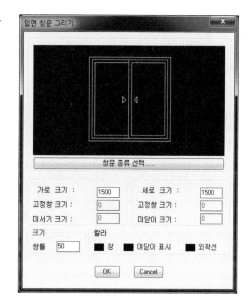

1 창문 종류 선택

창문 종류 선택 버튼을 누르면 다음과 같이 입면 창문의 종류를 선택할 수 있도록 아이콘이 나타나며 이때 작성하고자 하는 창문을 선택하고 확인버튼을 누르면 다시 창문 그리기 명령으로 되돌아옵니다. 사용자는 자신이 선택한 창문의 종류에 해당하는 창문의 크기 및 기타 여러 가지 내용을 설정할 수 있습니다.

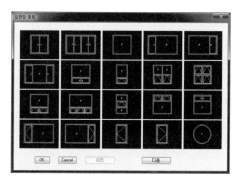

2 창문크기

선택한 입면 창문의 크기를 설정하는 기능이며 종류에 따라 창문 크기 항목이 자동으로 바뀌어 나타납니다.

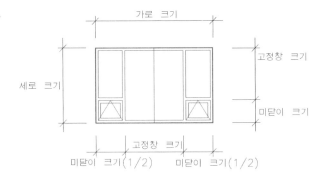

3 가로 크기

- 가로 크기 : 창 전체의 가로 길이를 설정하는 기능입니다.

- 고정창 크기 : 창에서 고정창의 가로 길이를 설정하는 기능으로 창 종류에 따라 비활성화되어 사용할 필요가 없는 경우도 있습니다.

- 여닫이 크기 : 창에서 여닫이 가로 길이를 설정하는 기능으로 창 종류에 따라 비활성화되거나 미서기 크기로 변경되어 나타나기도 합니다.

4 세로 크기

- 세로 크기 : 창 전체의 세로 길이(높이)를 설정하는 기능입니다.

- 고정창 크기 : 창에서 고정창의 세로 길이(높이)를 설정하는 기능으로 창 종류에 따라 비활성화되어 사용할 필요가 없는 경우도 있습니다.

- 여닫이 크기 : 창에서 여닫이 세로 길이(높이)를 설정하는 기능으로 창 종류에 따라 비활성화되거나 미서기 크기로 변경되어 나타나기도 합니다.

5 창틀

선택한 입면 창문의 창틀 크기를 설정하는 기능입니다.

- 창틀 크기 : 창틀의 크기를 설정하는 기능입니다.

6 실행 과정

- 왼쪽 하단 점을 찍으시오. ⓐ 지점에 점을 찍습니다.

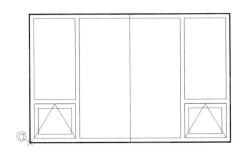

부 록

04

ZWCAD 라이선스

ZWCAD 라이선스 유형

1. 독립형 라이선스 (Stand Alone License)

주어진 수량만큼만 PC에 설치 후 각각 활성화하여 사용하는 방식의 라이선스입니다. 쉽게 말해 한 PC당 하나의 라이선스를 인증하여 사용하는 방식입니다. 라이선스가 PC에 저장되는 방식이기 때문에 PC Format, 이동, 변경 시 라이선스를 반드시 반환(되돌리기)한 후 재활성화해야 합니다.

1 PC

1 License (1 Client)

2. 네트워크형 라이선스 (Network License)

설치 수량의 제한 없이 다수의 PC에서 설치 가능하며, 구매한 수량만큼 서버에 동시 접속하여 사용하는 방식의 라이선스입니다. 서버를 구성하여 사용해야 하며, 네트워크 망이 연결되어 있어야 사용할 수 있습니다. 주어진 수량만큼 라이선스를 유동적으로 사용할 수 있는 장점이 있습니다.

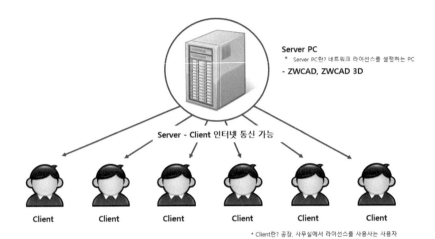

02 ZWCAD 라이선스 활성화

　제품 설치 후 라이선스를 활성화해야 정상적인 기능 사용이 가능합니다. 활성화 방법에는 온라인 활성화 방법과 오프라인 활성화 방법, 두 가지가 있습니다. 온라인 활성화 방법은 인터넷이 연결 되어 있는 모든 PC에서 가능하며, 외부망이 차단되어 있거나 인터넷 연결이 불가능한 곳에서 활성화 때에는 오프라인 활성화 방법으로 활성화가 가능합니다. 단, 오프라인 활성화 과정에서도 활성화 파일 생성 사이트에 접속할 수 있도록 인터넷이 연결된 PC 1대가 있어야 활성화를 완료할 수 있습니다.

1. 독립형 라이선스 (Stand Alone License) 활성화

독립형 라이선스 (Stand Alone License) 온라인 활성화 방법

❶ 바탕화면의 'ZWCAD 2023'을 더블 클릭하여 실행합니다.

❷ 실행하면 뜨는 대화상자에서 '인증' 버튼을 클릭합니다.

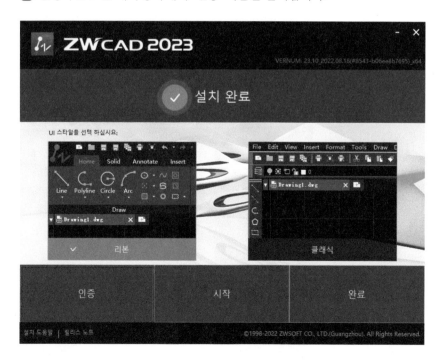

3 또는 시작 메뉴에서 ZWCAD 2023 → 라이선스 관리자를 실행합니다.

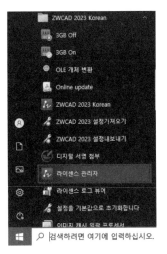

4 '라이선스' 활성화를 클릭합니다.

5 온라인 활성화를 클릭합니다.

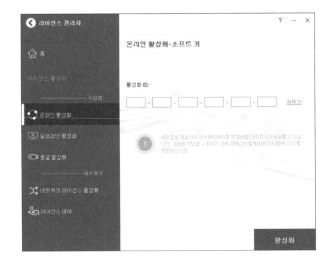

⑥ 라이선스 코드 24자리 입력 후 '활
성화' 버튼을 클릭합니다.

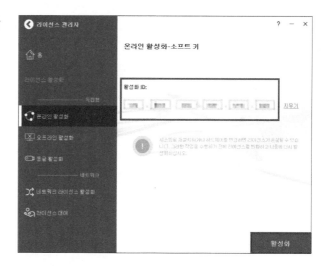

⑦ 활성화가 성공하면 다음과 같은 대
화상자가 나타납니다.

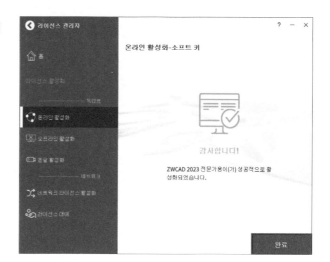

독립형 라이선스(Stand Alone License) 오프라인 활성화 방법

1 바탕화면의 'ZWCAD 2023'을 더블 클릭하여 실행합니다.

2 실행하면 나타나는 대화상자에서 '인증' 버튼을 클릭합니다.

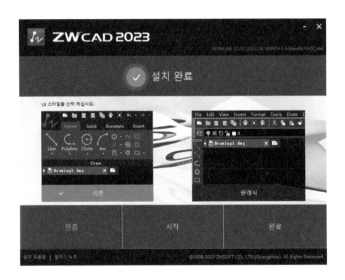

또는 시작 메뉴에서 ZWCAD2023 → 라이선스 관리자를 실행합니다.

3 '라이선스 활성화'를 클릭합니다.

4 '오프라인 활성화'를 클릭합니다.

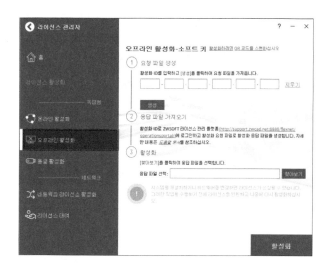

6 라이선스 코드 24자리를 입력합니다.

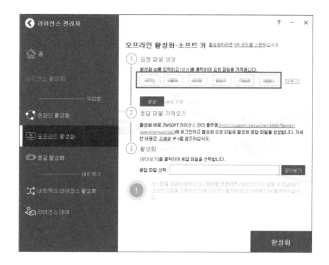

7 아래 화면 창에서 '생성'을 클릭하여 파일 생성, 인터넷이 연결된 PC에 파일을 옮깁니다.

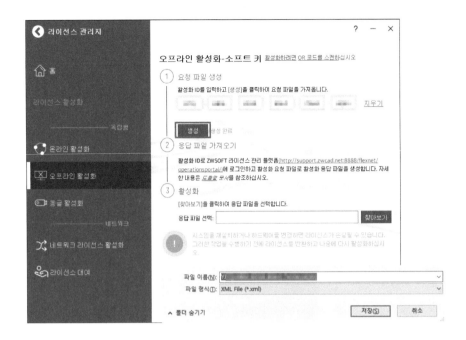

* 아래 과정부터는 인터넷이 가능한 PC에서 진행 가능합니다.

8 링크를 클릭하여 접속 후, 라이선스 코드 24자리를 기입합니다.

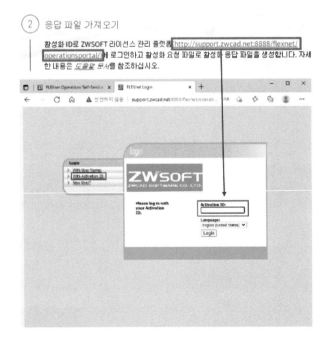

❾ 새 창이 실행되면 좌측 녹색 버튼을 클릭합니다. (새 창이 열리지 않는다면 팝업 창 허용한 뒤 시도합니다.)

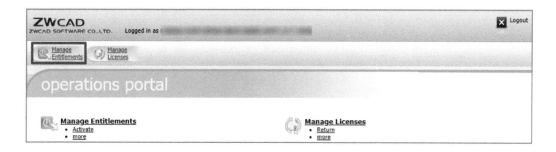

❿ 체크 박스 체크 후 'Manual Activation' 버튼을 클릭합니다.

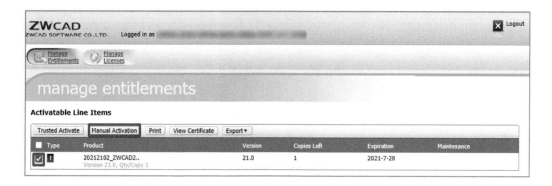

⓫ ❼에서 생성한 파일을 넣은 후 'Submit' 버튼을 클릭합니다.

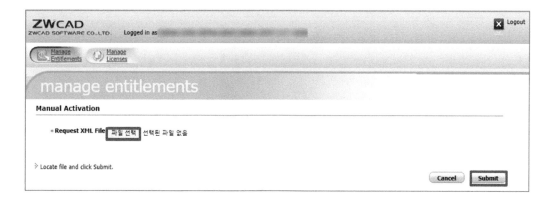

⓬ 'Save To File'을 클릭하여 생성되는 파일을 저장한 뒤 활성화 PC에 옮겨줍니다.

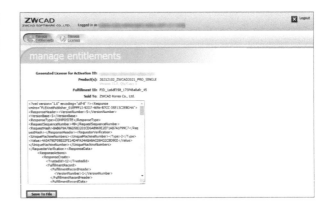

* 아래 과정부터는 ZWCAD를 활성화 할 PC에서 진행 가능합니다.

⓭ '찾아보기' 버튼을 클릭하여 ⓬에서 생성한 파일을 선택합니다.

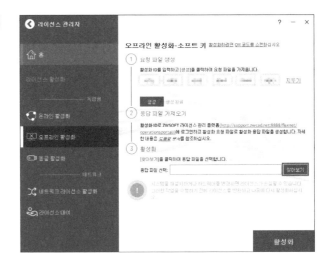

⓮ 활성화가 성공하면 아래와 같은 대화상자가 나타납니다.

2. 네트워크형 라이선스 (Network License) 활성화

네트워크 라이선스는 서버 프로그램인 LMTOOLS를 설치한 뒤 서버 PC 설정을 완료해야 사용이 가능합니다.

서버 프로그램 설치 방법

1 www.zwsoft.co.kr 에 접속하여 ZWCAD 2023 Network License Manager 설치 파일을 다운로드합니다. (PC의 속성 bit수에 맞게 다운로드 합니다.)

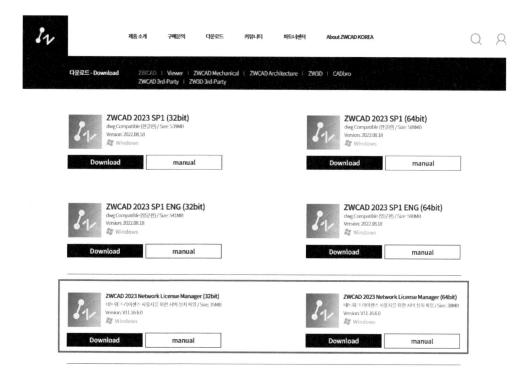

2 다운로드 경로에서 설치 파일을 마우스 오른쪽 버튼 사용하여 관리자 권한으로 실행합니다.
설치는 반드시 관리자 권한으로 설치해야 원활한 제품 사용이 가능합니다.

3 설치할 언어 선택 후 '다음' 버튼을 클릭합니다.

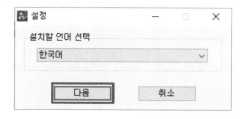

4 이후 설치 과정에 따라 설치한 뒤 '마침' 버튼을 클릭하여 설치를 종료합니다.

네트워크형 라이선스 (Network License) 온라인 활성화 방법

1 시작 메뉴에서 'Network License Manager'를 실행합니다.

2 '인증' 버튼을 클릭합니다.

3 라이선스 코드 24자리, 구입(사용) 수량을 입력한 뒤 '검증' 버튼을 클릭합니다.

약 1~5초정도의 로딩이 끝나면 사용자 정보를 기입합니다.

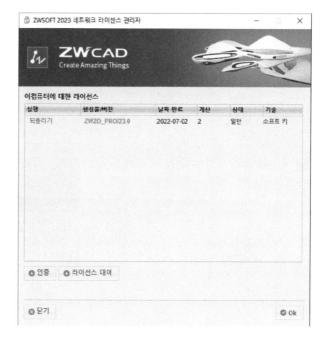

활성화 버튼을 클릭하면 정상적으로 인증이 완료됩니다.

네트워크형 라이선스 (Network License) 오프라인 활성화 방법

1 시작 메뉴에서 'Network License Manager'를
실행합니다.

2 '인증' 버튼을 클릭합니다.

3 오프라인 활성화를 위한 여기 버튼을
클릭합니다.

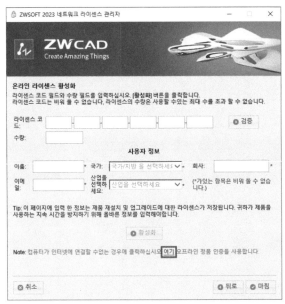

❹ 24자리 라이선스와 수량(구매 수량)을 입력 후, [생성]버튼을 클릭하여 활성화 파일을 생성합니다.

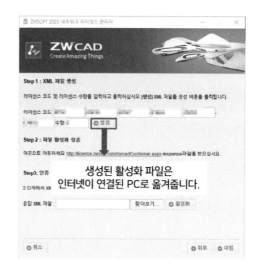

* 아래 과정부터는 인터넷이 가능한 PC에서 진행 가능합니다.

❺ STEP 2의 링크를 클릭하여 접속합니다.

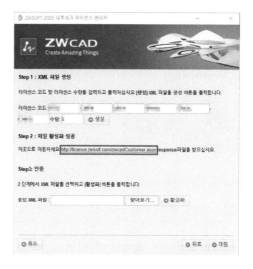

❻ 라이선스 코드와 사용자 정보 기입한 뒤 'Submit' 버튼을 클릭합니다.

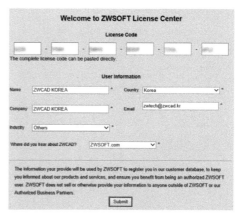

7 새 창이 실행되면 'Manage Entitlements' 버튼을 클릭합니다. (새 창이 열리지 않는다면 팝업 창 허용 후 시도합니다.)

8 체크 박스 체크한 뒤 'Manual Activation' 버튼을 클릭합니다.

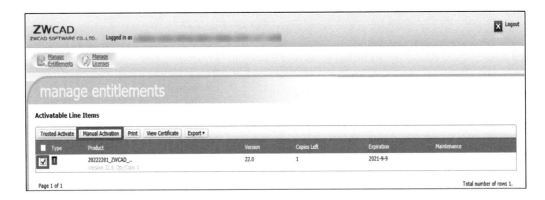

9 '파일선택' 버튼을 눌러 4)에서 생성한 파일을 선택한 뒤 'Submit' 버튼을 클릭합니다.

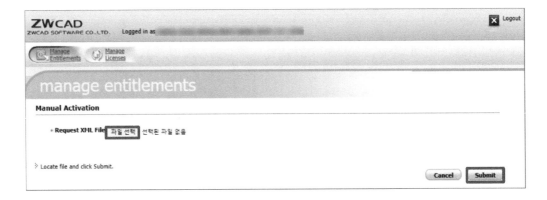

⑩ 'Save To File'을 클릭하여 생성되는 파일을 저장합니다.

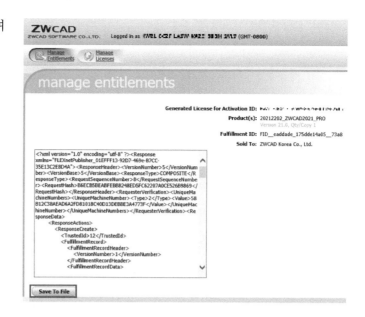

* 아래 과정부터는 ZWCAD를 활성화 할 PC에서 진행 가능합니다.

⑪ '라이선스 관리자' 대화상자로 돌아와 '찾아보기…' 버튼을 눌러 Step3에 10)에서 생성한 파일을 선택한 뒤 '활성화' 버튼을 클릭합니다.

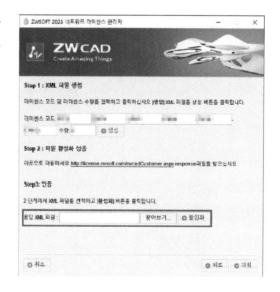

⑫ 라이선스 인증을 성공하면 아래와 같은 대화상자가 나타납니다.

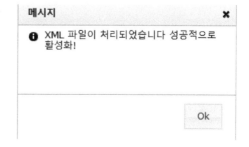

3. 서버 설정 방법

1 시작 메뉴에서 'Network Configuration'을 실
행합니다.

　(상세 경로 : C:\Program Files\ZWSOFT\
ZWSOFT 2023 Network License Manager(TS)
KOR)

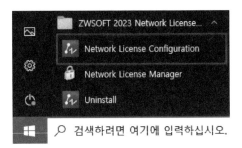

2 'Config Service' 탭 클릭한 뒤, 아래의 순서대로 설정합니다.

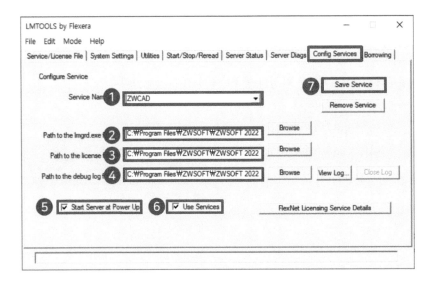

- 서버 이름 입력
- C:\Program Files\ZWSOFT\ZWSOFT 2023 Network License Manager(TS)
KOR/lmgrd.exe
- C:\Program Files\ZWSOFT\ZWSOFT 2023 Network License Manager(TS)
KOR /LicenseFile.lic
- C:\Program Files\ZWSOFT\ZWSOFT 2023 Network License Manager(TS)
KOR /sample.log (없으면 메모장 생성)
- Use Service체크
- Start Server at Power up체크
- FlexNet Licensing Service Required는 자동 체크됩니다.
- Save Service 클릭한 뒤 나타나는 모든 대화상자에서 '확인' 버튼을 클릭합니다.

3 'Service / License File' 탭에서 체크 박스를 체크합니다.

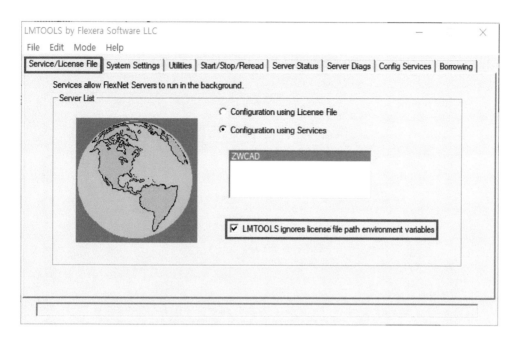

4 'Start/Stop/Reread' 탭에서 Start Server를 클릭합니다.

하단에 "Server Start Successful." 문구가 나오면 서버 설정이 완료됩니다.

5 'Server Status' 탭 클릭, 'Perform Status Enquiry'를 클릭한 뒤 스크롤을 아래로 내리면 "Users of ZW2D_PRO: (Total of 1 license issued; Total of 0 license in use)" 와 같은 문구가 나타납니다. 해당 내용은 구매 수량 중 사용 중인 수량입니다.

　　* 서버 설정 오류 시 에러 코드가 나타납니다.

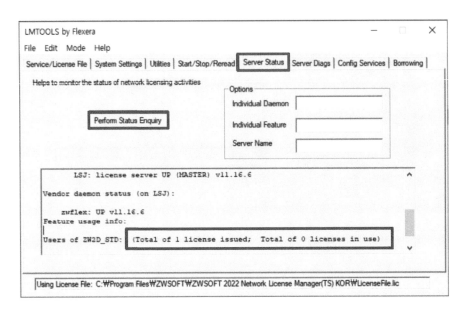

6 'Server Setting' 탭에서 IP Address (IP주소)를 확인한 뒤, 네트워크 라이선스 활성화를 진행합니다.

　　(IP Address에서 주소 확인 불가 시 Windows시작 - Windows 시스템 - 명령 프롬프트(CMD)를 실행하여 IPCONFIG 입력 후 IPV4주소를 확인하여 입력합니다.)

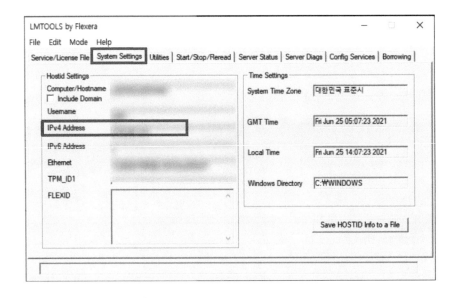

4. Network License 활성화 방법

1 ZWCAD 2023 을 실행한 뒤 '라이선스 활성화' 버튼을 클릭합니다.

또는 시작 메뉴에서 ZWCAD 2023 → '라이센스 관리자'를 실행합니다.

2 '네트워크 라이선스 활성화'를 클릭합니다.

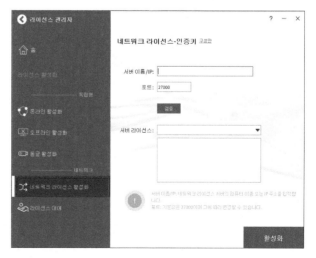

③ 서버 이름/IP 및 포트 입력 후 검증 후 서버 라이선스를 체크하고 활성화 버튼을 클릭합니다.

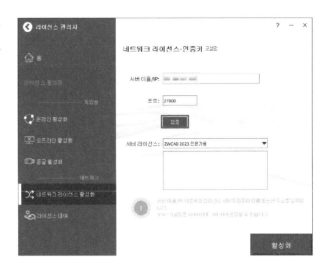

④ 올바른 IP를 입력하였는지 확인 후 '종료'를 클릭한 뒤 ZWCAD 2023을 실행합니다.

PC Format, Window Update 등 PC 환경 초기화 및 PC 이동 시 반드시 '라이선스 되돌리기' 하여야 코드 재사용이 가능합니다. 되돌리기 방법에는 활성화 방법과 동일하게 온라인 되돌리기 방법과 오프라인 되돌리기 방법 두 가지가 있습니다. 온라인 되돌리기 방법은 인터넷이 연결되어있는 모든 PC에서 가능하며, 외부망이 차단되어 있거나 인터넷 연결이 불가능한 곳에서 되돌리기 할 때에는 오프라인 되돌리기 방법으로 되돌리기가 가능합니다. 단, 오프라인 되돌리기 과정에서도 되돌리기 파일 생성 사이트에 접속할 수 있도록 인터넷이 연결된 PC 1대가 있어야 되돌리기를 완료할 수 있습니다.

1. 독립형 라이선스 (Stand Alone License) 되돌리기

독립형 라이선스 (Stand Alone License) 온라인 되돌리기

1 시작 메뉴에서 ZWCAD 2023 → '라이선스 관리자' 를 관리자 권한으로 실행합니다.

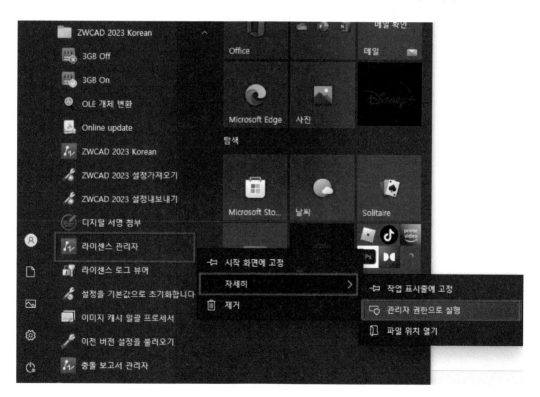

2 라이선스 관리자에서 '휴지통 🗑 ' 아이콘을 클릭합니다.

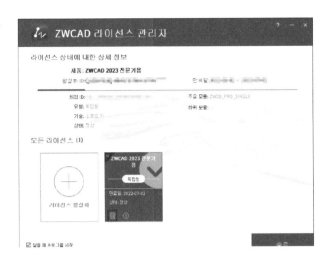

3 우측 하단의 '반환' 버튼을 클릭합니다.

4 아래와 같이 '반환 완료'가 표시되면 라이선스 반환 완료입니다.

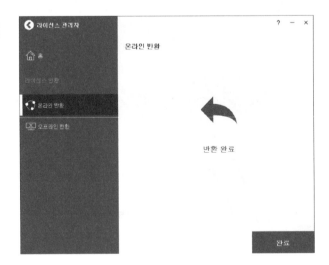

독립형 라이선스 (Stand Alone License) 오프라인 되돌리기

1 시작 메뉴에서 ZWCAD 2023 → '라이선스 관리자' 를 관리자 권한으로 실행합니다.

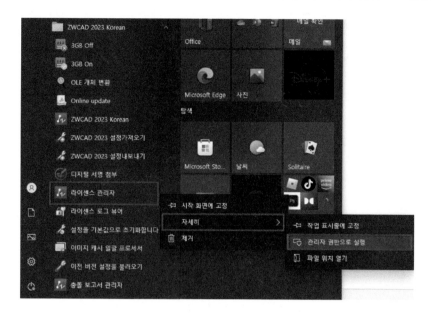

2 '라이선스 관리자에서 '휴지통 🗑' 아이콘을 클릭합니다.

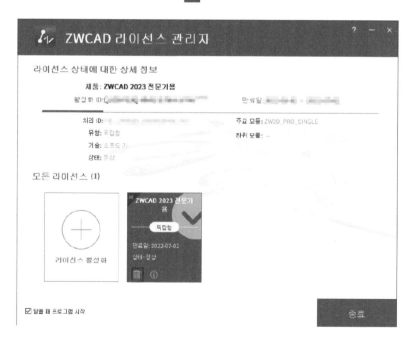

3 '생성'을 클릭하여 파일 생성한 뒤, 인터넷이 연결된 PC에 생성된 파일을 이동합니다.

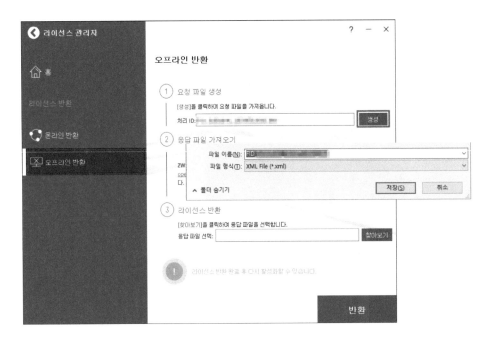

* 아래 과정부터는 인터넷이 가능한 PC에서 진행 가능합니다.

4 2번의 링크를 클릭하여 라이선스 센터에 접속합니다.

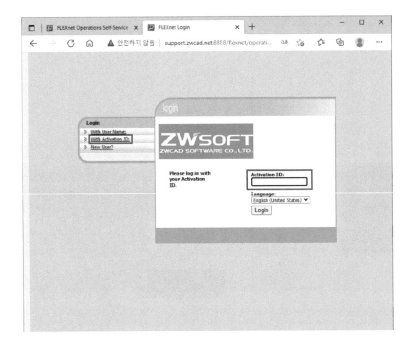

5 새 창이 실행되면 'Manage License' 버튼을 클릭합니다. (새 창이 열리지 않는다면 팝업 창 허용한 뒤 시도합니다.)

6 체크 박스 체크한 뒤 'Manual Return' 버튼을 클릭합니다.

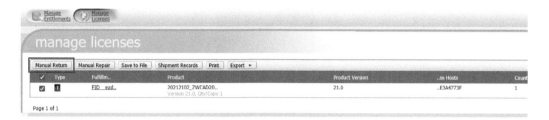

7 **3**에서 생성한 파일을 넣은 뒤 'Submit' 버튼을 클릭합니다.

8 'Save To File'을 클릭합니다. 생성된 파일을 저장한 뒤 활성화를 진행할 PC로 파일을 이동합니다.

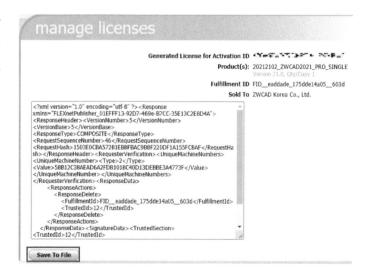

* 아래 과정부터는 ZWCAD를 되돌리기 할 PC에서 진행합니다.

9 '찾아보기' 버튼을 클릭하여 8)에
서 생성한 파일을 선택합니다.

10 아래와 같은 되돌리기 성공 창이
뜨면 라이선스 되돌리기 완료입니다.

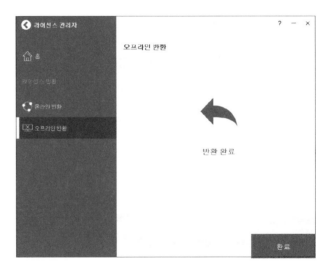

2. 네트워크형 라이선스 (Network License) 되돌리기
네트워크형 라이선스 (Network License) 온라인 되돌리기 방법

1 시작 메뉴에서 'Network License Configuration'
을 실행합니다.

❷ 'Start/Stop/Reread' 탭에서 'Forced Server Shutdown' 체크 후 'Stop Server'버튼을 클릭합니다. 'Stopping Server' 문구가 뜨면 정상 적으로 서버가 종료됩니다.

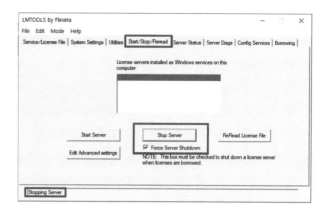

❸ 시작 메뉴에서 'Network License Manager'을 실행합니다.

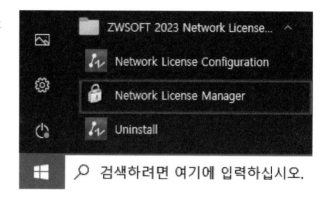

❹ '되돌리기'를 클릭합니다.

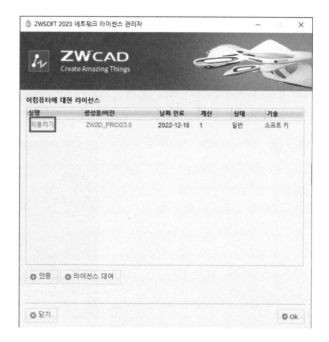

5 '온라인 되돌리기'를 클릭합니다.

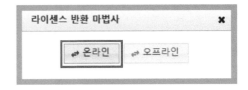

6 라이선스 되돌리기 안내 문구가 나오면 'OK'버튼을 클릭합니다.

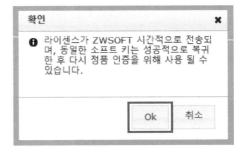

7 라이선스 반환 성공 대화상자가 나타나면 라이선스 반환이 완료됩니다.

네트워크형 라이선스 (Network License) 오프라인 되돌리기 방법

1 시작 메뉴에서 'Network License Configuration'을 실행합니다.

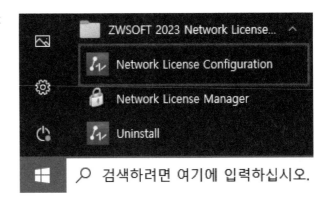

2 'Start/Stop/Reread' 탭에서 'Forced Server Shutdown' 체크 후 'Stop Server'버튼을 클릭합니다. 서버가 정상적으로 종료되면 하단에 'Stopping Server' 문구가 나타납니다.

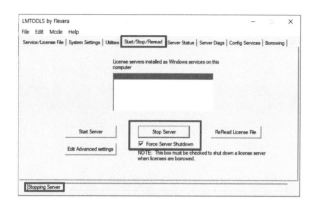

3 시작 메뉴에서 'Network License Manager'을 실행합니다.

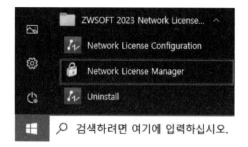

4 '되돌리기'를 클릭합니다.

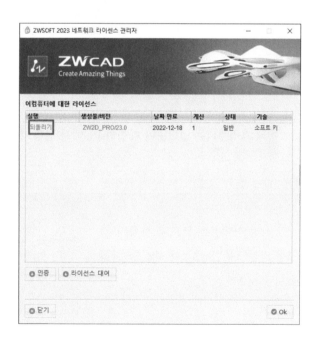

5 '오프라인 되돌리기'를 클릭합니다.

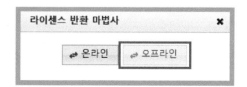

6 라이선스 되돌리기 안내 문구가 나오면 'OK'버튼 을 클릭합니다.

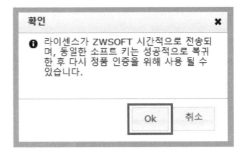

7 1단계 라이선스 파일을 생성한 뒤 저장합니다.

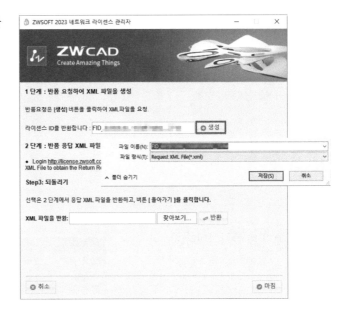

* 아래 과정부터는 인터넷이 가능한 PC에서 진행 가능합니다.

8 2단계 주소 링크를 클릭하여 라이선 스 센터에 접속합니다.

24자리 라이선스 코드와 사용자 정 보를 기입한 뒤 'Submit' 버튼을 클릭 합니다.

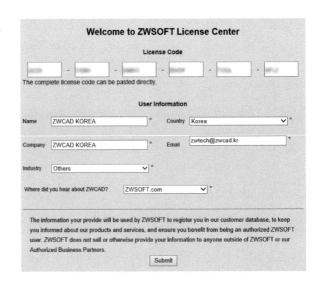

❾ 새 창이 실행되면 'Manage License' 버튼을 클릭합니다. (새 창이 열리지 않는다면 팝업 창 허용한 뒤 시도합니다.)

❿ 체크 박스 체크 후 'Manual Return' 버튼을 클릭합니다.

⓫ '파일 선택' 버튼을 눌러 6)에서 생성한 파일을 선택한 뒤 'Submit' 버튼을 클릭합니다.

⓬ 'Save To File'을 클릭하여 생성되는 파일을 저장합니다.

* 아래 과정부터는 ZWCAD를 되돌리기 할 PC에서 진행 가능합니다.

⓭ '라이선스 관리자'로 돌아와 '찾아 보기…' 버튼을 눌러Step3에 11)에서 생성한 파일을 선택한 뒤 '반환' 버튼을 클릭합니다.

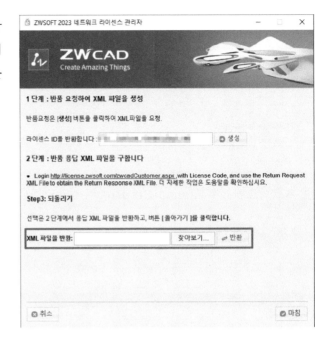

⓮ 아래와 같은 대화상자가 나타나면 라이선스 반환이 완료됩니다.

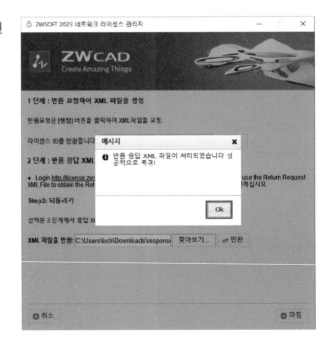

04 ZWCAD 라이선스 대여

　라이선스 대여란 네트워크 연결이 불가능한 곳에서 제품을 사용할 수 있는 방법입니다. 라이선스 대여는 네트워크가 연결된 상태에서만 가능합니다. 라이선스를 대여하면 서버 라이선스의 수량은 대여한 만큼 차감되게 되며 대여 기간은 최대 6개월로, 6개월 이내 대여 기간을 설정할 수 있습니다.

❶ 시작 메뉴에서 ZWCAD 2023 → '라이선스 관리자'를 관리자 권한으로 실행합니다.

❷ 라이선스 관리자 창에서 '라이선스 활성화' 버튼을 클릭합니다.

3 '라이선스 대여' 탭을 클릭합니다.

4 서버 PC IP주소와 포트 기입 후 '검증' 을 클릭합니다. 사용하고 있는 제품과 대여 기간 선택 후 '활성화' 버튼을 클릭하면 완료입니다. (최대 180일까지 가능)

    * 대여 라이선스 회수는 라이선스 되돌리기 과정과 동일하며 대여 기간 만료시에는 자동 회수
됩니다.

MEMO

ZWCAD Mechanical

01 ZWCAD Mechanical 소개

1. ZWCAD Mechanical 소개

ZWCAD Mechanical은 기계 전문 CAD 소프트웨어입니다. 4만 개 이상의 기계 표준 부품과 기계 엔지니어링용 도구를 사용하여 일반적인 ZWCAD 기계 설계 작업보다 상당한 시간을 절감하고 도면 생산성을 향상시킬 수 있습니다. 또한 일반적인 ZWCAD 제품과 기계 세부 사항 설계 및 엔지니어링 도구가 결합되어 ZWCAD의 모든 기능과 ZWCAD Mechanical 추가 기능을 모두 사용할 수 있습니다.

2. ZWCAD Mechanical 주요 기능

제조용 ZWCAD Mechanical은 기계 2D 시트 도면을 위해 샤프트 생성기, 기하공차, 치수, 표면 텍스처 기호, 풍선(balloon), BOM, 표준 부품 같은 기계 설계 도구를 제공합니다.

기계 부품 라이브러리 및 생성기

- 부품 라이브러리 : ZWCAD 부품 라이브러리에는 나사, 너트, 워셔, 핀, 리벳, 스프링, 베어링 등 4만 가지 이상의 부품이 들어 있습니다. 부품 라이브러리에서 내보내기 옵션을 통해 치수 자동 생성 및 블록, 그룹, 개별 객체로도 내보낼 수 있습니다.

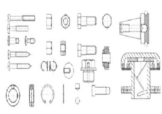

- 샤프트 및 기어 생성기 : 매 개변수만을 입력하여 다양한 샤프트와 기어를 손쉽게 생성할 수 있어 기계 설계 작업의 효율성을 향상시킬 수 있습니다.

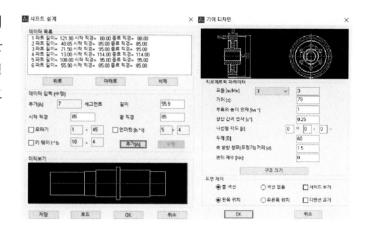

지능적인 풍선 기호와 BOM

- 풍선 기호 및 BOM 생성 : 풍선 기호를 손쉽게 삽입, 정렬, 편집할 수 있습니다. 또한 이를 기반으로 BOM을 제작하며 이때 표준 부품들을 자동으로 인식하여 BOM에 요약하여 표시합니다.

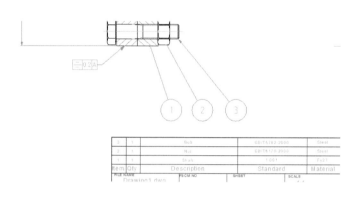

- 풍선 기호와 BOM의 연계 : 풍선 기호에 대한 모든 변경사항이 그대로 BOM에 업데이트 되어 데이터가 항상 정확하며 최신 상태로 유지됩니다.

확장된 제조용 도면 도구

- 구성선 : 총 32개의 옵션을 이용해 구성선을 만들 수 있고, 7개 옵션으로 구상원을 만들 수 있습니다. 구성선은 도면 작업 시 기준선이 되어 도면을 쉽게 그릴 수 있습니다.

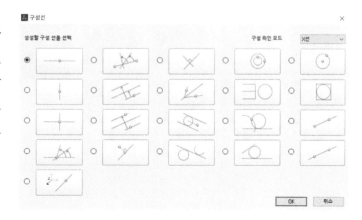

- 중심선 : 직사각형, 원 또는 객체를 선택하여
간단하게 중심선을 생성할 수 있습니다. 중심선
은 단 한 개의 대상에 그릴 수도 있고 복수의 대
상에 그릴 수도 있습니다.

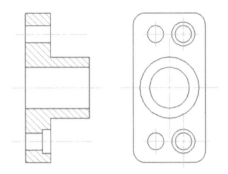

- 상세 도구 : 상세도를 사용하면 도면의 특정 부분을 사용자가 원하는 축척으로 확대하여 도면
의 다른 부분에 배치할 수 있습니다. 명확하게 표시할 수 없거나 치수를 기입할 수 없는 영역은 이
기능을 이용하여 작업할 수 있습니다.

- 홈 생성기 : 홈은 기계 설계 공정에 필수적인 부분입니다. 크랙 홈과 샤프트, 홀 렉트 릴리프와
같은 다양한 구조의 홈 기능들을 제공합니다.

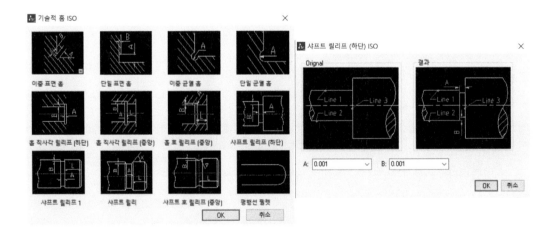

스마트 주석

- 파워 치수 : 파워 치수는 대화상자를 이용해 손쉽게 치수 표시를 함으로써 제조와 관련된 변수들을 제어, 확대하고 기하학 공차와 끼워 맞춤(fit list) 정보를 제공합니다.

- 다중 치수 : 최소한의 입력 정보만으로 다중 치수들을 만들 수 있고, 세로 좌표나 평행, 대칭 객체의 간격을 적절히 조정할 수 있습니다.

- 중첩 치수 편집 : 중첩된 치수를 자동으로 조정할 수 있습니다. 특정 치수로 만들어진 객체로부터 적정 거리를 파악하여 선형 치수를 정렬합니다.

- 기계 주석 : 기계 기호 주석인 표면 텍스처 기호, 기준점 식별자, 테이퍼, 센터 홀, 용접 기호 등이 있어 시간을 크게 절약할 수 있고 설계 정밀도를 높일 수 있습니다.

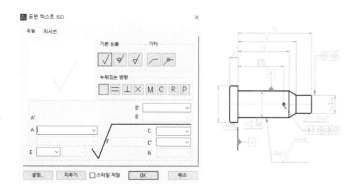

지능적인 도면 환경

- 기업 표준 및 국제 표준 지원 : ZWCAD Mechanical은 ISO, ANSI, DIN, JIS, GB 도면 환경들을 지원하여 표준 맞춤화 사용이 가능합니다.

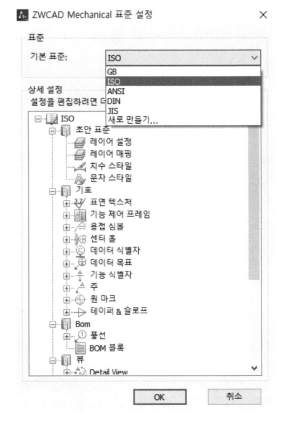

- 도면층 관리와 도면층 맵핑 : 경계선, 치수, 기호 등과 같은 모든 객체의 색상과 선 종류가 미리 설정된 기본 도면층으로 설정됩니다. 도면층 맵핑을 통해 객체를 도면층을 사용자 정의대로 배치하여 사용할 수 있습니다.

- 축척 조정 : 경계선 도면과 서로 다른 여러 가지 축척을 지원하며 주석 객체의 크기를 경계선의 축척에 맞춰 변경할 수 있습니다.

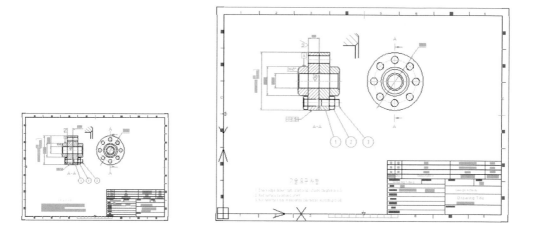

- 수퍼 편집 : 재편집이 간편해 객체를 더블 클릭하면 대화상자 안의 설정들도 자동으로 변경됩니다.

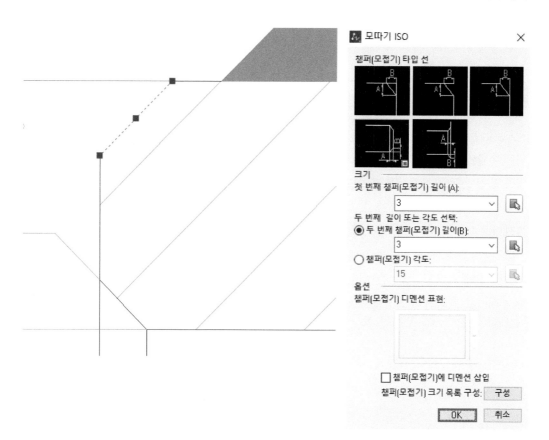

ZW3D 소개

01 ZW3D 소개

ZW3D는 3D 설계부터 가공까지 진행할 수 있는 All in one CAD/CAM 솔루션입니다. 기본적으로 다양한 분야에서 사용되고 있는 CAD 소프트웨어와의 최적화된 데이터 호환성을 가집니다. 솔리드-서피스 설계를 동시에 작업할 수 있는 하이브리드 모델링 환경과 2축 가공부터 3축 형상, 나아가 다축가공까지 기계/제조에서 다양하게 사용되는 ZW3D의 기능을 모두 사용할 수 있습니다.

02 ZW3D 주요 기능

ZW3D는 기계/제조의 전반적인 설계 및 가공을 위해 데이터 복구, 제품설계, 직접 편집, 조립을 위한 어셈블리 그리고 판금, 용접, 금형설계 특화기능 등 다양한 설계 도구와 2축, 3축 그리고 5축 밀링 및 선반 등 가공기능을 제공합니다.

1) 데이터 호환

IGES, STEP과 같은 공용 포맷과 더불어 다양하게 사용되는 CAD 데이터에 대해 손실을 최소화하여 직접적으로 불러옵니다.

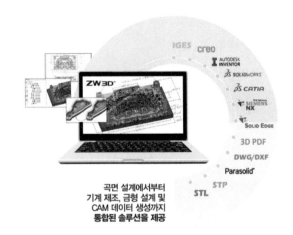

곡면 설계에서부터
기계 제조, 금형 설계 및
CAM 데이터 생성까지
통합된 솔루션을 제공

2) 데이터 복구

외부 데이터를 불러오는 과정에서 발생
할 수 있는 데이터 손실에 대비하여 빠르게
재생성할 수 있는 최적화된 복구 프로세스
를 제공합니다.

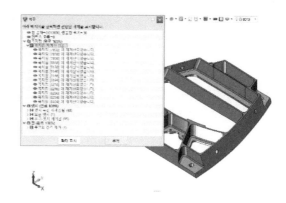

3) 하이브리드 모델링 설계

단품 설계를 위한 형상 기능(솔리드)부
터 제품의 창의적인 요소와 함께 심미성을
덧붙이기 위한 자유형식 기능(서피스), 그
리고 최종적인 조립구조 및 검증을 위한 어
셈블리, 애니메이션까지 하나의 환경 내에
서 모든 설계 공정을 진행합니다.

4) 유연한 설계 수정

이미 완성된 3D 모델에 대해 불가피하게
간섭 혹은 치수 오류로 인해 설계 변경 및
수정이 필요할 경우, 직접 편집 기능을 통
해 설계자는 매우 손쉽게 원하는 부분에
대해 편집을 진행할 수 있습니다.

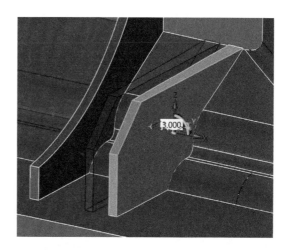

5) 컴팩트한 CAM 가공

일반적인 2D 도면 및 3D 모델링을 활용한 3축 밀링/선반 가공에 이어 4축 인덱스, 연속 5축 가공을 위한 다양한 가공 툴패스를 생성할 수 있도록 손쉬운 작업 프로세스를 제공합니다. 또한 기본적으로 기본설계 기능이 탑재되어 있으며, 툴패스 편집, 기계 시뮬레이션 등 CAM 가공에서 필요한 모든 편의성을 갖추었습니다.

6) 다양한 분야별 설계/가공 도구 및 3rd party

판금, 금형 및 전극, 용접 구조물, 리버스 엔지니어링 등 다양한 분야에서 사용되는 특화된 도구를 제공함으로써, 사용자들은 더욱 편리하게 사용 과정에서 필요한 기능을 고를 수 있습니다. 더불어 프레스 전개 기능인 FTI, 제품 렌더링을 위한 Keyshot, 액세서리 설계를 위한 Jewelry CAD, 로봇 시뮬레이션을 위한 Eureka, 절삭 폭을 일정하게 하여 측날 커터가공을 효율적으로 활용한 VoluMILL 등 ZW3D에서 연동되는 다양한 3rd- PARTY를 제공합니다.

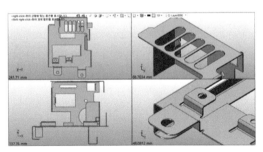
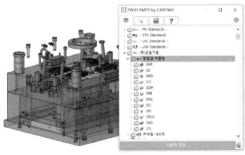

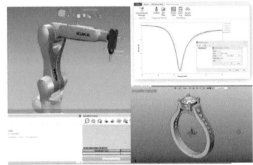

부 록

06

CHAPTER 02

CADbro 소개

01 CADbro 소개

CADbro는 다양한 데이터 호환을 기반으로 한 3D CAD 뷰어 프로그램입니다. 단순히 제품 확인을 위해 고가의 프로그램을 구매해야 하는 기회비용과 뷰어 맞춤형 기능을 극대화하여 즉각적인 제품 검토 및 분석 그리고 설계검증을 위한 다양한 기능을 갖추고 있습니다. 또한 IaaS 타입의 Alibaba ECS 기술을 활용하여 Cloud Service를 제공함으로써, 언제 어디서든지 3D 데이터를 확인 및 공유할 수 있는 장점을 가집니다.

02 CADbro 주요 기능

1) 효율적인 제품 검토

복잡한 3D 형상 검토를 위해 치수, 기계공차 및 기호, 코멘트 기능과 다양한 형상 속성 정보를 빠르게 얻을 수 있는 스마트 기능을 지원합니다. 또한 최적화된 문서화를 위해 2D 도면시트 및 파트별 속성을 활용한 BOM 테이블 작성과 Excel 시트 추출을 제공합니다.

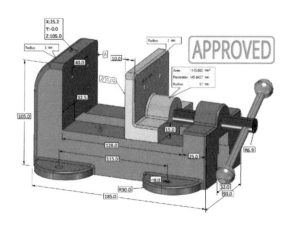

2) 다양한 제품 분석

초기 개발 단계에서 제품 구조 및 조립 검증을 위한 다양한 도구를 제공합니다. 부피, 면적, 질량 모멘트와 같은 물리적 특성과 구배, 두께, 높이 분석 및 파트 비교, 간섭체크, 단면, 분해 뷰를 통해 빠른 속도로 제품 분석을 진행합니다.

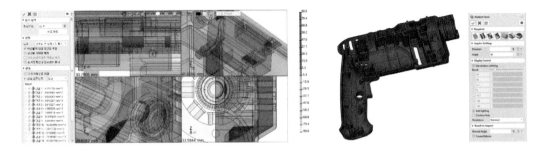

3) 간편한 설계 수정

조립 단계에서 발생할 수 있는 간섭에 대해 직접 편집 기능을 활용하여 변경할 수 있으며, 분석 기능을 통해 완성된 전체 설계를 최종적으로 검토할 수 있습니다.

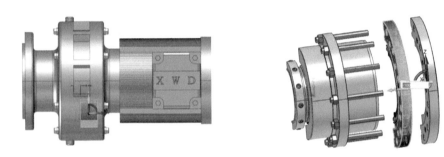

4) 클라우드 및 협업 시스템

실시간 프로젝트 구성 및 효율적인 협업라인 구축을 위해 Cloud Service를 제공합니다. 언제 어디서든지 인터넷이 연결된 장치를 통해 클라우드 서버에서 할당된 계정으로 부서별 3D 데이터 관리를 진행하며, 나아가 검토 단계에서 협업 기능을 통해 프로젝트 구성원 간 실시간 소통 및 프로세스를 구축합니다.

MEMO

3

3d	기본적인 형태의 3D 다각형을 생성합니다.
3darray	3D 공간에서 3D 직사각형 배열 또는 원형 배열을 생성합니다.
3dcorbit	3D 공간의 뷰를 회전합니다.
3dconnexion	3D 마우스 사용 여부를 제어합니다.
3dface	3D 공간에서 3D 표면을 그립니다.
3dmesh	3D 공간에 다각형 메쉬를 생성합니다.
3dopen	현재 DWG/DXF 포맷을 ZW3D 포맷으로 전환하고 자동으로 ZW3D를 포함한 도면을 가져옵니다.
3dorbit	3D 공간의 객체를 동적으로 관찰합니다.
3dpoly	3D 폴리선을 그립니다.

a

about	ZWCAD 버전과 관련 제품 정보를 표시합니다.
acisin	ACIS 파일 대화 상자를 열고 ACIS 파일을 선택하여 현재 도면에 객체들을 삽입합니다.
acisout	현재 도면에서 생성된 솔리드, 표면 또는 영역 객체를 내보내고 SAT(ASCII) 파일로 저장합니다.
adcenter	디자인 센터 팔레트를 실행합니다.
adcclose	디자인 센터 팔레트를 종료합니다.
adcnavigate	디자인 센터 팔레트를 표시하고, 특정 도면 파일, 폴더 또는 디자인센터의 폴더 탭으로 네트워크 경로를 로드합니다.
aidimfliparrow	치수 화살표를 반전시킵니다.
aidimprec	치수 문자의 소수점 자릿수를 제어합니다.
aidimtextmove	치수 문자의 움직임을 제어합니다.
aimleadereditadd	선택한 다중 지시선을 추가합니다.
aimleadereditremove	선택한 다중 지시선을 제거합니다.
aliasedit	명령어 단축키를 편집하기 위한 대화상자가 나타납니다.
align	선택한 객체를 2D 및 3D 공간의 다른 객체와 정렬합니다.

alignspace	모형 공간 및 도면 공간에 지정된 정렬 점을 기준으로 배치 뷰포트에서 뷰의 초점이동 및 줌 비율을 조정합니다.
angdiv	두 개 선의 이등분선 또는 이등분선에 평행한 선을 그립니다. 선택한 두 선이 서로 평행한 경우 그려질 선은 선택한 선에 평행이 됩니다.
annoupdate	선택된 주석 객체를 업데이트합니다. 업데이트 후에는 객체의 주석 특성이 스타일의 현재 특성과 일치하도록 설정합니다.
aperture	객체 스냅 대상 상자의 크기를 조정합니다.
appload	응용프로그램을 로드 또는 언로드하고 시작 시 로드 할 응용프로그램을 정의합니다.
arc	호 객체를 그립니다.
arccmp	처음 호를 사용하여 원을 만들 수 있는 상호 보완 호를 생성합니다.
arcsum	원호의 전체 길이를 표시합니다.
arctext	선택된 호를 따라 문자를 배치합니다.
archive	시트 세트를 저장합니다.
area	선택된 영역 또는 객체 면적 및 둘레 길이를 측정합니다.
	객체를 선택하거나 여러 점을 지정하여 측정할 객체를 정의하고 측정값을 가져옵니다.
areasum	선택한 닫힌 객체의 총 면적을 표시합니다.
array	선택한 객체의 사본을 지정된 패턴으로 배열하여 직사각형 또는 원형 배열을 생성합니다.
atext	선택된 호를 따라 문자를 배치합니다.
attdef	속성 정의를 설정합니다. 블록 생성 시, 속성은 블록에 밀접하게 연결된 문자 정보를 참조합니다.
attdisp	도면 파일에 속성을 표시할지 여부를 설정합니다.
	시스템 변수 ATTDISP를 명령행에 입력하면 투명하게 사용할 수 있습니다.
attedit	속성 블록의 속성 및 속성 특성을 변경합니다.
attext	명령행에 ATTEXT 명령을 입력하면 "속성 추출" 대화 상자가 열리고 사용자는 이 대화 상자에서 속성 값을 설정할 수 있습니다.
attin	외부, 탭 구분 ASCII 파일에서 블록 속성 값을 가져옵니다.
attout	블록 속성 값을 탭 구분 ASCII 파일 형식으로 외부 파일로 내보냅니다.
attsync	지정된 블록 정의와 블록 참조 속성을 업데이트합니다.
audit	현재 도면을 검토하고 관련 설명을 표시합니다. 오류가 감지된 경우 대안을 제시하고 수정합니다.

b

base	현재 도면을 다른 파일에 삽입 시 기준점을 지정합니다.
battman	블록 속성 관리자 대화 상자를 열기 위해 BATTMAN 명령을 실행합니다. 대화 상자에서 모든 속성 특성을 편집하고 선택된 블록 정의의 설정을 변경할 수 있습니다. 현재 도면에 속성이 있는 블록이 없는 경우 프롬프트에 내용이 나타납니다.
battorder	현재 블록 삽입 시 속성의 순서를 지정합니다.
bclose	블록 편집기를 종료합니다.
bcount	선택한 객체 또는 전체 도면에서 블록의 개수를 세어 목록으로 표시합니다.

bedit	블록 편집기 내에 지정된 블록 정의를 엽니다.
bhatch	선택된 객체 또는 닫힌 부분을 해치하기 위해 패턴을 선택합니다.
blkalign	지정된 지점에 지정된 방식으로 블록 참조를 정렬합니다. 블록 참조는 정상 블록 참조와 속성 블록이 될 수 있습니다.
block	선택한 객체로 블록 정의를 생성합니다.
block?	블록 정의에 포함된 객체에 관한 상세 정보를 나열합니다.
blockbreak	블록을 삽입하여 선택한 선형 객체를 가리거나 끊습니다.
blockextract	지정된 블록을 별개의 DWG 파일로 출력하고 이 블록의 속성 정보를 외부의 엑셀로 추출하고 현재 도면에서 최초의 블록을 제거합니다.
blockreplace	지정된 블록의 모든 경우를 다른 블록으로 교체합니다.
blocksum	현재 도면, 선택 모음 또는 지정된 도면층에 있는 블록의 수를 계수합니다.
bmpout	선택된 객체를 비트맵 (BMP) 파일 포맷으로 저장합니다.
boundary	닫힌 영역으로부터 영역 또는 폴리선을 작성합니다.
box	3D 상자 객체를 생성합니다.
bpoly	닫힌 영역으로부터 영역 또는 폴리선을 작성합니다.
break	두 지점 간의 선택된 객체를 나눕니다.
breakline	구분선 기호가 포함된 폴리선인 구분선을 작성합니다.
browser	기본 설정된 외부 브라우저에서 지정된 URL을 엽니다.
bsave	블록 편집기에서 열린 블록 정의를 저장합니다.
bsaveas	현재 블록 정의 사본을 신규 이름으로 저장합니다.
bscale	X, Y 및 Z 방향으로 각각 지정된 축척 방법과 블록 삽입점을 기반으로 한 축척 비율을 사용하여 블록 참조를 확대/축소합니다.
burst	선택한 블록을 분해합니다. 블록의 속성 값은 문자로 변환하고 도면층은 유지합니다.
bwblockas	현재 블록정의를 도면파일에 저장합니다.

C

cal	점 (또는 벡터), 실제 수식 또는 정수 수식의 값을 계산하는데 사용되는 계산기입니다.
chamfer	선택된 객체에 대한 모따기를 생성합니다.
change	선택된 객체의 특성을 변경합니다.
checkupdate	'온라인 업데이트 확인' 대화 상자가 열리고 현재 버전을 확인하거나 업데이트할 수 있습니다.
chgbang	지정된 블록의 모든 인스턴스에서 문자 각도를 변경합니다.
chgbcol	지정된 블록과 블록 인스턴스의 색상을 변경합니다.
chgbhei	지정된 블록 및 모든 블록 인스턴스의 문자 높이를 변경합니다.
chgblay	지정된 블록의 도면층을 변경합니다.
chgbwid	지정된 블록과 모든 블록 인스턴스의 선가중치를 변경합니다.
chgltsca	선택한 객체의 선종류 축척을 변경합니다.
chgthei	선택한 TEXT 또는 MTEXT 객체의 문자 높이를 변경합니다.

chprop	선택한 객체의 색상, 도면층, 선 종류, 선 종류 축척, 선 가중치 및 두께를 수정합니다.
chspace	배치에서 모형 공간과 도면 공간 간에 선택한 객체를 보냅니다.
circle	원 객체를 그립니다.
classicimage	이미지 관리자 대화 상자를 엽니다.
classiclayer	도면층 특성 관리자 대화 상자를 엽니다.
classicxref	외부 참조 관리자 대화 상자를 엽니다.
cleanscreenoff	CLEANSCREEFON 사용 전 상태로 복원합니다.
cleanscreenon	도구 막대와 고정 가능한 윈도우(명령행 제외) 화면을 지웁니다.
clip	선택한 객체를 지정한 경계로 자르고 표시를 변경합니다.
close	현재 도면 파일을 닫습니다.
closeall	열려 있는 모든 도면 파일을 닫습니다.
color	새로 생성된 객체의 색상을 설정합니다.
commandline	명령창을 표시합니다.
commandlinehide	명령창을 숨깁니다.
compile	lisp 파일을 암호화된 애플리케이션 파일로 컴파일합니다.
con2dash	실선과 DASHED2 중에서 지정된 객체의 선종류를 전환합니다.
cone	밑면이 둥글거나 타원형인 3D 원통 객체를 생성합니다.
config	옵션 대화 상자를 열고 플롯 탭으로 이동합니다.
configupdate	사용자가 자동으로 구성을 업데이트할지 여부와 업데이트된 버전을 체크하는 시간을 설정할 수 있는 온라인 업데이트 구성 대화 상자가 열립니다.
content	블록, 외부 참조 및 해치 패턴과 같은 컨텐츠를 관리하거나 삽입합니다.
convertctb	컬러 플롯 스타일 테이블을 명명된 플롯 스타일 테이블로 변환합니다.
convertpstyles	현재 도면에 의해 사용되는 플롯 스타일을 수정합니다.
copy	객체를 복사합니다.
copybase	기준점과 함께 객체를 복사하고 선택한 객체의 복제 위치를 정확하게 지정합니다.
copyclip	선택한 객체를 클립 보드에 복사합니다.
copyhist	명령행 사용내역에 있는 문자를 클립보드에 복사합니다.
copym	반복(Repeat), 등분할(Divide), 길이 분할(Measure) 및 배열(Array) 등의 옵션을 사용하여 여러 개의 객체를 복사합니다.
copytolayer	하나 이상의 객체를 다른 도면층으로 복사합니다.
cui	사용자 인터페이스를 사용자 정의합니다.
cuiload	사용자 정의 파일(.cuix)을 로드합니다.
curstyle	지정된 TEXT 또는 MTEXT 객체에 적용되는 문자 스타일을 표시합니다.
customize	명령어와 도구 막대에 대한 액셀러레이터 키를 사용자 정의합니다.
cutclip	선택한 객체를 클립 보드로 잘라내기 합니다.
cylinder	밑면과 곡면이 원형 또는 타원형인 3D 원통형 객체를 생성합니다.

d

dataextraction	현재 도면에서 데이터 정보를 추출하고 데이터 추출 테이블을 생성합니다. 현재 도면 또는 외부 파일에 테이블을 삽입합니다.
dataextractionupdate	ZWCAD에서 제공하는 업데이트 방법 중 하나를 선택하여 도면 수정에 따라 데이터 추출 테이블을 업데이트 할 수 있습니다.
ddattdef	속성 정의를 설정합니다.
ddatte	블록의 모든 속성 정보를 편집합니다.
ddattext	명령창에 ATTEXT 명령을 입력하면 "속성 추출" 대화 상자가 나타나고 사용자는 이 대화 상자에서 속성 값을 설정할 수 있습니다.
ddchprop	대상의 특성을 변경합니다.
ddcolor	새로 생성된 객체의 색상을 설정합니다.
ddedit	선택한 문자의 특성을 수정합니다.
ddim	치수 스타일을 생성 및 수정합니다.
ddInsert	현재 도면 파일에 블록 또는 파일을 삽입합니다.
ddplotstamp	플롯 스탬프 정보를 설정합니다.
ddptype	점의 스타일 및 크기를 지정합니다.
ddrmodes	제도 설정 대화상자를 엽니다.
ddstyle	문자 스타일을 설정합니다.
dducs	현재의 사용자 좌표계 (UCS)를 설정합니다.
dducsp	UCS 대화 상자를 열고, 그 안에서 사용자는 사용자 좌표계를 표시하고 수정하고, 명명된 및 직교 투영 UCS를 복원하고, UCS 관련 옵션을 설정할 수 있습니다.
ddunits	모든 선택한 객체의 측정 단위 및 값으로 표시합니다.
ddvpoint	3D 뷰의 관찰 방향을 미리 설정합니다.
delay	지연 시간을 지정합니다. 하나의 명령이 실행된 후, 특정 지연 시간을 지정합니다. 그 후에 다른 명령이 실행됩니다.
deldim	지정된 치수를 삭제합니다.
deldupl	같은 도면층에 겹쳐진 원, 호와 선을 제거합니다.
delhatch	객체를 해치되기 이전 상태로 복구시키면서 해치 객체로부터 해치 색상 또는 패턴을 제거합니다.
deluline	단일문자 객체의 밑줄을 삭제합니다.
deselect	선택된 객체 또는 선택 세트의 선택을 해제합니다.
dgnexport	현재 도면을 DGN 파일로 내보냅니다.
dgnimport	MicroStation V7/V8 DGN 도면에서 현재 DWG 도면으로 데이터를 가져옵니다.
dgnpurge	사용되지 않는 DGN 데이터를 소거합니다.
digitalsign	현재 도면 파일에 디지털 서명을 부착합니다.
dim	치수 기입 모드를 시작하고, 다양한 방법으로 도면의 객체에 대한 치수를 기입합니다.
dim1	치수 기입 모드를 시작하고, 다양한 방법으로 도면의 객체에 대한 치수를 기입합니다. (명령프롬프트 실행)

dimaligned	객체와 정렬된 선형 치수를 생성합니다.
dimangular	원, 호, 선 또는 지정된 3개 점에 대한 각도 치수를 생성합니다.
dimarc	호 또는 폴리선 호 세그먼트에 대한 호 길이 치수를 생성합니다.
dimasbx	치수 보조선을 치수에 추가 또는 제거합니다.
dimbaseline	마지막 치수에 기반하여 선형, 세로 좌표 또는 각도 기준선 치수를 생성합니다. 기준 치수의 첫 번째 치수 보조선은 다음 치수의 첫 번째 치수 보조선으로 사용됩니다.
dimbreak	다른 객체와 교차하는 치수 또는 다중 지시선에서 치수 끊기를 추가하거나 제거합니다.
dimcenter	지정된 호 또는 원에 대한 중심 표식 또는 중심선을 생성합니다.
dimcontinue	마지막 치수에 기반하여 선형, 세로 좌표 또는 각도 치수를 생성합니다. 기준 치수의 두 번째 치수 보조선은 다음 치수의 첫 번째 치수 보조선으로 사용됩니다.
dimdiameter	원 또는 호의 직경 치수를 작성하고, 그 앞에 직경 기호로 치수 문자를 표시합니다.
dimdisassociate	비 연관 치수를 연관 치수로 변환하거나, 연관 치수의 정의점을 변경합니다.
dimedit	치수 보조선 및 치수 문자를 편집합니다.
dimension	치수 기입 모드를 시작하고, 도면의 객체 치수를 다양한 방법으로 기입합니다.
dimex	선택한 치수 스타일과 설정을 외부 파일로 내보냅니다
dimim	DIM 파일에 정의된 치수 스타일을 현재 도면으로 가져옵니다
diminspect	선택한 치수의 검사 치수를 추가하거나 삭제합니다.
dimjogged	원, 호 또는 폴리선 호 세그먼트에 대한 꺾인 반경 치수를 생성합니다.
dimjogline	선형 또는 정렬된 치수에서 꺾인 선을 추가하거나 제거합니다.
dimlinear	선형 치수를 생성합니다.
dimordinate	세로 좌표 치수를 생성합니다.
dimoverride	선택한 치수 객체와 관련된 시스템 변수의 설정을 재지정합니다.
dimradius	원 또는 호에 대한 반경 치수를 생성합니다.
dimreassoc	재선택한 측정 값 또는 수정된 치수 문자를 처음 값으로 복구합니다.
dimreassociate	선택한 치수를 객체 또는 객체의 점에 연관시키거나 재연관시킵니다.
dimrotated	회전된 선형 치수를 작성합니다.
dimspace	선형 치수 또는 각도 치수 사이의 거리를 조정합니다.
dimstyle	치수 스타일을 생성 및 수정합니다.
dimtedit	치수 문자를 이동 및 회전하고 치수 문자의 위치를 조정합니다.
dimtxtcol	치수 문자의 색상이 변경됩니다.
dimtxtrev	치수 문자를 회전합니다.
dist	두 점 사이의 거리와 각도를 측정합니다.
divide	세그먼트 수를 선택한 후 점이나 블록을 그립으로 선택하여 선택한 객체를 균등하게 나눕니다.
donut	도넛 객체를 작성합니다.
doughnut	도넛 객체를 작성합니다.

dragmode	드래그된 객체의 표시를 설정합니다.
drawingrecovery	시스템 장애로 이후 자동으로 도면을 백업하는 도면 복구 관리자를 표시합니다.
drawingrecoveryhide	도면 복원 관리자 팔레트를 닫습니다.
draworder	도면 파일에서 선택한 객체의 그리기 순서를 변경합니다.
dsettings	그리드 및 스냅, 극좌표 및 객체 스냅 추적, 객체 스냅 모드, 동적 입력 및 선택 순환을 설정합니다.
dtext	단일행 문자 객체를 작성합니다.
dview	카메라 및 표적 점을 사용하여, 투영/투시 보기를 합니다.
dwfadjust	DWF 언더레이의 페이드, 대비 및 단색 설정을 조정합니다.
dwfclip	선택한 DWF 또는 DWFx 언더레이의 표시를 선택한 경계까지 자릅니다.
dwfin	DWF/DWFx 파일을 현재 도면 파일로 불러옵니다.
dwflayers	DWF 언더레이에서 도면층의 표시를 설정합니다.
dwfout	현재 도면 파일을 선택한 DWF 파일 형식으로 내보냅니다.
dwgprops	현재 도면 파일의 특성을 설정하거나 표시합니다.
dxfin	DXF 파일을 현대 도면 파일로 불러옵니다.
dxfout	현재 도면을 DXF나 DWG 형식으로 저장합니다.

e

eattedit	블록 참조에서 속성을 편집합니다.
eattext	블록 내 속성을 별도의 파일로 추출합니다.
edgesurf	인접한 4 개의 모서리 또는 곡선을 선택하여 3D 다각형 메쉬를 생성합니다.
edit	편집할 파일을 선택합니다.
elev	새 객체의 고도 및 돌출 두께를 지정합니다.
ellipse	타원 또는 타원형 호를 그립니다.
erase	도면에서 선택한 객체를 삭제합니다.
esri_adddata	ArcGIS 모듈에 GIS 데이터를 추가합니다.
esri_adddataurl	ArcGIS 모듈의 URL별로 GIS 데이터를 추가합니다.
esri_contents	ArcGIS 모듈에서 내용 패널을 엽니다.
esri_coordinatesystem	ArcGIS 모듈에 좌표계를 작성합니다.
esri_identifyfeature	ArcGIS 모듈의 특징을 식별합니다.
esri_importschema	ArcGIS 모듈에서 구성표를 가져옵니다.
esri_projectarea	ArcGIS 모듈에서 프로젝트 영역을 설정합니다.
esri_zoom	ArcGIS 모듈의 프로젝트 영역 확대/축소합니다.
etransmit	인터넷 전송을 위해 선택한 도면 파일과 연관 파일을 결합합니다.
exc	선택 범위 안에 끝점이 들어 있지 않은 객체를 선택합니다.
excel	MS Excel 응용 프로그램을 실행합니다.

excp	다각형 범위 안쪽에 끝점이 들어 있지 않은 객체를 선택합니다.
exf	울타리 선택 범위를 교차하지 않는 객체를 선택합니다.
exit	ZWCAD를 강제 종료합니다.
exoffset	표준 명령어 옵셋보다 도면층 컨트롤, 명령취소 및 옵션 등 여러 가지 이점을 제공합니다.
exp1	도면에서 선택되지 않은 모든 객체를 선택합니다.
explan	도면에서 선택되지 않은 모든 객체를 선택합니다.
explode	여러 객체로 구성된 복합 객체를 개별 객체로 분할합니다.
explorer	파일 탐색기를 실행합니다.
export	현재 도면 파일을 선택한 파일 형식으로 내보냅니다.
exportlayout	현재 배치탭 또는 여러 배치탭에 표시되는 모든 객체를 새 도면의 공간을 모형으로 내보냅니다.
exscale	UCS 원점(0,0)을 기준점으로 지정된 X 및 Y 방향 축척에 따라 선택한 객체를 확대축소합니다.
extend	선택한 객체를 또 다른 객체와 접하도록 연장합니다.
externalreferences	외부 참조 관리자를 실행합니다.
externalreferencesclose	외부 참조 관리자를 닫습니다.
extrim	선택한 경계의 한쪽에서 교차하는 모든 객체를 잘라냅니다.
extrude	선택한 경로에 따라 또는 선택한 높이 및 경사 각도에서 선택한 객체를 확장하여 3D 솔리드 또는 곡면을 생성합니다.
exw	두 점에 의해 선택한 직사각형 창 안에 모든 시작/끝점이 들어 있지 않은 객체를 선택합니다.
exwp	선택한 폴리곤 안에 모든 끝점이 들어 있지 않은 객체를 선택합니다.

f

fcmp	두 개의 도면을 비교하고 비교 결과를 표시 및 저장합니다.
fcmpclose	파일 비교 결과를 닫고 명령을 종료합니다.
fcmpdiffnext	파일 비교 결과에서 다음 변경 사항을 확대합니다.
fcmpdiffprev	파일 비교 결과에서 이전 변경 세트를 확대합니다.
fcmpinfo	두 도면의 정보를 삽입하거나 복사합니다.
fcmpsettings	파일 비교 설정 활성창을 실행합니다.
fcmptogglereference	파일 비교 결과를 표시하거나 숨깁니다.
field	필드가 있는 여러 줄의 문자 객체를 생성합니다.
filetab	문서 탭을 표시합니다.
filetabclose	문서 탭을 숨깁니다.
fill	해치, 2D 솔리드, 굵은 폴리선과 같은 채워진 객체의 표시를 조정합니다.
fillet	선택한 객체에 대한 모깎기를 생성합니다.
filter	설정된 필터 속성 목록을 생성하여 필요한 그래픽을 찾습니다.

find	선택한 문자를 찾고, 필요에 따라 다른 문자로 대치할 수 있습니다.
flatten	선택한 3D 객체를 2D객체로 변환합니다.
flatshot	3D 객체를 2D 윤곽선으로 평면 투영합니다.

g

gatte	선택한 속성 블록에서 속성 값을 수정할 수 있습니다.
gb2big5	도면내 문자 객체를 GB2312 또는 Big5 중에서 변환합니다.
gein	구글 어스에서 지정된 한 장면을 래스터 이미지로 ZWCAD에 가져옵니다. (ZWCAD 32bit에서만 지원됨)
geout	GEIN 명령어로 작업한 3D 모델을 구글 어스로 내보냅니다.
getsel	선택한 도면층과 객체 유형을 기반으로 객체 선택 모음을 생성합니다.
gradient	그라데이션 채우기를 사용하여 닫힌 영역 또는 선택한 객체를 해치합니다.
grid	현재 뷰포트에 모눈 패턴을 표시하고 시각 참조 점으로 간주합니다
group	그룹의 모든 객체를 생성 및 편집합니다.
groupedit	선택한 그룹에서 객체를 추가 또는 제거하거나 선택한 그룹의 이름을 변경합니다.
groupunname	객체를 선택하여 이름 없는 그룹을 생성합니다.

h

hatch	해치 패턴, 단색 채우기 또는 그라데이션 채우기를 사용하여 닫힌 영역 또는 선택한 객체에 해치를 적용합니다.
hatchedit	해치 객체를 편집합니다.
hatchcompatible	도면에서 특수 해치의 호환성 향상합니다.
hatchgenerateboundary	해치 객체에 대해 비연관 폴리선 경계를 생성합니다.
hatchsetboundary	해치에 대해 닫힌 새 경계를 다시 작성합니다.
hatchsetorigin	선택한 해치의 해치 원점을 설정합니다.
hatchtoback	도면 내의 모든 해치에 대한 그리기 순서를 맨 뒤로 설정합니다.
helix	2D 또는 3D 나선 객체를 생성합니다.
help	도움말을 표시합니다.
hide	숨겨진 선을 제거합니다.
hideobjects	현재 도면에서 선택한 객체를 숨깁니다.
hyperlink	선택한 객체에 대해 하이퍼링크를 설정하거나 기존하이퍼 링크를 수정합니다.
hyperlinkoptions	하이퍼링크, 바로 가기 메뉴 및 툴 팁을 표시 여부를 설정합니다.

i

id	현재 UCS에서 선택한 위치의 좌표를 표시합니다.
ifcimport	IFC 파일을 ZWCAD로 삽입합니다.
ifcstructurepanel	IFC 구조 패널을 나타냅니다.
ifcstructurepanelclose	IFC 구조 패널을 닫습니다.
ifcstructurepanelupdate	IFC 구조 패널을 초기 상태로 새로 고침합니다.

image	통합 참조 관리자를 실행합니다.
imageadjust	이미지의 밝기, 대비 및 페이드 값을 조정합니다.
imageattach	이미지를 도면 파일에 부착합니다. 이미지 파일의 다양한 형식이 지원됩니다.
imageclip	선택한 이미지 객체에 대해 새 자르기 경계를 생성합니다.
imagequality	이미지의 표시 품질을 설정합니다.
import	다른 형식의 파일을 현재 도면으로 가져옵니다.
insert	현재 도면에 블록 또는 파일을 삽입합니다.
insertobj	현재 도면에 OLE 객체를 삽입합니다.
interfere	선택한 두 솔리드 세트 사이의 간섭을 점검하고 중첩 영역에서 간섭 객체를 생성합니다.
intersect	두 개 이상의 3D 솔리드, 곡면 또는 영역의 교차 부분에서 2개 이상의 3D 솔리드, 곡면 또는 영역을 생성하고 교차 영역 외부의 영역을 삭제합니다.
isolateobjects	현재 도면에서 선택한 객체를 제외한 다른 객체들을 표시하지 않습니다.
isoplane	2D 등각 투영 도면의 현재 등각 평면을 설정합니다.

j

join	선 또는 곡선형 객체를 결합하여 새 단일 객체를 형성합니다.
joinl	두 개의 선 또는 호를 하나의 선 또는 호를 사용하여 결합합니다. 결합하기 위해 선택한 객체는 선 또는 호여야 합니다.
jpgout	선택한 객체를 JPEG 파일 형식으로 저장합니다.

l

laycur	선택한 객체의 도면층 특성을 현재 도면층으로 변경합니다.
laycur1	선택한 객체의 도면층 특성을 현재 도면층으로 변경합니다.
laydel	선택한 도면층의 모든 객체를 삭제하고 도면에서 도면층을 제거합니다.
layer	도면층 관리자 대화상자에서 도면층 특성을 관리합니다.
layerbrowser	'도면층 불러오기' 대화 상자를 실행합니다. 각 도면층에 해당하는 객체 미리 보기, 도면층 특성 수정 등의 기능을 지원합니다.
layerclose	도면층 특성 관리자를 닫습니다.
layerp	도면층 설정에 대한 마지막 변경사항을 취소합니다.
layerpalette	도면층 특성 관리자를 실행합니다.
layerpmode	도면층 설정 변경 사항 추적 기능을 제어합니다.
layerstate	도면층 상태 관리자를 실행합니다. 도면층 설정 세트를 저장, 복원, 관리할 수 있습니다.
layerstatesave	새로운 도면층 상태를 저장합니다.
layfrz	선택한 객체의 도면층을 동결합니다.
layiso	선택한 객체의 도면층을 제외한 모든 도면층을 끄거나 잠급니다.
laylck	선택한 객체의 도면층을 잠급니다.
laymch	선택한 객체의 도면층을 대상 객체의 도면층과 일치시킵니다.
laymcur	현재 도면층을 선택한 객체의 도면층으로 설정합니다.

laymrg	선택한 객체의 도면층의 모든 객체가 대상 도면층에 병합되며 도면에서 제거됩니다.
layoff	선택한 객체의 도면층을 끕니다.
layon	현재 도면에서 모든 도면층을 켭니다.
layout	배치 탭을 생성 또는 수정합니다.
laythw	현재 도면에서 모든 도면층의 동결을 해제합니다.
laytrans	현재 도면의 도면층을 도면층 표준으로 변환합니다.
layulk	선택한 객체의 도면층 잠금을 해제합니다.
layuniso	LAYISO 명령을 통해 숨기거나 잠긴 모든 도면층을 복원합니다.
laywalk	선택한 도면층의 객체를 표시하고 다른 모든 도면층의 객체를 숨깁니다.
leader	지시선을 그립니다.
lengthen	객체의 길이와 호의 사이 각을 수정합니다.
light	라이트를 작성합니다.
limits	도면 영역에서 현재 뷰포트에 대한 도면 경계를 설정합니다.
line	연속되는 선 객체를 작성합니다.
linesum	선택한 선 또는 폴리선의 총 길이를 계산합니다.
linetype	선 종류 관리자 대화상자를 엽니다. 선 종류를 로드하거나 설정할 수 있습니다.
lineweight	선 가중치 설정 대화상자에서 선 가중치 표시, 옵션, 단위를 설정합니다.
list	선택한 객체의 객체 유형, 도면층, 색상, 선 종류 그리고 현재 UCS의 X, Y 및 Z 축 위치를 포함하여 선택한 객체의 관련 속성을 나열합니다.
load	쉐이프(SHX) 파일을 로드하여 사용합니다.
lockup	객체를 선택하여 잠금 할 수 있습니다. 잠긴 객체는 편집할 수 없습니다.
loft	여러 개의 단면을 따라 로프트하여 3D 솔리드 또는 곡면을 형성합니다.
logfileoff	LOGFILEON으로 열어둔 명령 사용 내용 로그 파일을 닫습니다.
logfileon	명령 사용 이력을 로그 파일에 기록합니다.
ltscale	현재 도면에서 모든 선 종류의 축척을 설정합니다.
lweight	선 가중치 설정 대화상자에서 선 가중치 표시, 옵션, 단위를 설정합니다.

m

mail	도면 파일을 이메일로 내보냅니다.
massprop	선택한 2D 영역 또는 3D 솔리드의 질량 특성을 계산합니다.
matchcell	선택한 테이블 셀의 특성을 다른 테이블 셀에 적용합니다.
matchprop	선택한 객체의 특성을 다른 객체에 적용합니다.
matchcell	선택한 셀 스타일을 다른 셀과 일치시킵니다.
material	도면층 재료 검색기 대화상자를 엽니다. 도면에 사용할 재료를 관리할 수 있습니다.
mathei	선택된 문자 객체의 문자 높이를 대상 문자 객체에 적용합니다.
measure	세그먼트 길이를 설정하여 측정된 간격으로 마크를 배치합니다.

measuregeom	객체의 거리, 반지름, 지름, 각도, 면적 및 질량 특성을 측정합니다.
menu	사용자 정의 메뉴 파일을 로드하고 현재 메뉴를 교체합니다.
menuload	사용자 설정 파일을 로드하여 인터페이스 요소 표시를 설정합니다.
menuunload	사용자 설정 메뉴 파일을 언로드합니다.
minsert	설정된 블록의 여러 복사본을 삽입하여 직사각형 배열을 생성합니다.
mirror	선 객체의 대칭 복사본을 생성합니다.
mirror3d	설정된 평면을 기준으로, 선택한 3D 객체의 대칭 복사본을 생성합니다.
mkltype	선택된 객체를 기반으로 선종류를 생성하고 이를 지정된 선종류 파일(.LIN)에 저장합니다.
mleader	다중 지시선 객체를 그립니다.
mleadercollect	다중 지시선을 병합합니다.
mleaderedit	선택한 다중 지시선 객체에서 지시선을 추가하거나 제거합니다.
mleaderstyle	다중 지시선 스타일을 생성, 수정 또는 삭제합니다.
mledit	여러 줄 편집 도구 대화상자가 표시됩니다.
mline	여러 줄을 작성합니다.
mlstyle	여러 줄 스타일 대화상자를 표시합니다.
model	'배치' 공간 (용지 공간)에서 '모형' 공간으로 전환합니다.
move	선택한 객체를 이동합니다.
movebak	도면 백업 파일의 저장 폴더를 변경합니다.
mpedit	여러 개의 폴리선을 편집합니다. 여러개의 선, 호, 스플라인을 폴리선으로 변환할 수 있습니다.
mredo	UNDO 또는 U 명령으로 실행된 행동을 다시 실행합니다.
mslide	현재 모형 뷰포트 또는 현재 배치의 슬라이드 파일을 생성합니다.
mspace	배치의 도면 공간에서 배치 뷰포트의 모형 공간으로 전환합니다.
mtedit	선택한 여러 줄 문자 객체를 편집합니다.
mtexp	정렬 모드와 정렬점을 지정하여 선택된 단행문자 객체를 정렬합니다.
mtext	여러 줄 문자 객체를 생성합니다.
-mtext	여러 줄 문자 객체를 생성합니다.
mtprop	선택한 여러 줄 문자 객체를 편집합니다.
multiple	사용자가 설정한 명령을 반복합니다. Esc 키를 누를 때까지 명령 입력을 반복합니다.
mview	배치 뷰포트를 생성 및 설정합니다.
mvsetup	도면 사양을 설정하고 블록 제목을 삽입하며 배치 뷰포트를 작성 및 조정 등을 합니다.

n

ncopy	블록 또는 외부 참조에 중첩된 하나 이상의 객체를 복사합니다.
netdebug	.NET 프로그램 디버그의 중단점이 안잡히는 경우 중단점이 잡히도록 설정합니다.
netload	NET 애플리케이션을 로드합니다.

new	새로운 도면 파일을 생성합니다.
notepad	메모장을 엽니다.

o

objectscale	지정된 주석 문자 객체에 대한 지원되는 축척들을 추가하거나 삭제합니다.
offset	원본 객체와 평행인 객체 복사본을 생성하기 위해 특정 지점이나 지정된 거리를 토대로 선택된 객체의 간격을 띄우고 복사합니다.
olelinks	선택한 OLE 링크에 대한 다른 연산들을 업데이트 변경, 취소합니다.
oleopen	선택된 OLE 객체에 대한 소스 파일을 열거나 이 OLE 객체 내용에 포함된 새 파일을 엽니다.
olereset	선택한 OLE 객체를 원래 크기로 복원합니다.
olescale	선택한 OLE 객체의 크기와 축척을 설정합니다.
oops	ERASE 명령어에 의해 지워진 마지막 객체들을 복구합니다.
open	도면 파일을 엽니다.
options	옵션 대화상자 파일을 표시하고, 프로그램의 사용된 모든 설정을 지정합니다.
openonlineoptions	온라인 문서 패널을 엽니다.
opensheetset	시트 세트 파일을 실행합니다.
ortho	직교 모드를 활성화 혹은 비활성화하고, 현재 도면 영역 내에서 커서의 이동을 제어합니다.
osnap	객체 스냅 모드들을 설정합니다.
-osnap	객체 스냅 모드들을 설정합니다.
overkill	소스 객체와 전체적으로 혹은 부분적으로 중첩되는 객체들 삭제하거나 부분적으로 중첩되거나 연속적인 객체들을 결합합니다.

p

pagesetup	페이지 설정 관리자 창을 엽니다.
painter	하나 이상의 객체를 대상 객체로 선택하고 특성을 객체에 복사할 수 있습니다.
pan	현재 뷰포트 내 비가시적인 영역을 표시하기 위해 위치를 옮겨 뷰포트를 드래그합니다.
pasteblock	클립보드의 객체를 지정된 삽입 지정에 있는 블록으로 현재의 도면에 붙여 넣습니다.
pasteclip	클립보드에 포함된 것을 붙여 넣습니다.
pasteorig	객체와 객체의 좌표를 도면 파일에 복사하고 새 도면 파일에 그것들을 붙여 넣습니다.
pastespec	"선택하여 붙여넣기" 대화상자를 엽니다. 클립보드의 데이터를 도면 파일에 삽입하고 그 데이터의 포맷을 제어합니다.
pbrush	그림 프로파일을 엽니다.
pdfadjust	페이드, 대조, 단색과 같은 PDF 언더레이에 대한 설정들을 조정합니다.
pdfattach	PDF 파일을 언더레이로서 도면에 삽입합니다.
pdfclip	지정된 자르기 경계로 PDF 언더레이의 표시를 변경합니다.
pdfimport	PDF 파일에 포함된 형상, 래스터 이미지 및 트루 타입을 현재 도면으로 불러옵니다.
pdfimportimagepath	PDF 파일을 도면 파일로 가져올 때 추출한 참조 이미지 파일의 저장 경로를 지정합니다.

pdflayers	PDF 언더레이의 도면층들의 표시를 제어합니다.
pedit	2D 폴리선, 3D 폴리선과 3D 메시를 편집합니다.
pface	꼭지점들을 지정함으로써 3D 폴리페이스를 생성하면, 폴리페이스 메시를 하나의 객체로 편집하거나 변경할 수 있습니다.
plan	지정된 좌표 체계의 평면 뷰를 표시합니다.
planesurf	직사각형 객체의 반대면 구석들을 지정하거나 닫힌 객체들을 선택함으로써, 평면 표면을 생성합니다.
pline	2D 폴리선 객체를 그립니다.
plot	현재 도면 파일을 플롯합니다.
plotstamp	플롯 스탬프 정보를 설정합니다.
plotstyle	현재 배치에 부착되어 있고 객체에 따라 지정될 수 있는 정의된 플롯 스타일을 관리합니다.
plottermanager	플로터 추가 마법사가 위치한 파일을 엽니다.
plt2dwg	Plt / hpgl 파일을 현재 그래픽 파일에 입력합니다.
pltplot	다양한 PLT 파일들, PRN 파일들, TXT 파일에 포함된 그 파일들을 지정된 프린터로 프린트합니다.
pngout	선택한 객체를 PNG 파일로 저장합니다.
point	점 객체를 생성합니다.
polygon	다각형을 그립니다.
preview	현재 도면 파일의 플롯 효과를 미리보기합니다.
print	POLT 명령을 실행합니다.
properties	특성 팔레트를 엽니다. 이 팔레트를 통해, 객체나 선택 세트의 관련 특성들을 체크하거나 변경할 수 있습니다.
propertiesclose	특성 팔레트를 숨깁니다.
pselect	객체 유형 및 특성을 기준으로 필터링하여 선택 세트를 작성합니다.
psetup	사용자 정의 페이지 설정을 새 도면 배치로 가져옵니다.
psetupin	사용자 정의 페이지 설정을 새 도면 배치로 가져옵니다.
pspace	배치 탭 안에서, 뷰포트를 모형 공간에서 배치 공간으로 변환합니다.
publish	도면을 DWF, DWFx 및 PDF 파일 또는 프린터나 플로터에 게시합니다.
publishraster	설정에 따라 지정된 영역의 그래픽을 이미지 파일로 게시합니다.
purge	블록, 도면층, 선유형, 문자 스타일, 치수 유형 등등과 같이, 현재 도면 파일에서 사용되지 않는 정의된 객체들을 제거합니다.
pyramid	3D 피라미드 폴리선을 생성합니다.

q

qcclose	빠른 계산기를 닫습니다.
qdim	선택된 객체에 대한 치수를 신속하게 생성합니다.
qlattach	주석 객체에 지시선을 첨부합니다. 주석 객체는 여러 줄 문자, 공차 또는 블록 참조일 수 있습니다.

qlattachset	주석 객체에 전반적으로 지시선을 첨부합니다. 주석 객체는 여러 줄 문자, 공차 또는 블록 참조일 수 있습니다.
qldetachset	여러 줄 문자, 공차 또는 블록 참조 객체에서 지시선을 분리합니다.
qleader	지시선 및 지시선 주석을 설정합니다.
qnew	새 도면을 생성합니다. 기본 도면 템플릿 파일이나 가장 최근에 사용한 도면 파일을 기반으로 생성합니다.
qsave	포맷 혹은 새 명칭을 이용하여 현재 도면 파일을 저장합니다.
qselect	신속 선택을 열고 필터링 조건에 따라 선택 세트를 생성합니다.
quickcalc	빠른 계산기를 실행합니다.
quit	ZWCAD를 종료합니다.

r

ray	세그먼트 길이를 설정하여 측정된 간격으로 마크를 배치합니다.
recover	손상된 도면 파일을 복구합니다.
rectang	직사각형 폴리선 객체를 그립니다.
redefine	ZWCAD 표준 명령어의 정의를 취소합니다. 정의되지 않은 명령어를 다른 기능을 위해 재정의할 수 있습니다.
redo	UNDO 명령의 효과를 복구합니다.
redraw	현재 뷰포트의 표시를 새로 고치고 객체에 표시되는 그립 또는 숨겨진 픽셀을 삭제합니다.
redrawall	모든 뷰들을 새로 고치고, 객체 내 모든 그립 및 불필요한 객체 또는 숨은 픽셀을 삭제합니다.
refclose	참조 대상의 변경을 저장하거나 중단합니다.
refedit	참조를 현재 공간에서 편집합니다.
refmanager	참조 관리자는 참조 된 객체를 볼 수 있습니다(예 : 외부 참조, 래스터 이미지, 글꼴 모양, 모양 파일 및 플롯 구성 파일) 하나 이상의 도면 관련 정보(예 : 경로를 저장, 버전 정보 등)를 도면을 열지 않고 볼 수 있습니다. 또한, 참조 객체의 경로를 찾아 수정하고 참조된 객체를 교체하는 등의 작업을 수행할 수 있습니다. 참조 객체가 속한 도면에 변경 내용을 저장할 수 있습니다.
refset	참조(외부 참조 또는 블록 정의)를 내부 편집하는 동안 작업 세트에 객체를 추가하거나 작업 세트에서 객체를 제거합니다.
regen	현재 뷰포트 내에서 도면을 재생성합니다.
regenall	전체 도면을 재생성하고 모든 뷰포트를 갱신합니다.
regenauto	도면의 자동 재생성을 설정합니다. 자동 재생성이 활성화되면, 도면 재생성이 필요할 때, 시스템은 자동으로 현재의 뷰를 재생성합니다.
region	선택된 닫힌 객체들로부터 영역들을 생성합니다.
reinit	프로그램의 매개 변수 파일(zwcad.pgp)을 다시 로드하거나 초기화합니다.
rename	명명된 블록, 도면층, 치수 스타일, 선 종류, 스타일, 테이블 스타일, UCS, 뷰, 뷰포트의 이름을 변경합니다.
render	3D 솔리드 또는 표면 모형의 사실적 이미지 또는 사실적으로 음영처리된 이미지를 작성합니다.

resume	스크립트 파일이 일시 중단되면 명령어 RESUME을 사용하여 스크립트를 계속 실행할 수 있습니다.
revcloud	여러 개의 연결된 호로 구성된 구름형 수정 기호를 생성합니다.
revolve	선택한 객체를 지정된 축을 중심으로 회전시켜 솔리드 객체나 표면을 형성합니다.
revsurf	선택한 선형 객체를 특정 각도로 회전시켜 폴리곤 메쉬를 작성합니다. 선택한 선형 객체는 선, 원, 호, 타원, 타원 호, 폴리션, 다각형, 스플라인과 도넛일 수 있습니다.
ribbon	리본 패널을 표시합니다.
ribbonclose	리본 패널을 닫습니다.
rotate	기준점을 중심으로 선택된 객체를 지정된 회전 각도까지 회전시킵니다.
rotate3d	3D 공간에서 3D 축을 중심으로 객체들을 회전시킵니다.
rscript	스크립트 파일을 반복해서 실행합니다.
rtpan	실시간으로 현재 뷰포트 뷰 방향이나 배율을 변경하지 않고 뷰를 이동합니다.
rtzoom	실시간으로 현재의 뷰를 축소 또는 확대합니다.
rulesurf	두 선 또는 곡선 사이의 표면을 나타내는 메쉬를 작성합니다.

S

save	현재 도면 파일을 현재 또는 지정한 파일 이름을 이용하여 저장합니다.
saveall	열려 있는 모든 도면을 한 번에 저장합니다.
saveas	새로운 이름 또는 새로운 형식을 이용하여 현재의 도면 파일을 저장합니다.
savetocloud	현재 도면을 클라우드에 저장합니다.
scale	선택한 객체를 축소 또는 확대합니다.
scalelistedit	배치 뷰포트, 페이지 배치 및 플롯에 사용할 수 있는 축척 목록을 조정합니다.
script	스크립트 파일로 일련의 명령을 실행합니다.
section	평면과 3D 솔리드, 표면 또는 메쉬의 교차점을 사용하여 2D 영역 객체를 작성합니다.
select	선택한 객체를 이전 선택 세트에 배치합니다.
selectsimilar	현재 도면에서 선택한 객체의 특성과 일치하는 모든 객체를 찾은 다음 선택 세트에 추가합니다.
selectsimilarse	유사한 객체인 공유 속성이 있는 객체를 빠르게 선택합니다.
setvar	시스템 변수를 표시 또는 수정합니다.
setbylayer	선택한 객체의 속성을 도면층으로 설정합니다.
sh	운영 체제 명령을 실행합니다.
shade	모서리의 음영처리를 조정합니다.
shademode	3D 객체의 표시를 조정합니다.
shape	LOAD를 사용하여 로드된 쉐이프 파일(SHX 파일)의 쉐이프를 삽입합니다.
shell	ZWCAD내에서 DOS 명령어를 사용합니다.
sheetset	시트 세트 관리자를 실행합니다.
sheetsethide	시트 세트 관리자를 종료합니다.

sigvalidate	디지털 서명 확인 대화 상자를 열면, 그 안에 현재의 도면 파일에 첨부된 디지털 서명 인증서가 표시되어 확인할 수 있습니다.
sketch	커서를 움직여서 직선을 그립니다.
slice	새로운 3D 구객체 또는 표면을 생성하기 위하여 지정한 객체를 분할합니다.
smartmouse	스마트 마우스 기능을 켜거나 끕니다.
smartmouseconfig	스마트마우스 설정 대화 상자가 열리며, 이를 통하여 ZWCAD 명령어에 상응하는 추가 또는 삭제 제스처를 포함하는 스마트 마우스의 매개변수를 설정할 수 있습니다.
smartsel	하나 이상의 필터 기준에 따라 실시간으로 객체를 선택합니다.
smartvoice	스마트 음성 객체를 생성합니다.
snap	커서의 움직임을 지정된 간격으로 제한합니다.
solid	솔리드로 채워진 삼각형 또는 사각형 객체를 생성합니다.
solidedit	면을 돌출, 이동, 회전, 간격 띄우기, 테이퍼, 복사, 삭제하거나 면에 색상과 재료를 지정할 수 있습니다. 또한 모서리도 복사하거나 색상을 지정할 수 있습니다. 전체 3D 솔리드 객체(본체)에 대해 각인, 분리, 비우기, 쉘 작성, 유효성 검사를 수행할 수 있습니다.
solprof	3D 객체의 2D 프로파일을 생성합니다.
spacemouseaction	뷰 데이터를 데이터 베이스에 동기화합니다.
spell	단일 문자, 여러 줄 문자, 속성, 속성 정의 또는 치수 문자의 철자를 점검합니다.
sphere	3D 구 객체를 그립니다.
spline	맞춤점 또는 그 근처를 통과하는 부드러운 곡선을 생성합니다.
splinedit	스플라인을 편집합니다.
ssx	선택된 객체에 대해 필터 옵션을 설정하여 필터 선택 모음을 생성합니다.
start	지정된 애플리케이션을 실행합니다.
status	도면의 통계 정보, 모형 및 범위를 표시합니다.
stlout	솔리드 객체를 STL 파일 형식으로 저장합니다.
stretch	신축 동작은 동작에 지정된 기준점을 기준으로 지정된 방향으로 지정된 거리만큼 객체를 이동하고 신축합니다.
style	문자 스타일을 설정합니다.
stylesmanager	프린터 스타일 파일이 존재하는 폴더를 실행합니다.
subtract	하나 이상의 겹치는 영역 또는 3D 솔리드를 영역에서 제외하여 새 객체로 만듭니다.
superhatch	블록, 외부 참조 및 래스터 이미지를 해치 패턴으로 사용하여 닫힌 면적을 채웁니다.
sweep	하나의 경로를 따라 평면 곡선을 스윕하고 3D 구객체 또는 표면을 생성합니다.
sysvdlg	시스템 변수의 설정을 조회, 편집, 복구 및 저장합니다.
syswindows	도면 또는 아이콘의 배열 방법을 설정합니다.

t

table	도면에 테이블을 삽입합니다.
-table	명령행에서 "테이블" 명령을 실행합니다.
tabledit	테이블 셀을 편집합니다.

tableexport	선택한 테이블에서 데이터를 CSV 파일 형식으로 내보냅니다.
tablestyle	지정한 테이블 스타일을 생성 또는 수정합니다.
tabsurf	경로와 방향 벡터에 의해 정의되는 다각형망을 생성합니다.
taskbar	복수의 열린 도면이 창 작업 표시줄 상에 그룹 단위 또는 개별적으로 표시되는지 여부를 지정합니다. (0 : 그룹 단위로 표시 1 : 개별로 표시)
tcase	선택된 TEXT, MTEXT 또는 ATTDEF 객체의 대소문자를 변경합니다.
tcircle	선택된 각각의 TEXT, MTEXT 또는 ATTDEF 객체 주위에 원, 슬롯 또는 직사각형의 외곽을 생성합니다.
tcount	TEXT, MTEXT 또는 ATTDEF 객체에 순차 번호를 추가합니다. 접두어, 접미어 또는 대체 문자로써 숫자를 배치할 수 있습니다.
text	단일 행 문자 객체를 생성합니다.
textfit	선택된 문자 객체를 지정한 길이로 늘이거나 줄입니다.
textmask	선택한 TEXT 또는 MTEXT 뒤에 마스크 객체를 둡니다. 마스크 객체는 그 뒤에 항목을 숨깁니다.
textscr	ZWCAD 명령 프롬프트를 별도의 창으로 엽니다. (기능키 F2와 동일)
texttofront	도면 내의 모든 문자, 지시선 및 치수의 그리기 순서를 변경하고 이를 다른 모든 객체 앞에 둡니다.
textunmask	마스크 된 문자 객체에서 마스크를 제거합니다.
tifout	선택한 객체를 TIF 파일로 저장합니다.
time	도면의 현재 시간 및 시간 통계량을 표시합니다.
tinsert	TINSERT 명령을 실행하고 테이블 셀을 선택하면 블록 삽입 대화상자를 실행합니다.
tjust	위치를 이동하지 않고 문자 객체의 자리 맞춤 지점을 변경합니다.
tolerance	기하학적 공차를 생성합니다.
toolbar	도구 막대 선택 대화 상자가 열리며, 그 안에서 사용자는 도구 막대를 표시할지 숨길지 여부를 설정할 수 있습니다.
toolpalettes	도구 팔레트 창을 엽니다.
toolpalettesclose	도구 팔레트 창을 닫습니다.
torient	TEXT, MTEXT 및 ATTDEF 객체를 회전하여 가독성을 높입니다.
torus	3D 토러스 객체를 생성합니다.
tpnavigate	표시할 도구 팔레트 지정합니다.
trace	추적 객체를 생성합니다.
transparency	이미지의 배경 표시의 투명 여부를 제어합니다.
trim	지정한 테두리의 바깥에 있는 부분을 자릅니다.
txt2mtxt	단일 행 문자 객체를 여러 줄 문자 객체로 변환합니다.
txtalign	정렬 모드와 정렬점을 지정하여 선택된 단일 행 문자 객체를 정렬합니다.
txtexp	단일 행 문자 또는 여러 줄 문자 객체를 2D 폴리선으로 분해합니다.
txtuline	단일 행 문자 객체에 밑줄이 추가됩니다.

type	지정된 파일을 엽니다
u	
ucs	현재의 사용자 좌표계(UCS)를 설정합니다.
ucsicon	UCS 아이콘을 표시하거나 감추고, UCS 아이콘의 표시 위치를 설정합니다.
ucsman	UCS 관련 옵션을 설정할 수 있습니다.
undefine	ZWCAD 표준 명령어 정의를 취소합니다. 정의되지 않은 명령어를 다른 기능을 위해 재정의 할 수 있습니다.
undo	명령어를 사용하여 실행한 최근의 작업을 취소합니다.
ungroup	객체의 그룹화를 취소합니다.
union	둘 이상의 3D 솔리드 객체, 영역 또는 표면을 하나의 전체로 조합하여 복합 3D 구 객체, 영역 또는 표면을 형성합니다.
unisolateobjects	객체 분리를 취소합니다.
units	모든 선택한 객체의 측정 단위 및 값으로 표시합니다.
unlock	LOCKUP에 의해 잠긴 도면의 잠금을 해제하여 편집 가능한 상태로 복구합니다.
uploadmultiple	여러 파일을 선택하고 클라우드에 업로드합니다.
updatefield	선택한 객체 내의 필드를 수작업으로 갱신합니다.
v	
vba	응용 프로그램 Microsoft Visual Basic 편집기를 엽니다.
vbaide	응용 프로그램 Microsoft Visual Basic 편집기를 엽니다.
vbaload	현재 작업 세션으로 마이크로소프트 VBA 프로젝트 파일을 로드합니다.
vbaman	VBA 관리자 대화 상자가 열리며, 그 안에서 사용자는 VBA 프로젝트를 로드, 언로드, 저장 및 생성할 수 있습니다.
vbarun	VBA 매크로를 실행, 편집, 생성 또는 삭제합니다. 매크로는 공통의 실행 가능한 하위 프로그램입니다.
vbaunload	마이크로소프트 VBA 프로젝트를 언로드합니다.
verauth	버전의 인증 유형을 질의합니다.
view	사용자 정의 뷰를 저장하고 특정 상세를 참조할 필요가 있을 때 이 뷰를 복원합니다.
viewports	복수의 뷰포트를 생성합니다.
viewres	원, 호, 타원 및 스플라인을 그릴 때 정밀도와 속도를 제어하기 위하여 객체의 해상도를 설정합니다.
vlide	Lisp 프로그램의 개발, 시험 및 디버깅을 구현하기 위해 VSCode를 합니다.
vlisp	Lisp 프로그램의 개발, 시험 및 디버깅을 구현하기 위해 VSCode를 합니다.
voiceman	선택한 음성 객체를 재생, 찾기, 삭제 및 설정합니다.
voiceshow	모든 도면에서 SMARTVOICE 명령어를 이용하여 생성한 음성 객체를 표시하거나 숨깁니다.
voicemanclose	스마트 음성 패널을 닫습니다.

vpclip	"배치" 탭 안에서 뷰포트를 자르고, 뷰포트 테두리의 형상을 사용자 정의 테두리에 맞도록 조정합니다.
vplayer	뷰포트 내의 도면 층 가시성을 제어합니다.
vpmax	현재의 배치 뷰포트를 펼치고 확장하여 전체 화면을 채우도록 하고, 편집을 하기 위한 모형 공간으로 전환합니다.
vpmin	현재의 배치 뷰포트를 복원합니다.
vpoint	3D 관찰에 관한 방향과 관점을 제어합니다.
vports	복수의 뷰포트를 생성합니다.
vslide	현재의 뷰포트 내에 슬라이드 파일을 표시합니다.

W

wblock	객체 또는 블록을 새로운 도면 파일에 저장합니다.
wedge	3D 쐐기 객체를 생성합니다.
wipeout	지정한 영역 내의 객체를 가립니다.
wmfin	현재의 도면 파일 내에 창 메타 파일 (WMF 파일)을 삽입합니다.
wmfopts	선가중치를 iWMF 파일 내에 유지할지 여부와 그것을 와이어프레임 또는 솔리드 객체로서 들여오기를 할 것인지 여부를 설정합니다.
wmfout	선택한 객체를 창 메타파일로 저장합니다.
word	MS Word 응용 프로그램을 엽니다.

X

xattach	외부 도면을 현재의 도면 파일의 내용을 변경하지 않고 현재의 도면에 첨부합니다.
xbind	선택한 외부 참조 내의 하나 이상의 명명된 객체의 정의를 현재의 도면에 연결합니다.
xclip	자르기 경계 열기, 닫기 또는 삭제, 전면 및 후면 자르기 평면의 설정을 포함하여 외부 참조 또는 블록의 자르기 경계를 정의합니다.
xdata	외부 대상 데이터를 선정 대상과 연결합니다.
xdlist	선택된 객체와 연관된 xdata를 나열합니다.
xline	구성선 객체를 생성합니다.
xopen	새로운 창 안에서 선택한 외부 참조 도면을 열고 편집합니다.
xplode	복합 객체를 구성요소 객체로 분해합니다.
xref	선택한 DWG 도면을 현재의 도면에 하나의 외부 참조로 삽입합니다.

Z

zoom	축소 또는 확대를 통하여 현재의 뷰 표시를 변경합니다.
zrx	ZRX 프로그램 파일을 로드 또는 언로드합니다.
zrxvernum	ZWCAD 개발 ZRXSDK 버전 번호를 표시합니다.
zvalto0	지정한 객체의 좌표 Z 값을 0으로 설정합니다.
zw3dxrollccwview	뷰를 시계 반대 방향으로 회전합니다.
zw3dxrollcwview	뷰를 시계 방향으로 회전합니다.

a

acadlspasdoc	zwcad.lsp 파일을 모든 도면으로 불러올지 여부를 설정합니다.
acadver	CAD 버전 번호를 저장합니다.
acisoutver	ACISOUT 명령을 사용하여 작성된 SAT 파일의 ACIS버전을 조정합니다.
adcstate	디자인센터 대화상자의 활성 여부를 설정합니다.
aflags	블록과 연관된 속성 값을 설정합니다.
angbase	현재 UCS를 기준으로 기준 각도를 0으로 설정합니다.
angdir	현재 UCS 방향을 기준으로 각도 0에서 각도의 방향을 시계 방향 또는 시계 반대 방향으로 설정할지 여부를 제어합니다.
annoallvisible	현재 주석 축척을 지원하지 않는 주석 객체의 표시를 설정합니다.
annoautoscale	주석 축척이 변경되었을 때 해당 주석 축척을 지원하도록 주석 객체를 업데이트합니다.
annotativedwg	도면을 다른 도면에 주석 블록으로 삽입할지 여부를 설정합니다.
apbox	스냅 조준창의 화면 표시를 여부를 설정합니다. 객체 스냅 시 조준창이 십자선의 중앙에 표시됩니다.
aperture	객체 스냅 대상 상자의 크기를 조정합니다.
area	객체 또는 정의된 영역의 면적과 둘레를 계산합니다.
attdia	INSERT 명령이 속성 값 입력을 위해 대화상자를 사용할지 여부를 조정합니다.
attmode	각 속성의 현재 가시성을 유지할 것인지 여부를 제어합니다.
attreq	도면에 블록을 삽입하는 동안 INSERT 명령에서 기본 속성 설정을 사용할지 여부를 조정합니다.
auditctl	AUDIT 명령으로 ADT 감사 보고서 파일을 작성 여부를 설정합니다.
aunits	각도의 단위를 설정합니다.
auprec	각 단위의 소수점 정밀도를 설정합니다.
autosnap	AutoSnap 표식기, 도구팁 및 마그넷의 화면표시를 조정합니다.

b

backgroundplot	플롯 및 게시할 때 배경 플롯을 사용할지 여부를 제어합니다.
backz	현재 뷰포트의 대상 평면으로부터 뒷면 자르기 평면 간격띄우기를 도면 단위로 저장합니다.

bindtype	외부 참조를 결합하거나 직접 편집할 때 외부 참조 이름을 처리하는 방법을 조정합니다.
blipmode	표식기 선택점의 사용 여부를 조정합니다.
blockbreakmode	도면 요소에 블록 연결 모드 (객체 가리기/끊기)를 제어할 수 있습니다.
blockeditmode	블록 편집 모드를 설정합니다.
blockeditor	블록 편집기가 열려 있는지 여부를 나타냅니다.
blocktestwindow	테스트 블록 창이 현재 창인지 여부를 지시합니다.
btmarkdisplay	설정 한 값을 표시하는 방법을 제어합니다.

C

cannoscale	현재 공간에 대한 현재 주석 축척의 이름을 설정합니다.
cannoscalevalue	현재 주석 축척의 값을 표시합니다.
cdate	현재 시스템 시간 및 날짜를 표시합니다.
cecolor	기존 요소의 색상을 변경하지 않고 새로운 요소로 색을 설정합니다.
celtscale	현재 객체 선 종류 축척 비율을 설정합니다.
celtype	새 객체의 선 종류를 설정합니다.
celweight	새 객체의 선가중치를 설정합니다.
cetransparency	새 객체에 대해 투명도 레벨을 설정합니다.
chamfera	CHAMMODE가 0으로 설정되면 첫 번째 모따기 거리를 설정합니다.
chamferb	CHAMMODE가 0으로 설정되면 두 번째 모따기 거리를 설정합니다.
chamferc	CHAMMODE가 1으로 설정되면 두 번째 모따기 길이를 설정합니다.
chamferd	CHAMMODE가 1로 설정되면 모따기 각도를 설정합니다.
chammode	모따기를 작성하는 입력 방법을 설정합니다.
circlerad	기본 원 반지름을 설정합니다.
clayer	현재 도면층으로 설정합니다.
cleanscreenstate	전체 화면으로 켤지, 끌지 여부를 설정합니다.
clistate	명령창을 켤지, 끌지 여부를 설정합니다.
cmdactive	일반 명령, 투명 명령, 스크립트 또는 대화상자가 활성화되어 있는지 여부를 나타냅니다.
cmddia	LEADER 또는 QLEADER 명령에 대해 내부 문서 편집기의 표시를 설정합니다.
cmdecho	LISP 명령이 작동하는 동안 프롬프트와 입력을 반영하는지 여부를 설정합니다.
cmdnames	활성 및 투명 명령의 이름을 표시합니다.
cmleaderstyle	현재 다중 지시선 스타일을 설정합니다.
cmljust	여러 줄 자리 맞추기를 지정합니다.
cmlscale	여러 줄의 전체 폭을 조정합니다.
cmlstyle	여러 줄의 모양을 결정하는 여러 줄 스타일을 설정합니다.
colortheme	리본, 팔레트 및 여러 기타 인터페이스의 색상을 어두움 또는 밝음으로 설정합니다.
coords	상태 표시줄 왼쪽에 있는 좌표의 업데이트 빈도를 설정합니다.

copymode	COPY 명령의 자동 반복 여부를 설정합니다.
cplotstyle	새 객체의 현재 플롯 스타일을 제어합니다.
cprofile	현재 프로파일의 이름을 표시합니다.
crossingareacolor	교차 선택 중 선택 영역의 색상을 조정합니다.
ctab	도면 영역에 모형 탭 또는 지정된 배치 탭이 표시되는지 여부를 결정합니다.
ctablestyle	현재 테이블 스타일 이름을 설정합니다.
cursorsize	십자선 커서의 크기를 백분율로 지정합니다.
cvport	현재 뷰포트의 식별 번호를 표시합니다.

d

date	현재 시스템 날짜 및 시간을 저장합니다.
dblclkedit	도면 영역에서의 더블 클릭 편집 동작을 제어합니다.
dbmod	현재 도면의 상태를 나타내기 위해 비트 코드를 사용하여 도면 수정 상태를 저장합니다.
dctcust	현재 사용자 철자 사전의 경로 및 파일 이름을 표시합니다.
dctmain	현재 기본 철자 사전의 경로와 파일 이름을 저장합니다.
deflplstyle	이전 릴리즈에서 작성된 도면을 열 때 이전 도면층을 사용하지 않고 도면층 0에 대해 기본 플롯 스타일을 지정합니다.
defplstyle	이전 릴리즈에서 작성된 도면을 열 때 이전 도면의 템플릿을 사용하지 않고 도면의 새 객체에 대한 기본 플롯 스타일을 지정합니다.
delobj	3D 객체를 작성하는 데 사용되는 형상을 유지할 것인지 삭제할 것인지를 설정합니다.
delobj	3D 객체를 작성하는 데 사용한 형상을 유지지 삭제할지를 설정합니다.
demandload	특정 응용프로그램에 대한 로드 요구 여부와 시기를 지정합니다.
diastat	가장 최근에 사용된 대화상자의 종료 방법을 저장합니다.
dimadec	각도 치수에 표시되는 정밀도 자릿수를 설정합니다.
dimalt	치수의 대체 단위 표시를 설정합니다.
dimaltd	대체 단위의 소수점 이하 자릿수를 설정합니다.
dimaltf	측정의 대체 시스템에서 값을 산출하기 위해 선형 치수에 비율을 곱합니다.
dimaltrnd	대체 치수 단위를 반올림합니다.
dimalttd	치수의 대체 단위에서 공차 값의 소수점 이하 자릿수를 설정합니다.
dimalttz	대체 단위의 공차 내에서 0의 억제를 설정합니다.
dimaltu	각도를 제외한 모든 2차 치수 하위 유형의 대체 단위에 단위 형식을 설정합니다.
dimaltz	대체 단위 치수 값에 대한 0의 억제를 설정합니다.
dimanno	현재 치수 스타일이 주석인지 여부를 표시합니다.
dimapost	각도를 제외한 모든 유형의 치수에 대체 치수 측정단위의 문자 머리말 또는 꼬리말(또는 둘 다)을 지정합니다.
dimarcsym	호 길이 치수의 호 기호 표시를 설정합니다.
dimaso	연관 치수의 설정 또는 해제 여부를 설정합니다.

dimassoc	치수 객체의 연관성과 치수의 분해 여부를 설정합니다.
dimasz	치수선 및 지시선 화살촉의 크기를 설정합니다.
dimatfit	치수보조선 내에 치수 문자와 화살표를 모두 배치하는 데 공간이 부족한 경우 치수 문자와 화살표를 정렬하는 방법을 결정합니다.
dimaunit	각도 치수의 단위 형식을 설정합니다.
dimazin	각도 치수에 0을 억제합니다.
dimblk	치수 선 또는 지시선의 끝에 표시되는 화살촉 블록을 설정합니다.
dimblk1	DIMSAH가 켜진 경우 치수 선의 첫 번째 끝의 화살촉 블록을 설정합니다.
dimblk2	DIMSAH가 켜진 경우 치수 선의 두 번째 끝의 화살촉 블록을 설정합니다.
dimcen	DIMCENTER, DIMDIAMETER 및 DIMRADIUS 명령으로 원 또는 호 중심 표식 및 중심선의 그리기를 설정합니다.
dimclrd	치수 지시선, 치수선 및 화살촉의 색상을 설정합니다.
dimclre	치수 보조선에 색상을 지정합니다.
dimclrt	치수 문자에 색상을 지정합니다.
dimdec	치수의 1차 단위에 표시되는 소수점 이하 자릿수를 설정합니다.
dimdle	화살촉 대신 기울기가 있는 선을 그리는 경우 치수보조선을 넘어 치수 선이 연장되는 거리를 설정합니다.
dimdli	기준선 치수에서 치수 선의 간격을 설정합니다.
dimdsep	단위 형식이 십진인 치수를 작성할 때 사용할 단일 문자 십진 구분 기호를 지정합니다.
dimexe	치수 선 외부로 치수보조선이 연장되는 거리를 지정합니다.
dimexo	원점으로부터의 치수보조선 간격을 지정합니다.
dimfit	확장 라인 사이의 공간을 기준으로 화살촉, 문자 및 확장 라인의 위치를 설정합니다.
dimfrac	분수 형식을 설정합니다.
dimfxl	치수선에서 시작하여 치수 원점에서 끝나는 치수 보조선의 총 길이를 지정합니다.
dimfxlon	치수 보조선의 길이를 고정할지 여부를 설정합니다.
dimgap	치수 문자를 표시하기 위해 치수 선이 끊어질 때 치수 문자로부터의 거리를 설정합니다.
dimjogang	꺾인 반지름 치수에 있는 치수선의 횡단 세그먼트 각도를 결정합니다.
dimjust	치수 문자의 수평 위치를 설정합니다.
dimldrblk	지시선의 화살표 유형을 지정합니다.
dimlfac	선형 치수 측정단위의 축척 비율을 설정합니다.
dimlim	기본 문자로 치수한계를 생성합니다.
dimlunit	각도를 제외한 모든 치수 유형의 단위를 설정합니다.
dimlwd	치수선의 선가중치를 지정합니다.
dimlwe	치수 보조선의 선가중치를 지정합니다.
dimpost	치수 측정 단위에 문자 머리말이나 꼬리말(또는 둘 다)을 지정합니다.
dimrnd	모든 치수 기입 거리를 지정된 값으로 반올림합니다.

dimsah	치수선 화살촉 블록의 표시를 설정합니다.
dimscale	크기, 거리 또는 간격 띄우기를 지정하는 치수기입 변수에 적용되는 전체 축척 비율을 설정합니다.
dimsd1	첫 번째 치수선의 억제를 설정합니다.
dimsd2	두 번째 치수선의 억제를 설정합니다.
dimse1	첫 번째 치수보조선의 표시를 억제합니다.
dimse2	두 번째 치수보조선의 표시를 억제합니다.
dimsho	치수 객체의 크기를 늘리거나 줄이면서 치수 측정의 업데이트를 설정합니다.
dimsoxd	치수보조선 내에 충분한 공간이 없으면 화살표를 억제합니다.
dimstyle	치수 스타일을 작성하고 수정합니다.
dimtad	치수 선을 기준으로 문자의 수직 위치를 설정합니다.
dimtdec	허용 치수에 표시할 소수점 이하 자릿수를 설정합니다.
dimtfac	공차 치수로 표시할 소수점 이라 자릿수를 설정합니다.
dimtih	확장선 사이의 치수 문자 위치를 결정합니다.
dimtix	치수 문자를 확장선 안쪽 또는 바깥쪽에 배치할 여부를 설정합니다.
dimtm	치수 문자의 공차 하한을 지정합니다.
dimtmove	치수선의 이동 여부 및 지시선 추가 여부를 포함하여 치수 문자 이동 규칙을 설정합니다.
dimtofl	문자가 외부에 배치된 경우에도 치수보조선 사이에 치수 선을 그릴지 여부를 설정합니다.
dimtoh	치수 문자의 위치를 확장선 바깥으로 설정합니다.
dimtol	치수 문자에 공차를 추가할지 여부를 결정합니다.
dimtolj	공칭 치수 문자를 기준으로 공차 값에 대한 수직 자리맞춤을 설정합니다.
dimtp	공차 치수의 치수 문자에 대한 상한 공차 한계를 지정합니다.
dimtsz	선형, 반지름 및 지름 치수기입을 위해 화살촉 대신 그려진 기울기가 있는 선의 크기를 지정합니다.
dimtvp	치수 선 위쪽 또는 아래쪽 치수 문자의 수직 위치를 설정합니다.
dimtxsty	치수의 문자 스타일을 지정합니다.
dimtxt	현재 문자 스타일이 수정된 높이가 아닌 경우 치수 문자의 높이를 지정합니다.
dimtzin	공차 값에서 0의 억제를 설정합니다.
dimunit	모든 선형 치수에 대한 주 단위를 설정합니다.
dimupt	사용자 위치 지정 문자에 대한 옵션을 설정합니다.
dimzin	1차 단위 값에서 0의 억제를 설정합니다.
disableosnaplimit	객체 수가 제한을 초과할 때 정밀한 스냅 모드를 켤지 여부를 제어합니다.
dispsilh	와이어프레임 모드에서 솔리드 객체의 윤곽 모서리 표시를 설정합니다.
distance	DIST에 의해 계산된 거리를 저장합니다.
docswitchstyle	문서 스위치 미리보기 방법 여부 열린 도면 사이를 전환할 수 있는지 여부를 설정합니다.
donutid	도넛의 내부 지름을 지정합니다.

donutod	도넛의 외부 지름에 대한 기본값을 설정합니다.
dragmode	끌고 있는 객체의 표시를 설정합니다.
dragp1	Regen-드래그 입력 샘플링 속도를 설정합니다.
dragp2	빠른 드래그 입력 샘플링 속도를 설정합니다.
draworderctl	객체를 만들거나 편집할 때 겹치는 객체의 기본 표시 동작을 제어합니다.
drstate	도면 복구 관리자가 열려있는지 닫혀있는지 여부를 제어합니다.
dtexted	단일문자의 편집 모드를 설정합니다.
dwfframe	현재 도면에서 DWF 또는 DWFx 언더레이 프레임을 표시할지 아니면 플롯 할지 제어합니다.
dwfosnap	도면에 부착된 DWF 또는 DWFx 언더레이의 형상에 대한 객체 스냅의 활성 여부를 제어합니다.
dwgcheck	도면을 열 때 도면에서 잠재적인 문제를 검사합니다.
dwgcodepage	호환성을 위해 시스템 코드 페이지와 동일한 값을 저장합니다.
dwgname	현재 도면 이름을 저장합니다.
dwgprefix	도면의 전체 경로를 저장합니다.
dwgtitled	현재 도면의 이름 지정 여부를 표시합니다.
dyndigrip	그립을 사용하여 객체를 늘릴 때 동적 치수 입력을 설정합니다.
dyndivis	그립을 사용하여 객체를 늘릴 때 표시될 동적 치수 입력의 수를 설정합니다.
dynmode	동적 입력 기능을 켜거나 끕니다.
dynpicoords	좌표에 대한 포인터 입력에 상대 좌표를 사용할지 절대 좌표를 사용할지 여부를 조정합니다.
dynpiformat	좌표 입력 장치로 입력할 때 극좌표 형식을 사용할지 아니면 데카르트 형식을 사용할지 여부를 조정합니다.
dynpivis	포인터 입력이 표시되는 시기를 조정합니다.

e

edgemode	TRIME 및 EXTEND 명령의 절단 및 경계 모서리를 제어합니다.
editnestedblock	BEDIT 명령어 또는 REFEDIT 명령어를 실행하여 블록을 편집하고 대화 상자가 열릴 때 미리 선택한 항목을 제어합니다.
educheck	교육용 버전 도면을 열 때 경고 표시 여부와 교육용 버전 도면을 인쇄할 때 워터마크 유무를 제어합니다.
elevation	현재 UCS를 기준으로 새 객체의 현재 고도를 저장합니다.
erhighlight	외부 참조 관리자에서 참조 이름을 선택하거나 도면창에서 참조 객체를 선택할 때 참조 객체 또는 참조 이름을 강조 표시할지 여부를 제어합니다.
errno	ZWCAD 함수 호출로 오류가 발생한 것을 ZWCAD가 발견하는 경우, 오류 코드 번호를 표시합니다.
expert	명령창이 사용될지 여부를 조정합니다.
explmode	EXPLODE 명령이 비균일 축척(NUS) 블록을 지원할지 여부를 조정합니다.

extmax	도면 범위의 오른쪽 위 점을 저장합니다.
extmin	도면 범위의 왼쪽 아래 점을 저장합니다.
extnames	블록, 치수 스타일, 도면층 및 기타 명명된 객체의 이름에 사용할 수 있는 문자를 조정합니다.

f

facetratio	원통형 및 원추형 솔리드에 대한 면 깎기의 종횡비를 조정합니다.
facetres	음영처리, 렌더링 된 객체, 렌더링 된 그림자 및 은선이 제거된 객체의 부드럽기를 조정합니다.
fcmpcolor1	파일 비교 결과에서 현재 도면에만 있는 객체의 색상을 제어합니다.
fcmpcolor2	파일 비교 결과에서 비교 도면에만 존재하는 객체의 색상을 제어합니다.
fcmpcolorcommon	비교 중인 두 도면 중 두 도면 모두 존재하는 동일한 객체의 색상을 설정합니다.
fcmpdiffindex	변경 세트를 선택한 변경 세트로 빠르게 이동하여 표시합니다.
fcmpdifftotal	파일 비교 결과에 총 변경 세트 수를 표시합니다.
fcmpfirsteditby	파일을 비교에서 현재 도면의 보호를 설정합니다.
fcmpfirstpath	파일 비교에서 현재 도면의 저장 경로를 설정합니다.
fcmpfirstsavetime	파일 비교에서 현재 도면의 저장 시간을 설정합니다.
fcmpfront	파일 비교에서 객체 중첩의 기본 화면 표시 순서를 제어합니다.
fcmphatch	해치 객체가 파일 비교 결과에 포함될지 여부를 제어합니다.
fcmpmode	파일 비교가 열려 있는지 여부를 표시합니다.
fcmpprops	두 도면의 객체 속성에 대한 변경이 파일 비교에 포함될지 여부를 제어합니다.
fcmprcmargin	파일 비교 결과에서 변경 세트 경계와 구름형 수정 기호 사이의 간격 띄우기 거리를 지정합니다.
fcmprcshape	직사각형 구름 수정 기호 또는 다각형 구름 수정 기호를 사용하여 파일 비교 결과를 제어합니다.
fcmpsecondeditby	파일 비교에서 비교 도면의 보호를 설정합니다.
fcmpsecondpath	파일 비교에서 비교 도면의 저장 경로를 설정합니다.
fcmpsecondsavetime	파일 비교에서 비교 도면의 저장 시간을 설정합니다.
fcmpshow1	현재 도면에만 있는 객체를 표시할지 여부를 제어합니다.
fcmpshow2	비교 도면에만 존재하는 객체를 표시할지 여부를 제어합니다.
fcmpshowcommon	비교한 두 도면에 동일한 객체를 표시할지 여부를 제어합니다.
fcmpshowrc	구름형 수정 기호를 파일 비교 결과에 표시할지 여부를 제어합니다.
fcmpshowreference	파일 비교 결과를 표시하거나 숨깁니다.
fcmpstate	파일을 비교할 때 두 도면을 나열할지 또는 중첩 표시할지 여부를 제어합니다.
fcmptext	문자 객체가 파일 비교에 포함될지 여부를 제어합니다.
fcmptolerance	두 도면 파일/객체를 비교할 때 사용되는 허용오차를 지정합니다. 선택한 소수점 값보다 작거나 같은 경우 동일한 것으로 간주합니다.
fielddisplay	필드가 회색 배경으로 표시될지 여부를 조정합니다. 배경은 플롯 되지 않습니다.

fieldeval	필드가 업데이트되는 방식을 조정합니다.
filedia	파일 검색 대화상자의 표시를 조정합니다.
filetabstate	파일 탭의 현재 상태를 표시합니다.
filetypeassoc	프로그램을 시작할 때, DWG 파일과 ZWCAD의 연결 여부를 설정합니다.
filletrad	현재 모깎기 반지름을 저장합니다.
fillmode	해치와 채우기, 2차원 솔리드 및 굵은 폴리선을 채울지 여부를 지정합니다.
fontalt	선택한 글꼴 파일을 찾을 수 없는 경우에 사용할 대체 글꼴을 지정합니다.
fontmap	다른 글꼴로 하나의 글꼴을 교체 할 때 글꼴 매핑 파일을 지정합니다.
frame	이미지, 언더레이, 객체 지우기 및 잘린 외부 참조의 프레임을 표시하고 플롯 할지 여부를 제어합니다.
frameselection	이미지, 언더레이, 객체 가리기 및 잘린 외부 참조의 숨겨진 프레임을 선택할 수 있는지 여부를 제어합니다.
frontz	현재 뷰포트에 대한 대상 면으로부터 전면 자르기 평면 간격띄우기를 도면 단위로 저장합니다.
fullopen	현재 도면이 부분적으로 열려 있는지 여부를 나타냅니다.

g

gfang	그라데이션 채우기의 각도를 지정합니다.
gfclr1	한 색 그라데이션 채우기의 색상 또는 두 색 그라데이션 채우기의 첫 번째 색상을 지정합니다.
gfclr2	두 색 그라데이션 채우기의 두 번째 색상을 지정합니다.
gfclrlum	한 색 그라데이션 채우기에서 색조 또는 음영 레벨을 조정합니다.
gfclrstate	그라데이션 채우기는 단색 또는 두 개의 색상을 사용할지 여부를 지정합니다.
gfname	그라데이션 채우기의 해치 패턴을 지정합니다.
gfshift	그라데이션 채우기의 패턴이 중심에 있는지 위쪽과 왼쪽으로 이동되는지를 지정합니다.
griddisplay	모눈의 표시 동작 및 표시 범위를 설정합니다.
gridmajor	주 모눈 선의 빈도를 보조 모눈 선과 비교하여 조정합니다.
gridmode	모눈을 켤지 또는 끌지 여부를 지정합니다.
gridunit	현재 뷰포트의 모눈 간격(X 및 Y)을 지정합니다.
gripadsorb	그립을 표현할 수 있는 표시 범위를 설정합니다.
gripblock	블록의 그립 표시를 조정합니다.
gripcolor	선택하지 않은 그립의 색상을 조정합니다.
gripdyncolor	동적 블록의 그립 색상을 조정합니다.
griphot	선택한 그립의 색상을 조정합니다.
griphover	선택되지 않은 그립 위에 마우스 커서가 멈추는 경우 이 그립의 색상을 조정합니다.
gripmultifunctional	다기능 그립 옵션 접근 방법을 설정합니다.
gripobjlimit	선택 세트에 선택한 객체 수보다 많을 때 그립의 화면표시를 억제합니다.

grips	선택한 객체에서 그립의 표시를 설정합니다.
gripsize	그립 상자의 크기를 픽셀 단위로 설정합니다.
griptips	그립 팁을 지원하는 사용자 객체 위에 커서를 놓을 때 그립 팁의 화면표시를 설정합니다.

h

halogap	한 객체가 다른 객체에 의해 숨겨지는 경우 표시되는 간격을 지정합니다.
handles	응용프로그램에서 객체 핸들에 접근할 수 있는지 여부를 보고합니다.
hidetext	TEXT 또는 MTEXT 명령으로 작성된 문자 객체가 HIDE 명령을 수행하는 동안 처리될지 여부를 지정합니다.
highlight	객체 강조표시를 설정합니다.
hpang	해치 패턴 각도를 설정합니다.
hpannotative	해치 패턴의 주석 여부를 설정합니다.
hpassoc	해치 패턴과 그라데이션 채우기가 연관되는지를 설정합니다.
hpbound	BHATCH 명령과 BOUNDARY 명령으로 작성되는 객체 유형을 설정합니다.
hpbackgroundcolor	해치 객체의 기본 배경색을 설정합니다.
hpcolor	해치 객체의 기본 색상을 설정합니다.
hideprecision	숨기기와 음영의 정밀도를 설정합니다.
hpdlgmode	HATCH, BHATCH 및 GRADIENT 명령이 해치 대화상자를 여는 방법을 조정합니다.
hpdouble	사용자 정의 패턴에 해치 패턴 교차 해치를 설정합니다. 교차 해치는 처음 선 세트의 90도 지점에 두 번째 선 세트가 그려지도록 합니다.
hpdraworder	해치와 채우기의 그리기 순서를 설정합니다.
hpgaptol	영역을 거의 둘러싸는 객체 세트를 닫힌 해치 경계로 처리합니다.
hpinherit	HATCH 및 HATCHEDIT의 특성 상속을 사용할 때 해치 원점 상속 여부를 설정합니다.
hpislanddetectionmode	고립영역 탐지를 해치에 적용할지를 설정합니다.
hpislanddetection	해치에 대한 고립 영역 처리를 제어합니다.
hplayer	현재 도면에서 해치에 대한 기본 도면층을 설정합니다.
hpmaxlines	해치 패턴 채우기에서 생성되는 해치 선의 최대 수를 설정합니다. 유효한 값은 100-10000000입니다
hpname	기본 해치 패턴 이름을 공백 없이 최대 34자까지 설정합니다.
hpobjwarning	해치 경계에 대해 선택 가능한 객체 수를 설정하고 숫자를 초과하면 경고를 표시합니다.
hporigin	현재 사용자 좌표계를 기준으로 새 해치 객체의 해치 원점을 설정합니다.
hporiginmode	기본 해치 원점을 결정하는 방법을 설정합니다.
hpscale	해치 패턴 축척 비율을 설정합니다.
hpseparate	해치 패턴이 여러 개의 닫힌 경계에 사용될 때 단일 해치 객체를 작성할지 또는 여러 개의 개별 해치 객체를 작성할지를 설정합니다.
hpspace	사용자 정의 해치 패턴의 선 간격을 설정합니다.
hpstyle	해치 패턴 스타일을 설정합니다.

hprtansparency	해치 패턴 및 채우기의 기본 투명도를 설정합니다.
hyperlinkbase	도면에서 관련된 모든 하이퍼링크에 사용되는 경로를 설정합니다.
hpquickpreview	지정된 해치 영역에 대한 해치 미리보기 패턴을 표시할지 여부를 제어합니다.
hpquickprevtimeout	미리보기 효과가 자동으로 취소되기 전에 해치 패턴 미리보기를 생성하는 최대 시간을 설정합니다.

i

imageframe	이미지 프레임을 표시하고 플롯 할지를 설정합니다.
imagehlt	전체 래스터 이미지를 강조 표시할지 또는 래스터 이미지 프레임만 강조 표시할지를 설정합니다.
indexctl	도면층 및 공간 색인이 작성되어 도면 파일에 저장할지를 설정합니다.
inetlocation	BROWSER 명령 및 웹 검색 대화상자에서 사용되는 인터넷 위치를 설정합니다.
inputhistorymode	사용자 입력 사용 내용과 해당 위치를 설정합니다.
inputsearchoptionflags	명령어 자동 완성 기능 사용 여부를 설정합니다.
insbase	BASE로 설정한 삽입 기준점을 저장합니다. 이는 현재 공간에 대한 UCS 좌표로 표현됩니다.
insname	INSERT 명령에 대한 기본 블록 이름을 설정합니다.
insunits	도면에 삽입되거나 부착된 블록, 이미지 또는 외부 참조의 자동 축척에 대한 도면 단위 값을 설정합니다.
insunitsdefsource	INSUNITS가 0으로 설정된 경우 원본 내용 단위 값을 설정합니다.
insunitsdeftarget	INSUNITS가 0으로 설정된 경우 대상 도면 단위 값을 설정합니다.
intersectioncolor	비주얼 스타일이 2D 와이어 프레임으로 설정된 경우 3D 표면의 교차점에 있는 폴리선의 색상을 설정합니다.
intersectiondisplay	비주얼 스타일이 2D 와이어 프레임으로 설정된 경우 HIDE 명령을 사용할 때 3D 표면의 교차점 표시를 설정합니다.
isavebak	큰 도면에서 증분 저장 속도를 향상합니다.
isavepercent	도면 파일에 허용되는 사용 공간의 크기를 결정합니다.
isolines	3D 솔리드의 곡면에 표시되는 윤곽선 수를 설정합니다.

l

lastangle	현재 UCS의 XY 평면을 기준으로 입력된 마지막 호, 선, 폴리선의 끝 접선 각도를 저장합니다.
lastpoint	마지막으로 선택한 점을 현재 공간에 대한 UCS 좌표로 저장합니다.
lastprompt	명령 프롬프트에 입력된 마지막 문자열을 저장합니다.
layerdlgmode	기존 또는 현재 도면층 관리자가 열렸는지를 설정합니다.
layerfilteralert	현재 도면의 도면층 필터 수가 100 이상이고 도면층 필터의 수가 도면층의 수를 초과할 때 이 시스템 변수를 사용하여 여분의 도면층 필터를 삭제하여 성능을 향상시킬 수 있습니다.
layermanagerstate	도면층 특성 관리자 팔레트가 열려 있는지, 닫혀 있는지를 나타냅니다.
layeroverridehighlight	재지정이 있는 도면층에 대해 배경 색상 강조 표시를 설정합니다.

laylockfadectl	잠긴 도면층의 객체에 대한 페이드 양을 설정합니다. 범위는 -90~90입니다.
layoutregenctl	모형 탭 및 배치 탭에서 화면 표시 리스트가 업데이트되는 방법을 설정합니다.
layouttab	모형 및 배치 탭의 표현을 설정합니다.
lenslength	투시도에 사용되는 렌즈의 길이를 밀리미터 단위로 저장합니다.
limcheck	도면 한계 범위를 벗어난 도면요소 작성 여부를 설정합니다.
limmax	현재 공간의 오른쪽 위 모눈 한계를 저장합니다. 표준 좌표계로 표시됩니다.
limmin	현재 공간에 대한 왼쪽 아래 모눈 한계를 저장합니다. 표준 좌표계로 표시됩니다.
linesmoothing	앤티앨리어싱 ON, OFF를 설정합니다.
lispinit	단일 도면 인터페이스에서 새 도면을 열 때 LISP 및 변수를 유지할지를 설정합니다.
loaddwgconvurrentlyifpossible	DWG 도면을 읽을 때 멀티스레딩으로 열지 여부를 설정합니다.
locale	현재 ZWCAD가 실행되는 ISO(International Standardization Organization) 언어 코드를 표시합니다.
logfilemode	명령 사용 내역을 로그 파일에 기록할지를 설정합니다.
logfilename	현재 도면에 대한 명령 사용 내역 로그 파일의 경로와 이름을 설정합니다. 초깃값은 현재 도면의 이름과 설치 폴더에 따라 달라집니다.
logfilepath	로그 파일의 저장 경로를 설정합니다.
loginname	사용자 로그인 이름을 표시합니다.
ltscale	현재 도면의 선종류 축척 비율을 설정합니다.
lunits	객체 작성시 선형 단위 형식을 설정합니다.
luprec	선형 단위와 좌표 표시 정밀도를 설정합니다.
lwdefault	기본 선가중치 값을 설정합니다.
lwdisplay	선가중치 표시 여부를 설정합니다.
lwunits	선가중치 단위가 인치로 표시될지 또는 밀리미터로 표시될지를 설정합니다.

m

maxactvp	배치에서 한 번에 활성화할 수 있는 뷰포트의 최대 수를 설정합니다. 플롯 할 뷰포트의 수에는 영향을 주지 않습니다.
maxsort	명령을 나열하여 정렬되는 기호 이름 또는 블록 이름의 최대 수를 설정합니다. 총 항목 수가 이 값을 초과하면 아무 항목도 정렬되지 않습니다.
mbuttonpan	좌표 입력 장치에서 세 번째 버튼 또는 휠의 동작을 설정합니다.
measureinit	신규 작성 도면에 영국식 또는 미터법 기본 설정값을 설정합니다.
measurement	현재 도면에 영국식 또는 미터법 기본 설정값을 사용할지를 설정합니다.
menuctl	화면 메뉴의 페이지 전환을 설정합니다.
menuecho	메뉴 항목 및 시스템 프롬프트의 표시를 제어합니다.
menuname	파일 이름의 경로를 포함하여 사용자화 파일 이름을 저장합니다.
millisecs	시스템 작동 시작부터 경과한 시간(밀리초)을 저장합니다.
mirrhatch	MIRROR 명령을 해치 패턴에 사용했을 때 반영하는 방법을 설정합니다.

mirrtext	MIRROR 명령을 문자 객체에 사용할 때 방향을 설정합니다.
modemacro	현재 도면의 이름, 날짜/시간 스탬프와 같은 상태표시줄에 표시되는 문자열을 설정합니다.
msltscale	모형 탭에서 주석 축척을 사용하여 표시되는 선종류를 확대/축소합니다.
msolescale	모형 공간에 붙여 넣은 문자와 OLE 객체의 크기를 설정합니다.
mtexted	여러 줄 문자 객체를 편집할 응용 프로그램 이름을 설정합니다.
mtextfixed	여러 줄 문자의 표시 크기 및 위치를 설정합니다.
mtjigstring	MTEXT 명령이 시작될 때 커서 위치에 표시되는 견본 문자의 내용을 설정합니다.
mydocumentsprefix	현재 사용자의 내 문서 폴더에 대한 전체 경로를 저장합니다.

n

nomutt	정상적으로 억제되지 않는 경우 메시지 표시(반복)를 억제합니다.

o

obscuredcolor	가려진 선의 색상을 지정합니다.
obscuredltype	가려진 선의 선종류를 지정합니다.
offsetdist	기본 간격 띄우기 거리를 설정합니다.
offsetgaptype	닫힌 폴리선을 간격 띄우기할 때 세그먼트 사이의 잠재 간격을 처리하는 방법을 설정합니다.
oleformat	도면의 모든 OLE 객체에서 프레임을 표시 및 플롯할지 여부를 설정합니다.
oleframe	도면의 모든 OLE 객체에서 프레임을 표시 및 플롯할지 여부를 설정합니다.
olehide	OLE 객체의 화면 표시와 플로팅을 조정합니다.
olestartup	플로팅 시 포함된 OLE 객체의 원본 응용프로그램이 로드될지 여부를 설정합니다.
opmstate	특성 팔레트의 열림 여부를 표시하는 값을 저장합니다.
orthomode	커서 이동을 직교로 제한합니다.
osmode	객체 스냅 실행 모드를 설정합니다.
osnapcoord	명령행에 입력된 좌표가 객체 스냅 실행 모드를 재지정할지 여부를 설정합니다.
osnaphatch	객체 스냅 작업 중에 패턴 채우기 객체를 무시할지 여부를 설정합니다.
osnapnodelegacy	노드 객체 스냅 문자 객체를 여러 줄에 스냅을 사용할 수 있는지 여부를 설정합니다.
osnap	제도 설정 대화상자의 객체 스냅 탭이 표시됩니다.
osoptions	치수 보조선의 끝점을 객체 스냅 시 억제할지 여부를 설정합니다.

p

paperupdate	플로터 구성 파일에 지정된 기본 용지 크기 이외의 용지 크기로 배치를 인쇄할 경우의 경고 메시지 표시합니다.
pdfframe	PDF 언더레이 경계의 화면표시와 출력을 설정합니다.
pdfimportfilter	PDF 파일을 도면 파일로 가져올 때 가져올 데이터 객체의 유형을 설정합니다.
pdfimportlayers	PDF 파일을 도면 파일로 가져올 때 데이터 객체에 할당될 도면층을 설정합니다.
pdfimportmode	PDF 파일에서 객체를 가져올 때의 기본 처리를 조정합니다.
pdfosnap	PDF 언더레이에서 형상에 대한 객체 스냅 활성화 여부를 설정합니다.

pdmode	점 객체의 표시 방법을 설정합니다.
pdsize	점 객체의 표시 크기를 설정합니다.
peditaccept	PEDIT에서 프롬프트 없이 선택한 객체를 폴리선으로 자동 변환합니다.
pellipse	ELLIPSE로 작성하는 타원 유형을 설정합니다.
perimeter	AREA 또는 LIST 명령을 사용하여 마지막으로 계산된 둘레 값을 저장합니다.
pfacevmax	한 면당 최대 정점 수를 설정합니다.
pickadd	이후의 선택 사항이 현재 선택 세트를 대체할지 또는 현재 선택 세트에 추가할지 설정합니다.
pickauto	객체 선택 프롬프트에서 자동 윈도우 기능을 설정합니다.
pickbox	객체 선택 대상 높이를 픽셀 단위로 설정합니다. 그 범위는 0 ~ 50입니다.
pickdrag	선택 윈도우를 그리는 모드를 설정합니다.
pickfirst	명령을 실행하기 전 또는 실행 후 객체를 선택할 여부를 결정합니다.
pickstyle	그룹 선택과 연관 해치 선택의 사용을 설정합니다.
platform	ZWCAD에서 운영되는 사용 중인 플랫폼을 나타냅니다.
plineconvertmode	폴리선의 변환 모드를 설정합니다.
plinegen	2D 폴리선의 정점 주위에 선종류 패턴이 생성되는 방법을 설정합니다.
plinegcenmax	기하학적 중심을 계산할 때 폴리선에 허용되는 최대 선분 수를 설정합니다.
plinetype	최적화된 2D 폴리선의 사용 여부를 지정합니다.
plinewid	기본 폴리선 폭을 0(기본값) 이상의 값으로 설정합니다.
plotoffset	플롯 간격 띄우기가 인쇄 가능 영역 또는 용지 모서리를 기준으로 할지 여부를 설정합니다.
plotrotmode	플롯 방향을 설정합니다.
plottransparencyoverride	객체 투명도를 플롯 여부를 설정합니다.
plquiet	선택적인 플롯 관련 대화상자 및 비치명적인 스크립트 오류의 표시를 설정합니다.
polaraddang	극좌표 추적 및 PolarSnap에 대한 추가 각도를 저장합니다.
polarang	극좌표 각도 증분을 설정합니다.
polardist	SNAPTYPE 시스템 변수가 1(극좌표 스냅)로 설정된 경우 스냅 증분을 설정합니다.
polarmode	극좌표 및 객체 스냅 추적 설정 값을 설정합니다.
polysides	POLYGON 명령의 모서리의 기본 수를 설정합니다.
popups	대화 상자, 메뉴 모음 및 아이콘 메뉴의 현재 구성된 디스플레이 드라이버의 상태를 표시합니다.
product	제품 이름을 표시합니다.
progbar	진행 표시 줄의 표시를 설정합니다.
progbartype	진행률 표시 줄이 표시되는 방법을 설정합니다.
program	프로그램 이름을 표시합니다.
projectname	현재 도면에 대한 프로젝트 이름을 지정합니다.
projmode	자르기 또는 연장 작업에 사용할 현재 투영 모드를 설정합니다.

propobjlimit	특성 팔레트와 함께 한 번에 변경할 수 있는 객체의 수를 제한합니다.
proxygraphics	프록시 객체 이미지를 도면에 저장할지 여부를 지정합니다.
proxynotice	프록시를 작성할 때 알림 메시지를 표시합니다.
proxyshow	도면에서의 프록시 객체 표시를 설정합니다.
proxywebsearch	ZWCAD 프로그램에서 Object Enabler를 검사하는 방법을 지정합니다.
psltscale	도면 공간 뷰포트에 표시된 선 종류 축척을 설정합니다.
pstylemode	현재 도면이 색상 종속 플롯 스타일 모드인지 명명된 플롯 스타일 모드인지 나타냅니다.
pstylepolicy	객체의 색상 특성이 플롯 스타일과 연관되는지 여부를 설정합니다.
psvpscale	새로 작성한 모든 뷰포트에 뷰 축척 비율을 설정합니다.
pucsbase	도면 공간에서만 직교 UCS 설정의 원점과 방향을 정의하는 UCS 이름을 저장합니다.

q

qcstate	빠른 계산기의 현재 상태가 열렸는지 닫혔는지 여부를 표시합니다.
qtextmode	문자 표시 방법을 설정합니다.

r

rasterdpi	치수에서 치수 없는 출력 장치로 변경하거나 또는 이와 반대일 경우 용지 크기와 플롯 배율을 설정합니다.
rasterpreview	썸네일 미리보기 이미지가 도면에 저장될지 여부를 설정합니다.
recoverymode	시스템 고장 후에 도면 복구 정보가 기록될지 여부를 설정합니다.
refeditname	편집 중인 참조의 이름을 표시합니다.
regenmode	REGENAUTO 명령의 사용 및 도면의 자동 재생을 설정합니다.
ribbonstate	리본 상태 표시 여부를 설정합니다.
rememberfolders	표준 파일 선택 대화상자에 표시된 기본 경로를 설정합니다.
reporterror	오류 보고서 대화 상자의 표시 여부를 설정합니다.
roamablerootprefix	로밍할 수 있는 사용자화 가능 파일이 설치된 루트 폴더의 전체 경로를 저장합니다.
rtdisplay	ZOOM 또는 PAN 명령을 사용하는 동안 래스터 이미지 및 OLE 객체의 화면 표시를 설정합니다.

s

savefile	현재 자동 저장 파일 이름을 저장합니다.
savefilepath	현재 세션에 대한 모든 자동 저장 파일의 디렉토리 경로를 지정합니다.
savename	가장 최근에 저장된 도면의 파일 이름과 디렉토리 경로를 저장합니다.
savetime	분을 단위로 자동 저장 간격을 설정합니다.
screenboxes	도면 영역의 화면 메뉴 영역에 있는 상자 수를 저장합니다.
screenmode	디스플레이 상태를 표시합니다.
screensize	픽셀 단위로 현재 뷰포트 크기(X 및 Y)를 저장합니다.
sdi	ZWCAD는 다중 도면 인터페이스를 선택할지 여부를 설정합니다.
selectionarea	선택 영역에 대한 효과 표시를 설정합니다.

selectionareaopacity	윈도우 및 교차 선택 과정에서 선택 영역의 투명도를 설정합니다.
selectioncycling	선택 순환 기능을 설정합니다.
selectionpreview	선택 미리보기의 화면 표시를 설정합니다.
selectsimilarmode	SELECTSIMILAR를 사용하여 같은 유형의 객체를 선택하려면 일치해야 하는 특성을 설정합니다.
shadedge	모서리의 음영처리를 설정합니다.
shadedif	앰비언트 라이트에 대한 분산 반사 광선의 비율을 설정합니다.
shortcutmenu	도면 영역에서 기본, 편집 및 명령 모드 바로 가기 메뉴를 사용할 수 있는지 여부를 설정합니다.
showlayerusage	도면층 특성 관리자에서 아이콘을 표시하여 도면층이 사용 중인지 여부를 나타냅니다.
shpname	쉐이프 이름을 설정합니다. 마침표(.) 를 입력하면 기본값이 없도록 설정됩니다.
sigwarn	디지털 서명 인증서가 첨부된 도면을 열 때 디지털 서명 내용 대화상자의 표시 여부를 설정합니다.
sketchinc	SKETCH 명령에 대한 레코드 증분을 설정합니다.
skpoly	SKETCH 명령으로 선이 생성될지 또는 폴리선이 생성될지를 결정합니다.
smartmousefirst	시스템 변수 SHORTCUTMENU의 값이 0이거나 16 이상인 경우 오른쪽 클릭 기능 또는 스마트 마우스 기능 중 어느 것을 먼저 실행할지를 제어합니다.
snapang	현재 뷰포트에 대한 스냅 및 모눈 회전 각도를 설정합니다.
snapbase	현재 UCS를 기준으로 현재 뷰포트에 대한 스냅 및 모눈 원점을 설정합니다.
snapisopair	현재 뷰포트에 대한 등각투영 평면을 설정합니다.
snapmode	스냅 모드를 켜거나 끕니다.
snapstyl	현재 뷰포트의 스냅 스타일을 설정합니다.
snaptype	현재 뷰포트의 스냅 유형을 설정합니다.
snapunit	현재 뷰포트의 스냅 간격을 설정합니다.
solidcheck	현재 세션에 대한 솔리드 확인 기능을 켜거나 끕니다.
solidhist	생성된 3D 솔리드가 원본 구성요소의 사용 내역을 유지할지 여부를 설정합니다.
sortents	객체가 정렬되는 순서를 설정합니다.
splframe	스플라인과 스플라인 맞춤 폴리선의 표시를 설정합니다.
splinesegs	PEDIT 명령의 스플라인 옵션으로 스플라인 맞춤 폴리선을 생성할 때 각 스플라인 맞춤 폴리선에 생성될 선 세그먼트 수를 설정합니다.
splinetype	PEDIT 명령의 스플라인 옵션으로 생성되는 곡선 유형을 설정합니다.
ssfound	현재 도면에 연결된 시트 세트 경로 및 파일 이름을 표시합니다.
sskeepcreate	하위 세트를 만든 후 하위 세트를 계속 만들지 여부를 설정합니다.
ssmpolltime	시트 세트 상태 데이터의 자동 새로 고침 시간을 설정합니다.
ssmsheetstatus	시트 세트 상태 데이터의 새로 고침 방법을 설정합니다.
ssmstate	시트 세트 관리자의 현재 상태를 나타냅니다.

standardsviolation	비표준 객체를 작성하거나 수정할 때 현재 도면의 표준 위반을 사용자에게 알릴 지 여부를 조정합니다.
sslocate	도면을 열 때, 관련 시트 세트를 실행할 지 여부를 설정합니다.
ssmautoopen	시트 세트와 연관된 도면을 열 때, 시트 세트 관리자를 실행할지 여부를 설정합니다.
startup	새 도면 작성 대화상자가 새 도면이 NEW 또는 QNEW 로 시작될 때 표시될지 여부를 설정합니다. 또한, 응용프로그램이 시작될 때의 시작 대화상자 표시에 대해서도 설정합니다.
surftab1	RULESURF 및 TABSURF 명령에 대해 생성되는 테이블 수를 설정합니다.
surftab2	EDGESURF 및 REVSURF 명령에 대한 N 방향의 메쉬 밀도를 설정합니다.
surftype	PEDIT 명령의 부드럽기 옵션으로 수행되는 곡면 맞춤의 유형을 설정합니다.
surfu	PEDIT 부드럽게하기 옵션에 대한 M 방향의 곡면 밀도와 곡면 객체의 U 등각선 밀도를 설정합니다.
surfv	PEDIT 부드럽게하기 옵션에 대한 N 방향의 곡면 밀도와 곡면 객체의 V 등각선 밀도를 설정합니다.
syscodepage	운영 체제에 의해 결정되는 시스템 코드 페이지를 나타냅니다.

t

tableindicator	테이블 셀을 편집 중일 때 행 번호와 열 문자 표시를 설정합니다.
tabletoolbar	테이블 도구막대의 표시를 조정합니다.
target	현재 뷰포트에 대한 대상점의 위치(UCS 좌표)를 저장합니다.
tbcustomize	도구 팔레트 그룹의 사용자화 가능 여부를 조정합니다.
tdcreate	도면이 작성된 지역 시간과 날짜를 저장합니다.
tdindwg	현재 도면을 저장한 후 다시 저장할 때까지의 총 경과 시간을 나타내는 전체 편집 시간을 저장합니다.
tducreate	도면이 작성된 국제 시간과 날짜를 저장합니다.
tdupdate	마지막으로 업데이트하거나 저장한 지역 시간과 날짜를 저장합니다.
tdusrtimer	사용자 타이머를 저장합니다.
tduupdate	마지막으로 업데이트하거나 저장한 국제 시간과 날짜를 저장합니다.
tempprefix	경로 구분 기호가 추가된 상태로 임시 파일에 대해 지정된 폴더 이름을 저장합니다.
texteditmode	DDEDIT 명령을 자동으로 반복할지 여부를 설정합니다.
texteval	TEXT (LISP 사용)로 또는 TEXT로 입력된 문자열이 평가되는 방법을 설정합니다.
textfill	플롯을 위해 트루타입 글꼴을 채울지 여부를 설정합니다.
textqlty	플롯 또는 렌더링 할 때의 트루타입 글꼴 문자 윤곽선의 해상도 정확성을 설정합니다.
textsize	새 문자 객체 작성 시 기본 문자 높이를 설정합니다.
textsmoothing	문자 해상도를 설정합니다.
textstyle	현재 문자 스타일의 이름을 설정합니다.
thickness	2D 기하학적 객체를 작성할 때 기본 3D 두께 특성을 설정합니다.

tilemode	모형 탭을 활성화할지 아니면 가장 최근에 액세스한 명명된 배치 탭을 활성화할지 여부를 결정합니다.
tooltips	툴팁의 표시를 설정합니다.
tooltipshowdelay	도구 설명의 표시 대기 시간을 설정합니다.
tooltipshowdelayext	도구 설명의 추가 도구 설명 표시 시간을 설정합니다.
tpstate	도구 팔레트가 열려 있는지 닫혀 있는지 여부를 나타냅니다.
tracewid	선의 기본 폭을 설정합니다.
trackpath	극좌표 및 객체 스냅 추적 정렬 경로의 표시를 설정합니다.
transparencydisplay	객체에 지정된 투명도의 유효 여부를 제어합니다.
trayicons	트레이를 상태막대에 표시 여부를 조정합니다.
traynotify	서비스 알림을 상태막대 트레이에 표시할지 여부를 조정합니다.
traytimeout	서비스 알림 표시 시간을 초 단위로 조정합니다. 유효한 값의 범위는 0에서 10까지입니다.
treedepth	트리 구조의 공간 색인이 분기로 나뉠 수 있는 횟수 즉, 최대 단계를 지정합니다.
trimmode	모따기와 모깎기를 위해 선택된 모서리를 자를지 여부를 설정합니다.
tspacefac	문자 높이 요인으로 측정된 여러 줄 문자의 행 간격을 설정합니다.
tspacetype	여러 줄 문자에서 사용되는 행 간격 유형을 설정합니다.
tstackalign	스택 문자의 수직 정렬을 설정합니다.
tstacksize	선택한 문자의 현재 높이에 대한 스택 문자 분수 높이의 퍼센트를 설정합니다.

u

ucsaxisang	UCS 명령의 X, Y 또는 Z 옵션을 사용하여 하나의 축을 중심으로 UCS를 회전시킬 때 기본 각도를 저장합니다.
ucsbase	직교 UCS 설정의 원점과 방향을 정의하는 UCS 이름을 저장합니다.
ucsdetect	동적 UCS 기능의 사용 여부를 설정합니다.
ucsfollow	UCS에서 다른 UCS로 변경할 때 항상 평면 뷰를 생성합니다.
ucsicon	UCS 아이콘을 표시하거나 감추고, UCS 아이콘의 표시 위치를 확인합니다.
ucsname	현재 공간에서 현재 뷰포트에 대한 현재 좌표계의 이름을 저장합니다.
ucsorg	현재 공간에서 현재 뷰포트에 대한 현재 좌표계의 원점을 저장합니다.
ucsortho	직교 뷰를 복원할 때 관련된 직교 UCS 설정이 자동으로 복원될지를 결정합니다.
ucsview	현재 UCS가 명명된 뷰와 함께 저장될지를 결정합니다.
ucsvp	뷰포트의 UCS가 고정된 상태로 유지될지 또는 현재 활성 뷰포트의 UCS를 반영하기 위해 변경될지를 결정합니다.
ucsxdir	현재 공간에서 현재 뷰포트에 대한 현재 UCS의 X 방향을 지정합니다.
ucsydir	현재 공간에서 현재 뷰포트에 대한 현재 UCS의 Y 방향을 지정합니다.
undoctl	UNDO 명령의 자동, 설정, 그룹 옵션의 상태를 나타냅니다.
undomarks	표식 옵션에 의해 UNDO 조정 스트림에 배치된 표식 수를 저장합니다.
undosnapshot	UNDO 스냅샷 파일 생성 여부를 설정합니다.

unitmode	단위 표시 형식을 조정합니다.
updatethumbnail	시트 세트 관리자에서 썸네일 미리보기의 업데이트를 결정합니다.
userhelpmode	사용자 정의 도움말을 활성화할지 여부를 설정합니다.
useri1	정수 값을 저장 및 추출합니다.
useri2	정수 값을 저장 및 추출합니다.
useri3	정수 값을 저장 및 추출합니다.
useri4	정수 값을 저장 및 추출합니다.
useri5	정수 값을 저장 및 추출합니다.
userr1	실제 값을 저장 및 조회합니다.
userr2	실제 값을 저장 및 조회합니다.
userr3	실제 값을 저장 및 조회합니다.
userr4	실제 값을 저장 및 조회합니다.
userr5	실제 값을 저장 및 조회합니다.
users1	문자열을 저장 및 추출합니다.
users2	문자열을 저장 및 추출합니다.
users3	문자열을 저장 및 추출합니다.
users4	문자열을 저장 및 추출합니다.
users5	문자열을 저장 및 추출합니다.

V

vernum	현재 CAD 플랫폼의 버전 번호를 표시합니다.
viewctr	현재 뷰포트에서의 뷰 중심점을 저장합니다.
viewdir	UCS 좌표에 표현된 현재 뷰포트에 보기 방향을 저장합니다.
viewmode	현재 뷰포트의 뷰 모드를 저장합니다.
viewsize	도면 단위에서 측정되어, 현재 뷰포트에서 표시되는 뷰의 높이를 저장합니다.
viewtwist	현재 뷰포트의 뷰 비틀림 각도를 저장합니다.
visretain	외부 참조 종속 도면층의 가시성, 색상, 선종류, 선가중치 및 플롯 스타일을 설정합니다.
voicemanclose	스마트 보이스 패널을 닫습니다.
vplayeroverrides	현재 뷰포트에 도면층 특성 재정의가 있는지 여부를 나타냅니다.
vplayeroverridesmode	레이아웃 뷰포트의 보면 층 특성 재정의를 표시하고 플롯 할지 여부를 나타냅니다.
vpmaximizedstate	뷰포트가 최대화될지 여부를 나타내는 값을 저장합니다. PLOT 명령을 시작할 경우 최대화된 뷰포트 상태가 취소됩니다.
vprotateassoc	뷰포트가 회전할 때 내부 뷰가 함께 회전하는지 여부를 제어합니다.
vsmax	현재 뷰포트 가상 화면의 오른쪽 위 구석을 저장합니다. UCS 좌표로 표시되었습니다.
vsmin	현재 뷰포트 가상 화면의 왼쪽 아래 구석을 저장합니다. UCS 좌표로 표시되었습니다.

W

wblockpath	블록을 기록할 파일의 기본 경로를 저장합니다.

windowareacolor	윈도우 선택 동안 투명 선택 영역의 색상을 설정합니다.
wipeoutframe	객체 가리기를 한 객체의 경계의 표시와 출력 여부를 설정합니다.
wmfbkgnd	객체가 Windows 메타파일(WMF) 형식으로 삽입될 경우 배경 표시를 설정합니다.
wmfforegnd	객체가 Windows 메타파일(WMF) 형식으로 삽입될 경우 전경 색상의 지정을 설정합니다.
workspacelabel	현재 작업 공간의 이름이 상태 표시 줄에 표시할지 여부를 설정합니다.
worlducs	UCS가 WCS와 동일한지 여부를 나타냅니다.
worldview	DVIEW 및 VPOINT 명령에 대한 입력이 WCS(기본)를 기준으로 할지 또는 현재 UCS를 기준으로 할지 결정합니다.
wsautosave	다른 작업공간으로 전환할 때 변경내용을 현재 작업공간에 저장할지 여부를 결정합니다.
wscurrent	현재 작업공간 이름이 명령행에 표시되며 다른 작업공간 이름을 입력하여 현재 작업공간으로 설정할 수 있습니다.

X

xclipframe	외부 참조 자르기 경계의 가시성을 조정합니다.
xdwgfadectl	모든 DWG 외부 참조 객체에 대한 패이드를 설정합니다.
xedit	현재 도면을 다른 도면에서 참조할 때 직접 편집할 수 있는지 여부를 조정합니다.
xfadectl	내부 편집 중인 참조의 밝기 강도 백분율을 조정합니다.
xloadctl	외부 참조 요청 시 로드하기를 끄거나 켜고, 참조된 도면이나 사본을 열지 여부를 설정합니다.
xloadpath	요구 시 로드된 외부 참조 파일의 임시 사본을 저장하기 위한 경로를 설정합니다.
xrefctl	외부 참조 로그(XLG) 파일이 생성될지 여부를 조정합니다.
xrefnotify	업데이트 되있거나 누락된 외부 참조에 대한 통지를 설정합니다.
xreftype	외부 참조를 부착하거나 중첩할 경우 기본 참조 유형을 조정합니다.

Z

zoomdisphatch	설정 번역 및 확장 PAN 과 ZOOM을 사용할 때 해치 여부를 표시합니다.
zoomfactor	마우스 휠을 앞뒤로 이동할 경우 배율이 변경되는 정도를 설정합니다.
zoomspeedlevel	ZOOM에 대한 최적화를 설정합니다. 옵션 값은 0-3으로 값이 높을수록 효율이 우수하지만 ZOOM 시 블록의 성능이 저하됩니다.
zoomwheel	마우스 휠을 사용할 때 줌 작업의 방향을 전환합니다.
zrxvernum	ZWCAD에서 두 번째 개발을 수행할 때 이 정보를 얻을 수 있도록, 주 버전 번호와 플랫폼 출시 버전 번호 ZRXSDK 버전 번호를 표시합니다.
zwcadprefix	옵션 대화상자에의 파일 탭에서 파일 검색 경로 지원 목록을 표시합니다. 여러 개의 경로는 경로 구분자에 의해 분리됩니다.
zwribbontabhide	리본 메뉴의 패널 표시를 설정합니다.
zwsenddragstatus	객체가 이동할 때 드래그 상태 플래그 전송 여부를 설정합니다.
zwswitchlanguage	ZWCAD가 시작될 때 시스템 입력 방법이 전환 여부를 제어합니다.
zwwcloneproxypolicy	프록시 객체 또는 개체가 도면에 포함되어 있을 경우 이에 대하여 COPYCLIP을 수행할 수 있는지 여부를 설정합니다.

FAQ

Q1 FULL버전과 LT버전의 차이점이 무엇인가요?

A1 FULL버전은 ZWCAD의 모든 기능을 사용할 수 있지만 LT버전은 일부 기능에 제한이 있습니다. LT버전에서는 일부 3D 모델링 및 편집에 제한이 있으며, 3RD-PARTY를 사용할 수 없습니다. 하지만 일부 리습 파일은 사용할 수 있습니다. 상세한 내용은 PART 01의 05.제품 비교에서 확인 가능합니다.

Q2 ZWCAD 평가판을 사용해 볼 수는 없나요?

A2 ZWCAD는 FULL버전과 동일한 기능을 30일간 평가판으로 제공합니다. ZWCAD 홈페이지에서 다운로드 및 사용 가능하며, 상세한 내용은 PART 02의 01.평가판 다운로드 받기에서 확인 가능합니다.

Q3 ZWCAD 라이선스는 어떤 유형이 있나요?

A3 ZWCAD 라이선스는 주어진 수량만큼만 PC 설치하여 사용할 수 있는 독립형 라이선스와 설치 수량에 제한 없이 다수의 PC에서 구매한 수량만큼 유동적으로 사용할 수 있는 네트워크버전의 라이선스 유형이 있습니다. 네트워크 라이선스의 경우, 네트워크 망 연결 확인이 필요하니 네트워크 라이선스 사용 관련하여 ZWCAD KOREA 기술지원팀을 통해 안내 받으시기 바랍니다.

Q4 글꼴이 보이지 않거나 물음표로 표시됩니다.

A4-1 프로그램의 오류가 아닌 사용자 PC에 설치되어 있지 않은 글꼴이 표시되지 않는 현상으로, 글꼴을 설치하거나 넣어 주면 됩니다.

트루타입 폰트(ttf)의 경우 폰트를 설치하면 되며, .shx 확장자의 폰트라면 ZWCAD 설치 경로의 Fonts 폴더에 넣으면 됩니다.

경로 : C:\Program Files\ZWSOFT\ZWCAD 2023\fonts

A4-2 ZWCAD에서 누락된 글꼴을 찾아 변경하는 방법입니다. (스타일 재지정)
1) STYLE 명령어 또는 단축키 ST를 입력하여 문자 스타일 관리창을 엽니다.
2) 스타일에서 찾지 못함으로 되어있는 글꼴을 설치되어 있는 글꼴로 변경합니다.

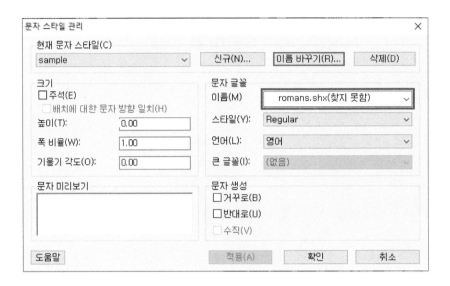

Q5 명령창이 사라졌어요. 다시 사용하려면 어떻게 해야 하나요?

A5 명령창을 끄고 켜는 단축키는 Ctrl+9 입니다.

Q6 도면 작업 중 갑자기 꺼져 작업하던 도면을 복구할 수 있는 방법이 있나요?

A6 자동 저장 파일을 복구하여 사용하실 수 있습니다. 자동 저장 파일 경로는 옵션(명령어 OPTION, 단축키 OP)를 입력하여 파일 – 자동 저장 파일 위치에서 확인 가능합니다.

경로 : C:\Users\사용자명\AppData\Local\Temp\

경로에서 임시 파일 확장자인 .zw$ 검색 후 확장자 명으로 .dwg로 변경하시면 됩니다.

Q7 작업 도면 내의 직선, 원 또는 호의 객체가 각이 져서 표현됩니다.

A7 ZWCAD는 작업 속도 효율성을 위해 그래픽 기본 설정 값이 속도 최적화되어 있습니다. 〈옵션-표시-호 및 원 부드럽게 하기(최대 값 20,000)〉와 〈옵션-표시-부드러운 선 표시〉 옵션을 통해 객체 표현 설정이 가능합니다.

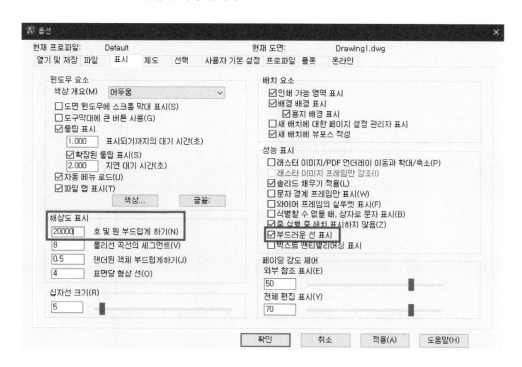

Q8 십자선 커서 옆의 툴팁, 명령어 창을 끄는 방법이 뭔가요?

A8 이 기능은 동적입력 기능으로 F12 버튼을 이용하여 *끄고* 켜실 수 있습니다.

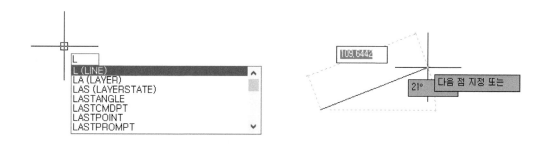

Q9 **ZWCAD 메뉴들이 사라졌어요. 복구 방법이 있나요?**

A9 ZWCAD 메뉴 로드 방법입니다.

1) 명령어 MENULOAD 입력

2) 사용자화 로드/언로드 창에서 '찾아보기' 클릭

3) 파일 탐색기 창에서 아래 경로 접속

경로 : C:\Users\사용자명\AppData\Roaming\ZWSOFT\ZWCAD\2023\ko-KR\Support

4) ZWCAD.CUIX 파일 선택 후 '열기' 클릭

5) '로드' 버튼 클릭 후 '닫기'

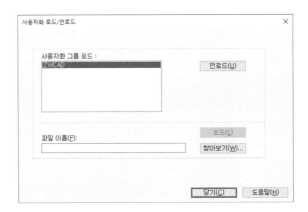

Q10 **플롯(출력) 시 일부 객체가 보이지 않습니다.**

A10 플롯(출력) 제어는 도면층 특성 관리자에서 가능합니다. 명령어 LAYER 또는 단축키 LA 입력 후 도면층 특성 관리창을 엽니다. 도면층 중 플롯하지 않음으로 되어있는 도면층을 플롯하기로 변경하면 됩니다.

> **TIP** Defpoints 도면층은 치수 작성시 자동으로 생성되는 도면층으로 플롯할 수 없는 도면층이니 해당 도면층으로 작업하지 않도록 주의하시기 바랍니다.

Q11 리습 파일은 어떻게 로드하나요?

A11 리습 파일 로드 방법입니다.

1) 명령어 APPLOAD를 입력합니다.

2) 파일 추가 버튼을 눌러 사용할 리습 파일을 선택합니다.

3) 프로그램 실행 시 마다 자동으로 리습을 로드하는 방법은 '시작 세트'에 해당 리습을 추가하면 됩니다.

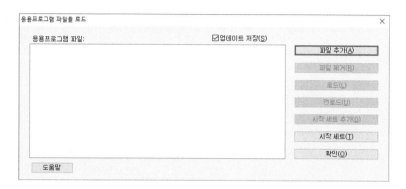

Q12 기존에 사용하던 ctb 파일을 적용할 수 있는 방법이 뭔가요?

A12-1 ZWCAD가 클래식 인터페이스로 설정되어 있을 때 파일 – 플롯 스타일 관리자를 클릭하면 ctb 파일 저장 경로가 바로 열립니다. 해당 경로에 ctb 파일을 넣어주면 바로 적용됩니다.

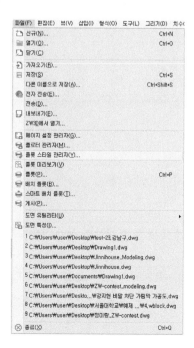

A12-2 ctb 파일 경로로 접속하여 해당 경로에 ctb 파일을 넣어주면 적용됩니다.

경로 : C:\Users\사용자명\AppData\Roaming\ZWSOFT\ZWCAD\2023\ko-KR\Printstyle

Q13 플롯에서 ctb 파일을 선택하려고 하는데 ctb 파일은 보이지 않고 stb 파일만 나타납니다.

A13 CONVERTPSTYLES 시스템변수를 입력하여 ctb 파일과 stb 파일 사용 모드를 변경할 수 있습니다. 아래와 같은 창에서 확인 버튼을 누르면 ctb 파일을 사용할 수 있도록 플롯 스타일 모드가 변경됩니다.

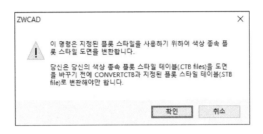

Q14 파일 저장 시 저장 대화상자가 안 나타나고 명령어 창이 변경됩니다.

A14 ZWCAD 일부 명령은 대화상자 또는 명령행 두 가지 모드로 사용할 수 있습니다. 대화상자 사용 여부를 설정하는 아래 시스템 변수 값을 확인합니다.

```
× 명령:
  명령:
  명령: _saveas
  현재 파일 형식: ZWCAD 2013 도면
  파일 형식을 입력. [R14/2000/2004/2007/2010/2013/2018/Dxf(D)/템플릿(T)/표준(S)] ⟨2013⟩:
```

Filedia ⟨0⟩ : 대화상자를 표시합니다.
Filedia ⟨1⟩ : 대화상자를 표시하지 않습니다.

Q15 ZWCAD 인터페이스의 색상을 변경하고 싶습니다. 도면 배경 색상, 십자선 색 등

A15 OPTION(단축키 OP) – 표시 – 윈도우 요소 – 색상 탭에서 변경하고자 하는 설정 선택 후 원하는 색상으로 설정할 수 있습니다. 전체적인 인터페이스의 색상은 색상 개요의 어두움/밝음 두 가지 모드를 선택할 수 있습니다.

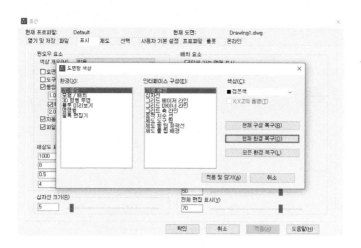

Q16 마우스 휠이 반대로 작동합니다.

A16 ZOOMWHEEL 시스템변수 값을 〈0〉으로 설정합니다. 〈0〉이 기본값이며 이 때 마우스 휠을 위로 스크롤하면 도면이 확대되고, 아래로 스크롤하면 도면이 축소됩니다.

Q17 줌 기능 사용 시 해치, 이미지 및 PDF가 깜빡거립니다.

A17 ZWCAD는 기초 설정이 속도 최적화로 설정되어 있습니다.

이미지 및 PDF : OPTION(단축키 OP) – 표시 – 성능 표시 – 래스터 이미지/PDF 언더레이 이동과 확대/축소를 체크합니다.

해치 : OPTION(단축키 OP) – 표시 – 성능 표시 – 줌 실행 중 해치 표시하지 않음을 체크 해지합니다.

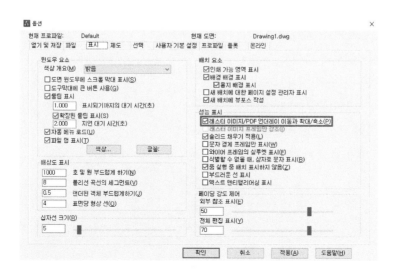

Q18 해치에 투명도 적용이 안됩니다.

A18 해치 메뉴에서 해치 투명도 적용이 가능합니다. 입력 후 적용되지 않는다면 투명도 표시 여부를 설정하는 아래의 시스템 변수 값을 확인합니다.

Transparencydisplay〈0〉: 투명도를 표시하지 않습니다.
Transparencydisplay〈1〉: 투명도를 표시합니다.

특성

Q19 두 대 이상의 모니터를 사용할 때, 여러 창으로 ZWCAD를 실행할 수 있나요?

A19 새 창에서 도면 열기 설정 SDI 명령어로 도면을 열 때, ZWCAD를 각각의 창으로 실행할지 여부를 제어할 수 있는 시스템 변수가 있습니다.

SDI 〈0〉: 도면을 한 ZWCAD 창으로 실행합니다.
SDI 〈1〉: 도면을 새 창으로 각각의 ZWCAD 창에 실행합니다.

Q20 명령어 단축키 입력이 잘 안됩니다.

A20 명령 단축키가 저장되어 있는 PGP 파일이 손상하면서 발생할 수 있는 문제입니다. 도구 - 사용자 지정 - 명령 단축키 편집을 누르시거나, ALIASEDIT 명령어를 입력하여 재설정 버튼을 눌러주어 손상된 PGP 파일을 초기화해줍니다.

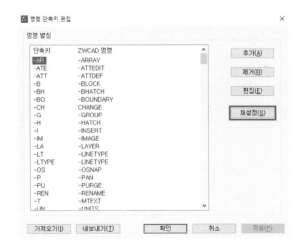

예제 1

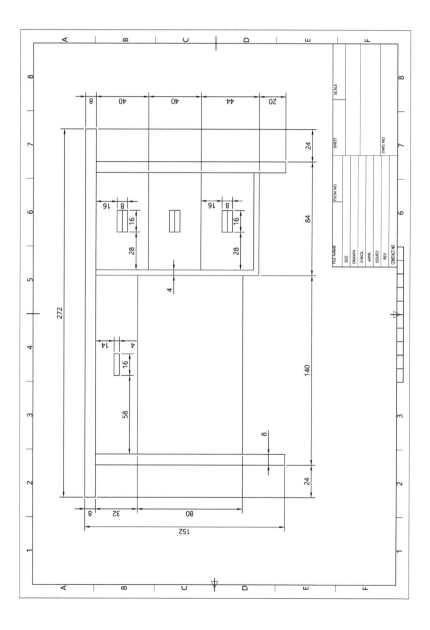

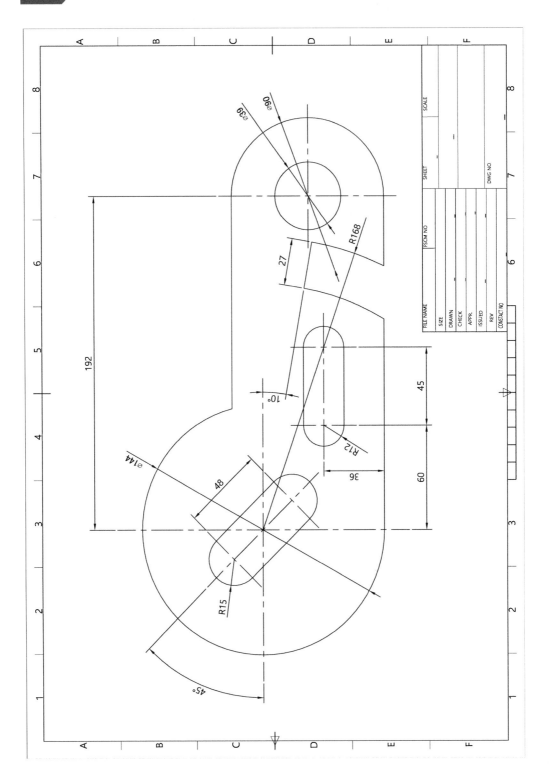

예제 3

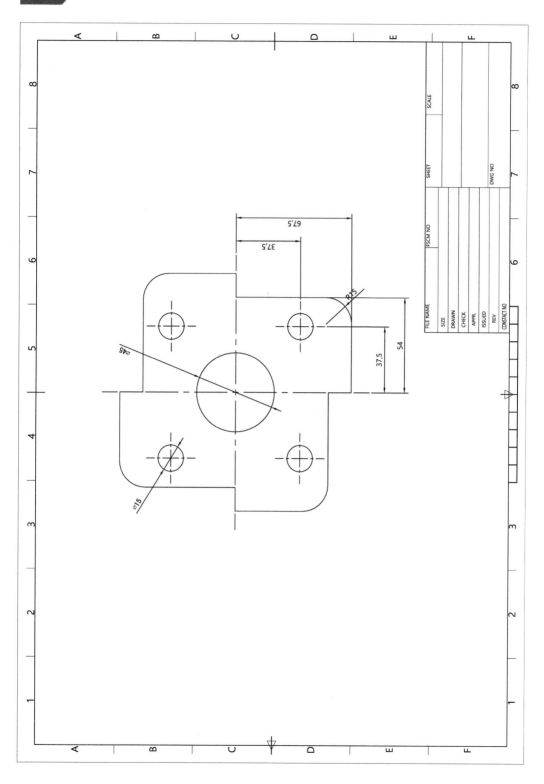

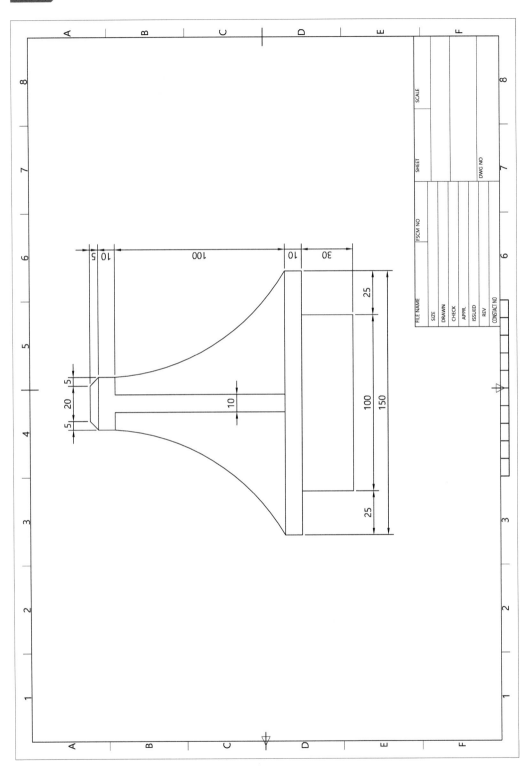

예제 4

예제 5

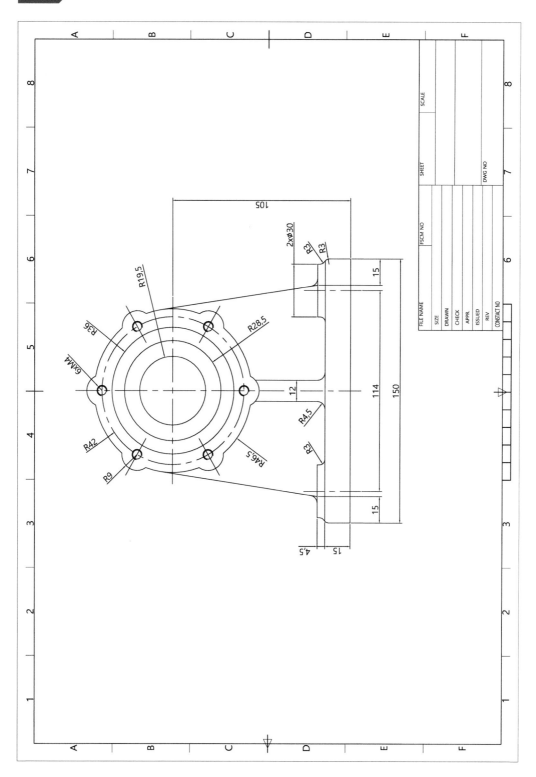

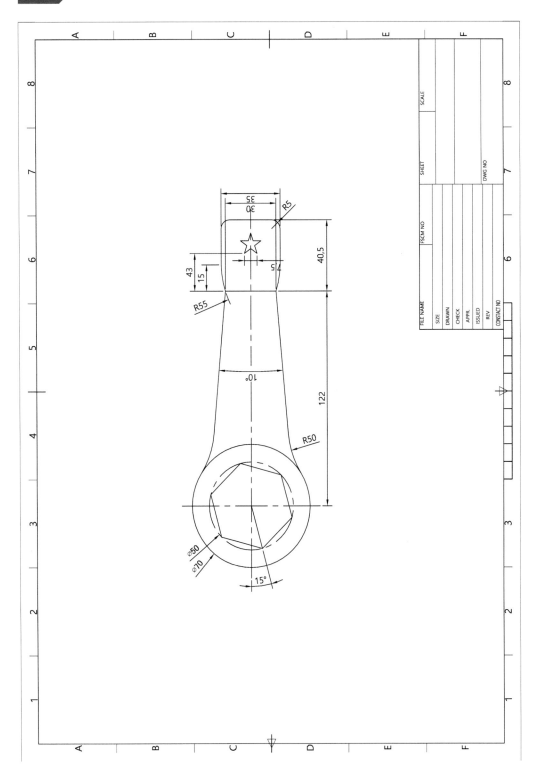

예제 7

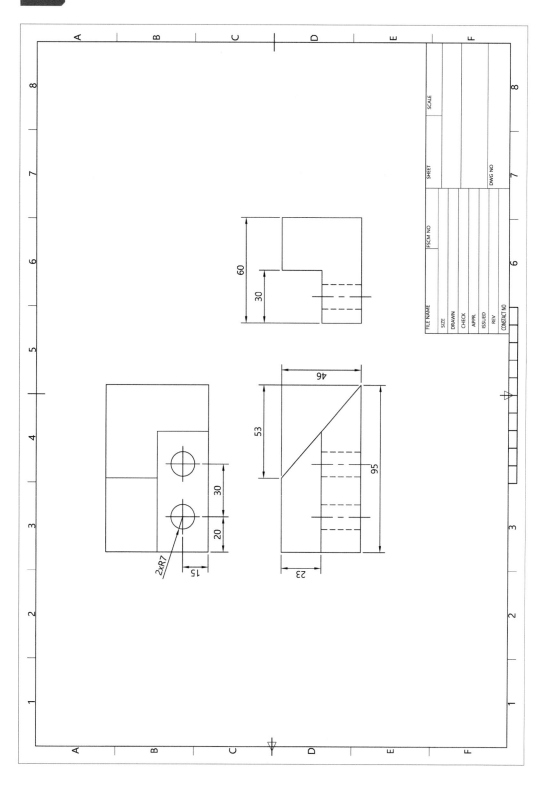

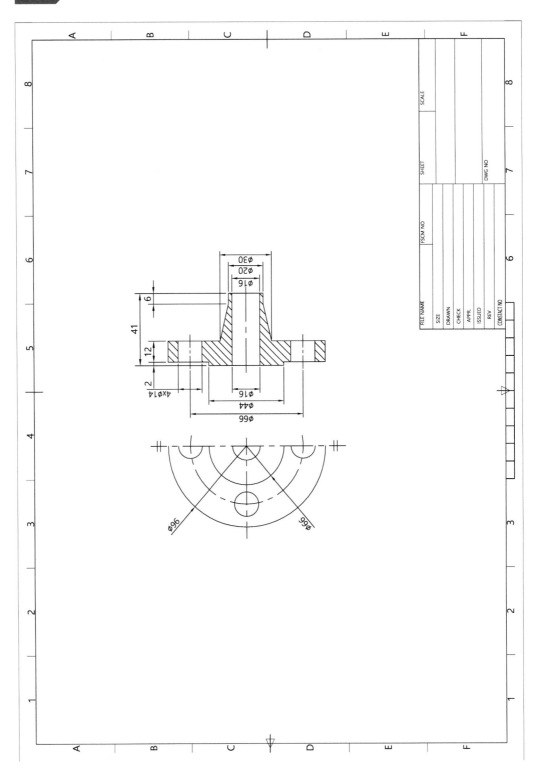

예제9

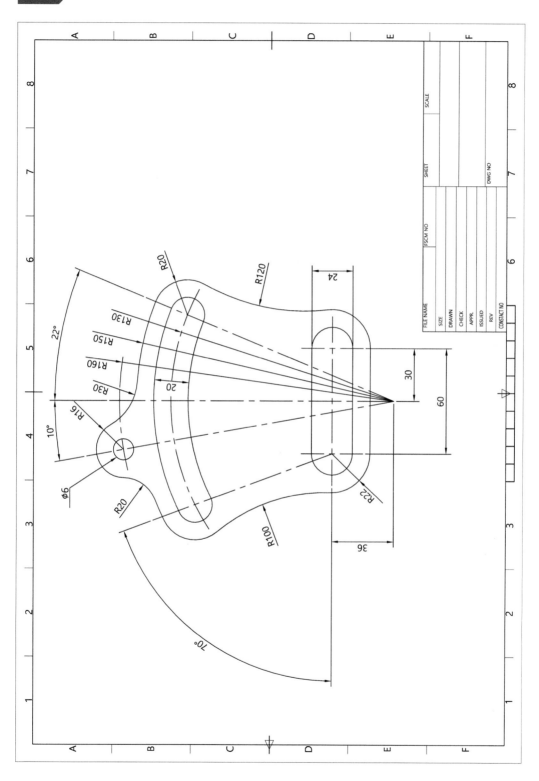

10
부록

캐드의 정석 ZWCAD (최신판)

인생 실전이야! 캐드도 실전처럼!

지은이	최종복, 김현기
펴낸곳	(주)이엔지미디어

펴낸이	김영석
전화	02-333-6900
팩스	02-774-6911
홈페이지	www.cadgraphics.co.kr
E-Mail	mail@cadgraphics.co.kr
주소	서울 종로구 세종대로 23길 47 미도파광화문빌딩 607호 (우: 03182)

등록번호	제 2012-000047호
등록일	2004년 8월 23일
기획	최경화, 박경수
디자인	김미희
찍은곳	넥스트프린팅

초판 1쇄	2023년 4월 10일

ISBN	ISBN 979-11-86450-30-7
정가	35,000원